U0107845

数据库原理与应用

——SQL Server 2008 项目教程

主　编　姚　策

副主编　王宝龙　翟永君

参　编　孟帙颖　刘悦凌　李金勇

主　审　李长明

北京理工大学出版社

BEIJING INSTITUTE OF TECHNOLOGY PRESS

版权专有　侵权必究

图书在版编目（CIP）数据

数据库原理与应用：SQL Server 2008 项目教程/ 姚策主编 . —北京：北京理工大学出版社，2015.1

ISBN 978-7-5640-8797-5

Ⅰ.①数… Ⅱ.①姚… Ⅲ.①关系数据库系统-教材 Ⅳ.①TP311.138

中国版本图书馆 CIP 数据核字（2014）第 152771 号

出版发行 / 北京理工大学出版社有限责任公司

社　　址 / 北京市海淀区中关村南大街 5 号

邮　　编 / 100081

电　　话 / （010）68914775（总编室）

　　　　　82562903（教材售后服务热线）

　　　　　68948351（其他图书服务热线）

网　　址 / http：//www.bitpress.com.cn

经　　销 / 全国各地新华书店

印　　刷 / 北京高岭印刷有限公司

开　　本 / 787 毫米×1092 毫米　1/16

印　　张 / 19　　　　　　　　　　　　　　　　责任编辑 / 封　雪

字　　数 / 470 千字　　　　　　　　　　　　　文案编辑 / 封　雪

版　　次 / 2015 年 1 月第 1 版　2015 年 1 月第 1 次印刷　　责任校对 / 孟祥敬

定　　价 / 48.00 元　　　　　　　　　　　　　责任印制 / 李志强

图书出现印装质量问题，请拨打售后服务热线，本社负责调换

数据库原理与应用——
SQL Server 2008 项目教程
前言

　　数据库技术是现代信息技术的重要组成部分。随着计算机技术的广泛应用与发展，无论是在数据库技术的基础理论、技术应用、系统开发方面，还是在数据库商品软件推出方面，都有着长足的、迅速的进步与发展。同时数据库技术也是目前 IT 行业中发展最快的技术之一，已经广泛应用于各种类型的数据处理系统之中。了解并掌握数据库知识已经成为对各类科技人员和管理人员的基本要求。目前，"数据库原理与应用"课程已逐渐成为计算机、信息等专业的一门重要专业课程，该课程既具有较强的理论性，又具有很强的实践性。

　　本书选用了被网络环境广泛使用且技术解决方案非常成熟的 SQL Server 2008 作为数据库系统平台，系统地介绍了数据库技术的基础理论、实现方法、设计过程与开发应用等内容。在内容编排上采用了任务驱动的形式，将设计实现"晓灵学生管理系统"的任务贯穿全书，在每一项目中又将其分解成若干个小任务，从而将理论与技能合理地结合，以提高学生解决实际问题的专业技能，在保证理论知识够用的同时，理论知识的讲解尽量深入浅出，使学生易于理解和吸收。

　　本书的内容由浅入深，循序渐进，通俗易懂，适合自学，力求具有实用性、可操作性和简单性。书中提供了大量任务，通过每个小任务的实现，帮助读者理解概念，巩固知识，掌握使用数据库专业知识解决实际问题的技能。

　　全书由 11 个项目组成。项目一由李金勇编写，项目二由刘悦凌编写，项目三至项目四由姚策编写，项目五至项目七由翟永君编写，项目八至项目十由王宝龙编写，项目十一由孟帙颖编写，全书由姚策负责统稿。

　　限于编者水平有限和时间匆忙，书中定有不少疏漏和不足，恳请读者批评指正。

编　者

2014 年 2 月

目录

项目一

数据库应用基础
——学生管理系统案例分析

📖 项目要点

（1）了解数据库系统的结构与组成，了解当前流行的关系数据库系统的特点。

（2）掌握关系模型与关系数据库、数据库的设计方法及相关理论。

（3）熟练掌握数据库应用系统的功能设计。

　　本项目将以设计实现一个学生管理系统为例，介绍数据库应用系统的设计开发过程并详细介绍与之相关的数据管理技术的发展、数据与数据模型、数据库系统的结构等相关知识，主要内容有：数据管理技术的发展，数据库管理系统的发展，数据结构与数据模型，数据库系统结构，数据库设计，以及当前流行的几种数据库管理系统的比较。

💻 1.1　学籍管理系统案例分析

　　在本节将以计划设计开发学生管理系统为例，着重讲解中小型信息管理系统的设计与实现的方法，完成学生管理系统的设计开发文档。

1.1.1　任务的提出

　　新学期开始了，学生晓灵被班主任良老师叫到了办公室。

　　良老师："晓灵呀！咱们班的同学学习计算机知识有一段时间了。你作为咱们班的班长，利用所学到的计算机知识开发一个软件来管理咱们班的学生信息应该能做到吧。这样一来，你既能提高专业知识水平和解决实际问题的能力，也能够更好地管理咱们班，为同学提供更好的服务！如果这个软件做得好，我们还可以推广到整个年级、整个系乃至整个学院。"

　　晓灵："做这个软件非常有意义，我非常愿意做这件事。但就凭我目前所掌握的那点儿计算机知识来做这件事难度很大。"

　　良老师："你只要愿意做这个软件，有困难不怕。这件事学院、系领导都非常支持，需要我们解决什么困难尽管说好了。咱们班这学期开设了'数据库原理与应用'这门课，讲授这门课的郝老师水平很高，这个软件怎么做你先问问他。"

　　晓灵接受了这个任务，首先为这个软件起了一个很好听的名字——晓灵学生管理系统，寓意为"软件虽小，但很灵！"晓灵知道自己虽然学习了一些计算机知识，但要想仅依靠这些知识来做这个软件是远远不够的，于是她就是去找了讲授"数据库原理与应用"这门课程的郝老师。

晓灵："郝老师，现在良老师让我开发一个以管理学生信息为目的的软件。我需要您的帮助，请您指点一下，我需要从哪方面入手？需要先了解哪些知识？"

郝老师："要想开发这样的一个软件去管理学生信息，从数据量上看可以称之为一个中小型信息管理系统。当然在开发初期可以做得小一点，在使用过程中再逐步扩展。这就要求在系统设计之初必须具备前瞻性，功能要适度并尽可能超前。我认为要想实现这样的一个系统，你首先应该考虑好以下几个问题：

第一，确定这个系统的使用者及其操作计算机的水平、能力和素质。

第二，确定系统用户对系统功能的要求并且这些功能是否允许分期实现，从而确定系统的边界。

第三，确定系统的使用环境和运行环境，如系统是运行在单机上还是运行在网络中，系统可能在哪些操作系统上运行。

第四，系统用户对系统的性能、稳定性有哪些要求。

郝老师继续说："你先把这四个问题回答清楚了，做出一个开发文档，之后我们再讨论。"

晓灵原以为开发这个软件不会太难，一了解发现需要掌握的东西还挺多。于是她就根据郝老师的指导，通过看书和上网搜索相关的知识并认真学习。

1.1.2 解决方案

经过几天的忙碌，晓灵根据郝老师的指导和自己所学的知识完成了"晓灵学生管理系统"的开发准备文档。

"晓灵学生管理系统"开发准备文档

某学院对学生信息一直采用手工处理方式，但随着学院的发展，学生日益增多，学校对信息的需求量越来越大，对信息处理的要求也越来越高，手工处理学生信息的弊端日益显现。由于管理方式的落后，处理数据的能力有限，数据的冗余度大导致工作效率低，不能及时为领导和老师提供所需信息，数据共享的程度低使数据得不到充分利用，造成数据的极大浪费。解决这些问题，最好的办法是实现学生信息管理的自动化、信息化，用计算机处理代替手工处理，轻松地完成学生相关信息数据的录入、浏览、查询和统计的操作，方便领导和老师对学生信息的掌控。

从上述情况可以看出，开发学生信息管理系统、实现学生信息管理的计算机化是非常必要的，也是可行的。因为使用信息化的学生信息管理系统可以彻底改变目前学生信息管理工作的现状，能够提高工作效率，能够提供更准确、及时、适用、易理解的信息，能够从根本上解决手工处理中数据之间联系弱、数据冗余大、信息滞后、资源浪费等问题。

为了降低系统开发初期的开发难度，缩短开发时间，"晓灵学生管理系统"将分两期进行设计实现。

根据郝老师的指导，系统开发准备文档解决了以下5个问题：

第一，确定了这个系统的用户。这个系统的用户是学院的领导、教职员工和学生。这些人的计算机应用水平、操作的能力和素质参差不齐。为了降低系统开发难度和缩短开发时间，"晓灵学生管理系统"一期暂不提供图形化的用户操作界面，故系统一期的用户应该是领导、教职员工和学生中计算机应用水平和能力较高的人，让他们经过培训就可以使用该系统。二期目标则是提供图形操作界面，让更多的人享受工作的快捷和高效。

第二，确定了系统的功能。"晓灵学生管理系统"系围绕着学生的日常管理工作展开，实现了对学生在学校内的日常活动的管理。通过本系统的实施可以实现对学生学习成绩、学生奖惩情况、学费缴纳情况、住宿情况的管理。把上述功能作为该系统的一期建设目标，暂未考虑学生辅修第二专业的情况，即一位学生只能学习一个专业、只能属于一个班级；暂未考虑学生借阅图书的情况。这些功能如果需要可在二期中实现。

第三，确定系统的使用环境和运行环境。由于学院校园网已建成多年，"晓灵学生管理系统"要充分利用现有条件，减少投入，让现有资源发挥最大的作用，因此该系统一期要实现在校园网上的运行，以实现信息资源充分共享，达到小投入大产出的效果。系统二期可以考虑系统与 Internet 的互联，让更多的用户享受更加便捷的应用。因为学院现有计算机中非 Windows 操作系统的非常少，所以该系统的运行环境是基于 Windows 操作系统下的。对于非 Windows 平台上的应用，如果有需要可以安排在系统二期开发中实现。

第四，要考虑与原有的部分系统、数据的兼容性问题。由于学院中的某些部门已建立了一部分系统，满足了本部门的应用。没有建立系统的部门也存在本部门数据的应用形式，如在 Excel 中建立文档，管理日常应用的信息和数据。在设计与实现"晓灵学生管理系统"时必须要考虑与目前已使用的系统和数据的兼容问题，最好能够把原有系统的数据集成到本系统内。如不能实现这一目标，最低限度也要实现在原有系统中能够使用"晓灵学生管理系统"所提供的数据。

第五，用户对系统的性能和稳定性的要求。用户要求系统的运行速度要尽可能地快，应该能够满足学院日常工作中对信息查询和统计的需要。对数据的稳定性要求高，在系统出现问题时要尽可能地恢复数据，以将损失降到最低。在具体应用中还应考虑当前数据库应用系统的情况，如许多数据可能存放于 Word 文档中，也可能存放于 Excel 或 Access 中，那就需要考虑如何将这些不同形式的数据进行有效的集成，或者进行方便、有效的转换。

另外，晓灵通过学习还了解到数据库应用系统的开发是一个复杂的系统工程，它涉及组织的内部结构、管理模式、经营管理过程、数据的收集与处理、软件系统的开发、计算机系统的管理与应用等多个方面，因此，数据库应用系统的开发应在软件开发理论和方法的指导下进行，否则是很难成功的。成功设计实现"晓灵学生管理系统"要经历以下几个阶段：第一，对系统进行需求分析；第二，进行概念结构设计；第三，对系统进行逻辑结构设计；第四，进行系统物理实现；第五，进行输入数据；第六，进行系统运行维护工作；最后整理系统的所有文档。

当然为了更好地完成"晓灵学生管理系统"的开发设计与实现工作，还需要了解数据库系统的基本概念与发展、数据模型、关系模型和数据库体系结构、数据库设计等方面的知识。

1.2　数据库系统概述

1.2.1　数据库系统的基本概念

1. 数据（data）

数据是指存储在某一种媒体上能够识别的物理符号。数据的概念包括两个方面：其一是描述事物特性的数据内容；其二是存储在某一种媒体上的数据形式。

2. 数据库（database，DB）

数据库指长期存储在计算机内有组织的、可共享的数据集合。数据库中的数据按一定的数据模型组织、描述和存储，具有较小的冗余度、较高的数据独立性和易扩展性，并可为各种用户共

享，是可以以二进制形式存放在计算机中的一个或几个文件。

3. 数据处理

数据处理是指对各种形式的数据进行收集、存储、加工和传播的一系列活动的总和。其目的之一是从大量的、原始的数据中抽取、推导出对人们有价值的信息以作为行动和决策的依据；目的之二是借助计算机技术科学地保存和管理复杂的、大量的数据，以便人们能够方便而充分地利用这些宝贵的信息资源。

4. 数据库技术

数据库技术是研究数据库结构、存储、设计、管理和使用的一门软件科学。数据库技术是使数据能按一定格式组织、描述和存储，且具有较小的冗余度、较高的数据独立性和易扩展性，并可为多个用户所共享的技术。

5. 数据库管理系统（database management system，DBMS）

数据库管理系统指位于用户与操作系统之间的一层数据管理软件。数据库在建立、运用和维护时由数据库管理系统统一管理、统一控制。数据库管理系统使用户能方便地定义数据和操纵数据，并能够保证数据的安全性、完整性、多用户对数据的并发使用及发生故障后的系统恢复，它的职能是有效地组织和存储数据、获取和管理数据，接受和完成用户提出的访问数据的各种请求。

6. 数据库系统（database system，DBS）

数据库系统指在计算机系统中引入数据库后构成的系统，一般由数据库、数据库管理系统（及其开发工具）、应用系统、数据库管理员和用户构成。

1.2.2　数据库系统的发展

数据模型是数据库技术的核心和基础，因此，对数据库系统发展阶段的划分以数据模型的发展演变作为主要依据和标志。按照数据模型的发展演变过程，数据库技术从开始到现在短短的几十年中，主要经历了三个发展阶段：

第一代是层次和网状数据库系统，层次数据库系统的典型代表是 1969 年 IBM 公司研制出的层次模型的数据库管理系统 IMS。而在 20 世纪 60 年代末和 70 年代初，美国数据库系统语言协会 CODASYL（conference on data system language）下属的数据库任务组 DBTG（data base task group）提出了若干报告，被称为 DBTG 报告。DBTG 报告确定并建立了网状数据库系统的许多概念、方法和技术，是网状数据库的典型代表。

第二代是关系数据库系统，1970 年 IBM 公司的 San Jose 研究试验室的研究员 Edgar F. Codd 发表了题为《大型共享数据库数据的关系模型》的论文，提出了关系数据模型，开创了关系数据库方法和关系数据库理论，为关系数据库技术奠定了理论基础。

第三代是以面向对象数据模型为主要特征的数据库系统。从 20 世纪 80 年代以来，数据库技术在商业上的巨大成功刺激了其他领域对数据库技术需求的迅速增长。这些新的领域为数据库应用开辟了新的天地，并在应用中提出了一些新的数据管理的需求，从而推动了数据库技术的研究与发展。面向对象数据模型是第三代数据库系统的主要特征之一，数据库技术与多学科技术的有机结合也是第三代数据库技术的一个重要特征。

1.3　信息描述与数据模型

　　所谓信息是客观事物在人类头脑中的反映。人们可以从现实世界中获得各种各样的信息，从而了解世界并且相互交流。但是信息的多样化特性使得人们在描述和管理这些数据时往往力不从心，因此人们把表示事物的主要特征抽象地用一种形式化的描述表示出来，模型方法就是这种抽象的一种表示。信息领域中采用的模型通常称为数据模型。

1.3.1　数据模型及其三要素

　　一般来说，数据模型是严格定义的概念集合。这些概念精确地描述系统的静态特性、动态特性和完整性约束条件。因此，数据模型是由数据结构、数据操作和数据的完整性约束三部分组成。

1. 数据结构

　　数据结构是研究存储在数据库中对象类型的集合，这些对象类型是数据库的组成部分。数据结构是对系统静态特性的描述。数据库系统是按数据结构的类型来组织数据的，因此数据库系统通常按照数据结构的类型来命名数据模型，如层次结构、网状结构和关系结构的模型分别命名为层次模型、网状模型和关系模型。

2. 数据操作

　　数据操作是指对数据库中各种对象实例所允许执行操作的集合，包括操作和有关操作的规则。数据操作是对系统动态特性的描述，例如插入、删除、修改、检索、更新等操作，数据模型要定义这些操作的确切含义、操作符号、操作规则以及实现操作的语言等。

3. 数据的完整性约束

　　数据的约束条件是完整性规则的集合，用以限定符合数据模型的数据库状态以及状态的变化，以保证数据的正确、有效和相容。数据模型中的数据及其联系都要遵循完整性规则的制约。数据模型应该提供定义完整性约束条件的机制以及数据应遵守的语义约束条件。

1.3.2　数据模型的分类

　　在实际应用中，为了更好地描述现实世界中的数据特征，常常针对不同的场合，不同的目的，采用不同的方法描述数据特征。一般来说，数据模型有如下三种：

1. 概念数据模型

　　概念数据模型是面向现实世界的数据模型，它与具体的 DBMS 无关。该数据模型是独立于计算机系统的数据模型。它完全不涉及信息在计算机中的表示，只是用来描述某个特定组织关心的信息结构。它完全按用户的观点对数据进行建模，强调其语义的表达能力，概念简单，易于用户理解。它是对现实世界的第一次抽象，是用户和数据之间进行交流的工具。

2. 逻辑数据模型

　　逻辑数据模型直接与 DBMS 有关，它有严格的形式化定义，以便在计算机系统中实现。通常用一组无二义性语法和语义的数据库语言来定义、操纵数据库中的数据。它直接面向数据库的逻辑结构，是对现实世界的第二次抽象，通常由数据库设计开发人员来使用。

逻辑数据模型主要有层次模型、网状模型、关系模型和面向对象模型。在这里不做详细介绍，有兴趣的同学可以参考"数据结构"课程中的相关内容。

3. 物理数据模型

物理数据模型是描述数据在存储介质上的组织方式的数据模型，它不仅与具体的数据库管理系统有关，而且与操作系统和硬件有关。每一种逻辑数据模型在实现时都有对应的物理数据模型，一般来说都是由 DBMS 自动完成物理数据模型的实现工作。

1.3.3 概念模型及其表示方法

概念模型是对现实世界的抽象反映，它不依赖于具体的计算机系统，是现实世界到数据世界的一个中间层次，如图 1-1 所示。

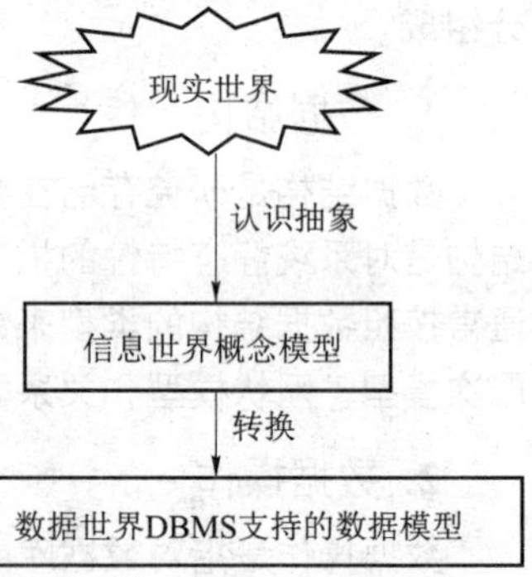

1. 信息实体的概念

在信息领域中，数据库技术涉及的主要概念有：

实体：实体是客观存在并可相互区分的事物。

属性：属性是实体所具有的特性。一个实体可以由若干个属性来描述。

键：能够唯一标识实体的属性集称为键，也叫关键字。

实体集：具有相同属性的实体的集合称为实体集。

图 1-1 数据的抽象过程

联系：现实世界中事物之间的联系必然要在信息世界中加以反映。包括两类联系：一个是实体内部的联系，是指实体各个属性之间的联系；一个是实体之间的联系。

2. 实体之间的联系

实体间的联系是错综复杂的，但就两个实体型的联系来说，主要有以下三种情况：

一对一的联系（1:1）：如果实体集 E_1 中的每一个实体至多和实体集 E_2 中的一个实体有联系，反之亦然，那么实体集 E_1 与 E_2 的联系称为"一对一联系"，记为 1:1。例如，每个学生都有一个学号，每位学生和学号之间具有一对一联系。

一对多联系（1:N）：如果实体集 E_1 中的每个实体可以与实体集 E_2 中的任意个（零个或多个）实体间有联系；而实体集 E_2 中的每个实体至多与实体集 E_1 中一个实体有联系，那么称实体集 E_1 与实体集 E_2 的联系是"一对多联系"，记为 1:N。例如，一个班级内有多名学生，而一名学生只属于一个班。班级与学生之间具有一对多联系。

多对多联系（M:N）。如果实体集 E_1 中的每个实体可以与实体集 E_2 中的任意个（零个或多个）实体间有联系，反之亦然，那么称 E_1 与 E_2 具有多对多联系，记为 M:N。例如，学生在选课时，一个学生可以选修多门课程，一门课程也可以被多名学生选修，则学生和课程之间具有 M:N 联系。

3. 概念数据模型的表示方法

概念模型的表示方法最常用的是实体–联系方法（Entity-Relationship Approach），这是 P. P. S. Chen 于 1976 年提出的。用这个方法描述的概念模型称为实体–联系模型（Entity-Relationship

Model），简称为 E-R 模型。E-R 模型是一个面向问题的概念模型，即用简单的图形方式（E-R 图）描述现实世界中的数据。这种描述不涉及数据在数据库中的表示和存取方法，非常接近人的思维方式，便于系统的开发者与用户之间进行交流。后来又提出了扩展实体联系模型（Extend Entity-Relationship Model），简称为"EE-R 模型"。EE-R 模型目前已经成为一种被使用广泛的概念模型，为面向对象的数据库设计提供了有效的工具。

在 E-R 模型中，信息由实体类型、实体属性和实体间的联系三种概念单元来表示。

实体类型表示建立概念模型的对象，用长方形表示，在框内写上实体名。

实体属性是实体的说明，用椭圆形表示其属性，并用无向边把实体与其属性连接起来。例如学生实体有学号、姓名、年龄、性别、出生年月等属性，则其 E-R 图如图 1-2 所示。

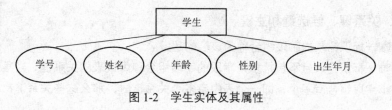

图 1-2　学生实体及其属性

实体间的联系用菱形表示，菱形内要有联系名，并用无向边把菱形分别与有关实体相连接，在无向边旁标上联系的类型，如图 1-3 所示。

图 1-3　实体及其联系

如果概念模型中涉及的实体带有较多的属性而使实体联系图非常不清晰，我们可以将实体联系图分成两部分，一部分是实体及其属性图，另一部分是实体及其联系图。如图 1-3 中，只给出学生实体与课程实体的联系图，而二者的属性可以单独画出。

1.4　关系模型与关系数据库

1.4.1　关系模型

关系模型是用规范的二维表结构来表示实体以及实体间联系的模型，由关系数据结构、关系操作集合和关系完整性规则三部分组成。关系数据结构就是由一组关系结构组成的集合，关系操作集合主要包括对表进行查询与更新（插入、修改和删除）数据的操作，关系完整性规则是指对表进行的数据更新操作必须满足一组约束条件。

l. 关系模型的数据结构

关系模型的数据结构由规范的二维表结构组成。在关系模型中，将规范的二维表称为关系。每个关系由关系名、关系结构和关系实例组成，对应规范的二维表中的表名、表框架（表头）和表中的行。一个规范的二维表由行和列组成，除第一行（表头）以外，表的每一行称为一个记录（或称为元组）；表中的每一列称为一个字段（或称为属性），每个字段有字段名、字段数据类型和宽度，字段的取值范围称为值域。表头的各列给出了各个字段的名字。

在后面的叙述中，为了叙述方便，根据内容不同，将关系称为二维表、表或基本表。

2. 表（关系）的性质

关系模型要求关系数据库中的表必须具有如下性质：

- 表中的每个字段值必须是一个值，不能是值的集合。
- 字段必须是同质的，即同一字段的各个值应是同类型的数据。
- 在同一个表中不能出现相同的字段名。
- 表中不允许有完全相同的记录，即每行记录必须是唯一的。
- 在一个表中记录的次序是任意的。
- 在一个表中字段的次序是任意的。

3. 超键、关系键、候选键和主键

在表中能唯一标识记录的字段组合称为该表的超键。

在表中能唯一标识记录且不包括多余字段的字段组合称为该表的关系键。当某些表中具有关系键特性的最小字段组合有多个，即一个表中有多个关系键时，那么这些关系键都称为该表的候选键。

为了唯一标识表中的每一个记录，保证记录的唯一性，每个表都必须选择一个候选键作为主键。每个表只能有一个主键，如果一个表中没有一个字段具有唯一性的话，也可以指定两个或者多个字段组合起来作为主键。对于任意一个表，主键一经选定，通常是不能随意改变的。主键也称为主关系键、键或主码。

1.4.2　关系模式和关系数据库

1. 关系模式

关系模式是对关系结构（表结构）的描述；关系则是关系模式在某一时刻存储的值，其值是动态的、随时间不断变化的。

在具体的关系数据库管理系统中，使用关系数据库管理系统提供的 SQL 语言的 CREATE TABLE 语句来定义关系模式的名称、关系中的字段、字段类型、宽度、完整性约束等，将定义的语句称为该关系的关系模式。为了便于讨论和描述，关系模式可以表示为：

关系名（字段名 1，字段名 2，… ,字段名 n ）

其中关系键用下划线标出，n 是关系的目（也可称为度）。

2. 关系数据库模式

关系数据库模式是对关系数据库结构的描述，是由一组关系模式组成的集合。一个关系数据库的结构对应一个具体的关系模型。前面给出的学生关系模型中 student、course 和 grade 关系的结构可用下面的一组关系模式表示：

student（学号，姓名，年龄，性别，系名）

course（课程号，课程名，学时数，任课教师）

grade（学号，课程号，成绩）

3. 关系数据库

关系数据库是在一个给定的应用领域关系模型中所有表的集合。

4. 关系数据库系统

在关系数据库管理系统支持下，采用关系模型的数据库系统称为关系数据库系统。

1.4.3 关系的完整性规则

关系模型的完整性规则是用来约束关系的，以保证数据库中数据的正确性和一致性。关系模型的基本完整性共有三类：实体完整性、域完整性、参照完整性。另外还可以根据需要建立用户自定义的完整性。

1. 实体完整性

实体完整性说的是，若属性 A 是基本关系 R 的主键，则属性 A 不能取空值。对于实体完整性的说明如下：

- 一个基本关系对应着一个现实世界的实体集。
- 现实世界中的实体是可区分的，即它们具有某种唯一的标识。
- 关系模型中用主键作为唯一性标识。
- 主键不能取空值，因为主键取空值说明存在某个不可标识的实体，与第二点矛盾。

2. 域完整性

域完整性是对数据表中字段属性的约束，通常指数据的有效性，它包括字段的值域、字段的类型及字段的有效规则等约束，它是由确定关系结构时所定义的字段的属性决定的。限制数据类型，缺省值，规则，约束，是否可以为空，域完整性可以确保不会输入无效的值。

3. 参照完整性

在关系数据库中，关系之间的联系是通过公共属性实现的。这个公共属性是一个表的主键和另一个表的外键。所谓外键是指若一个关系 R 中包含有另一个关系 S 的主键所对应的属性组 F，则称 F 为 R 的外键。外键的值必须是另一个表的主键的有效值或是一个"空值"。

下面先看如表 1-1 和表 1-2 所示的案例 1-1。

【案例 1-1】

键 sID 是表 student 的主键

表 1-1 学生信息表（student）中的部分数据

sID	sName	sSex	sZhuanye	sBanji	sRuxueshijian	sSushe	sAddr
040101	温荣奇	男	计算机	z0401	2004-9-1	h1101	天津
040108	高丽华	女	计算机	z0401	2004-9-1	h1201	江苏
040201	高万里	男	信息管理	z0402	2004-9-1	h1101	北京
040203	王向前	男	信息管理	z0402	2004-9-1	h1102	山东
040301	刘常福	女	电子商务	b0403	2004-9-1	h2102	河南

键 payID 是表 pay 的主键

键 payStuID 是表 pay 的外键

表 1-2　费用缴纳信息表（pay）中的部分数据

payID	payStuID	payNum	payLeibie	payRiqi	payJingbanren
1	040101	6400	学费	2004-9-1	x002
2	040101	1600	住宿费	2004-9-1	x002
3	040108	6400	学费	2004-9-1	x002
4	040108	3200	学费	2005-9-1	x002
5	040201	6400	学费	2004-9-1	x002
6	040201	800	住宿费	2005-9-1	x002
7	040203	250	其他	2005-12-21	x002
8	040203	6400	学费	2006-9-15	x002
9	040301	1600	住宿费	2004-9-1	x002

在【案例 1-1】中，表 student 和表 pay 之间通过属性 payStuID 建立了联系。

在使用参照完整性规则时，要注意以下三点：

● 外键和相应的主键可以不同名，只要定义在相同的值域上即可。

● 关联的两个关系也可以是同一个关系模式，它表示了一个关系中不同元组之间的联系。如课程（course）关系中的属性先行课（kcXianxingke）就是一个外键，其值来源于课程（course）关系中的属性课程编号（kcID）。

● 外键的值是否为空，应视具体问题而定。如属性先行课号（kcXianxingke）的值是可以为空的，可以理解为该课程没有先行课。而属性缴费学生编号（payStuID）的值则不能为空。如果为空则会出现语义混淆，就会出现"费用到底是谁缴"的问题。

≫　提示：

在外键的操作中，还要注意以下问题。

不执行任何操作：在删除或更新主键表的数据时，显示一条错误信息，告诉用户不允许执行该删除或更新操作，删除或更新操作将被回滚。

级联：删除或更新包含外键关系中所涉及的数据的所有行。

级联更新（cascading update）：更新主键值的操作，该值由其他表的现有行中的外键列引用。在级联更新中，将更新所有外键值以与新的主键值相匹配，即如果将表 1-1 中 sID 的值 040101 更新成 040102，那么在表 1-2 中的作为外键 payStuID 中值为 040101 的所有数据行中数据项 payStuID 的值也会被自动更新为 040102。

级联删除（cascading delete）：删除包含主键值数据行的操作，该值由其他表的现有数据行中的外键列引用。在级联删除中，还将删除其作为外键值被引用的所有数据行，即如果删除表 1-1

中 sID 的值为 040101 的数据行,那么在表 1-2 中的作为外键值被引用的 payStuID 的值为 040101 的所有数据行都会被删除。

设置 NULL:如果表的所有外键列都可接受空值,则将值设置为空值。这是 SQL Server 2008 中新增的功能。

设置默认值:如果表的所有外键列均已定义默认值,则将值设置为该列定义的默认值,这也是 SQL Server 2008 中新增的功能。

4. 用户自定义的完整性

用户自定义的完整性则是针对某一具体数据库的约束条件,由应用环境决定,它反映了某一具体应用所涉及的数据必须满足的语义要求。如学习成绩的取值范围,用户一般会定义在 0~100 之间。数据库管理系统应提供定义和检验这类完整性的机制,以便用统一的方法处理它们而不再由应用程序完成这一任务。

在实际应用中,这类完整性规则一般在建立数据库和基本表的同时进行定义,应用程序的编程人员不需再做考虑。如果某些约束条件没有建立在库表一级,则应用编程人员应在各模块的具体编程中通过程序进行检验和控制。

1.5 关系数据库规范化设计

关系数据库的规范化设计理论主要包括三个方面的内容:数据依赖,范式,模式设计方法。而数据依赖是关系数据库设计的中心问题,其中函数依赖和多值依赖是最重要的两种形式。数据依赖研究数据之间的联系,范式是关系模式的标准,模式设计方法是自动化设计的基础。从数据依赖的角度出发,在什么是结构合理的关系这一问题上,人们已经做了很多的研究工作。这些工作最终产生了"规范化"理论。在关系数据库的设计实践中,正是通过关系的"规范化"使数据的组织合理化。所谓的"规范化"是把有问题的关系转化成为两个或多个没有这些问题的关系的过程。更重要的是,规范化还可用做检查关系是否合乎需要和正确与否的指南,并且规范化设计理论还对关系数据库结构的设计起着重要的作用。

1.5.1 关系模式的设计问题

1. 关系模式的数据冗余和异常问题

在数据管理中,数据冗余一直是影响系统性能的大问题。数据冗余是指同一数据在系统中多次重复出现。在文件系统中,由于文件之间没有联系,引起一个数据在多个文件中重复出现而造成重复存储。数据库系统虽克服了文件系统的这种缺陷,但对于数据冗余问题仍然应予以关注。如果一个关系模式设计得不好,将会产生数据冗余、异常、不一致等问题。为了便于理解,在此举一个"晓灵学生管理系统"中的案例。

【案例 1-2】在"晓灵学生管理系统"的早期设计中,设计有一个关系模式,课程情况(kcID, kcName, kcJiaoshi, tTel, kcXuefen, kcXianxingke),各属性分别表示课程编号(主键)、课程名称、任课教师、联系电话、课程学分和课程先行课,具体数据见表 1-3。

表 1-3　课程情况表

kcID	kcName	kcJiaoshi	tTel	kcXuefen	kcXianxingke
k001	应用英语	刘洪全	80267512	4	
k002	食品加工工艺学	李艳丽	60270604	3.5	
k009	数据库原理与应用	郝亦强	83601316	5	
k010	软件工程	张栋梁	78558388	4.5	k011
k011	软件开发技术	郝亦强	83601316	5	k009
k012	商务网站建设	良易	27085566	5	k010

虽然这个关系模式只涉及 6 个属性，但在使用过程中会出现以下几个问题：

（1）数据冗余。如果一个教师教几门课程，那么这个教师的联系电话就要重复几次存储。

（2）操作异常。由于数据的冗余，在对数据操作时会引起各种异常：

① 修改异常。如教师"郝亦强"教两门课程，在关系中就会在属性"tTel"上存在两个元组。如果他的联系电话变了，这两个元组中的联系电话都要改变。若有一个元组中的联系电话未更改，就会造成这个教师的联系电话不唯一，产生不一致现象。

② 插入异常。如果一个教师刚调来尚未分派教学任务，那么在将教师的姓名和联系电话添加到表中时，在主属性 kcID 上就需要插入空值。而这一操作违反了关系的完整性规则中实体完整性的要求，无法将这一数据插入数据表中。

③ 删除异常。如果要删除课程编号为"k002"的课程，那么就会把"李艳丽"这个教师的元组删去，同时也把她的联系电话从表中删去了。

2. 如何解决数据冗余和操作异常

案例 1-2 的关系模式设计不是一个合理的设计。针对上述问题，我们需要将课程情况关系模式分解成教师信息和课程信息两个关系模式，即教师信息（ kcJiaoshi,tTel ）和课程信息（ kcID,kcName,kcJiaoshi,kcXuefen,kcXianxingke ），分别见表 1-4 和表 1-5。

表 1-4　教师信息表

kcJiaoshi	tTel
刘洪全	80267512
李艳丽	60270604
郝亦强	83601316
张栋梁	78558388
良易	27085566

表 1-5 课程信息表

kcID	kcName	kcJiaoshi	kcXuefen	kcXianxingke
k001	应用英语	刘洪全	4	
k002	食品加工工艺学	李艳丽	3.5	
k009	数据库原理与应用	郝亦强	5	
k010	软件工程	张栋梁	4.5	k011
k011	软件开发技术	郝亦强	5	k009
k012	商务网站建设	良易	5	k010

经过这样分解后,前面提到的针对关系模式中的冗余和操作异常现象就基本消除了。每位教师的姓名及联系电话只存储一次,即使这位教师没有授课任务,其姓名和地址也可存放在教师信息表中。模式分解是解决数据冗余的主要方法,也是规范化理论的一条原则:"如果关系模式中存在数据冗余和操作异常问题,那么就分解这个关系模式"。

但是将课程情况关系模式分解成教师信息和课程信息两个关系模式是否是最佳方案,也不是绝对的。如果要查询某门课程任课教师的联系电话时,就要对关系教师信息和关系课程信息进行连接操作,而连接的代价是很大的,这将影响系统的性能,并且对查询请求的响应速度的影响是致命的,所以说适度、合理的冗余可以提高查询速度。我们在模式设计和进行规范化处理的时候,要根据系统的功能和冗余数据的使用频率来决定。到底什么样的关系模式是合理的呢?衡量一个关系模式是否合理的标准就是模式的范式(Normal Form,NF)。

综上所述,规范化的目的可以概括为以下四点:

(1)把关系中的每一个数据项都转换成一个不能再分的基本项。

(2)消除冗余,并使关系的检索简化。

(3)消除数据在进行插入、修改和删除时的异常情况。

(4)关系模型灵活,易于使用非过程化的高级查询语言进行查询。

1.5.2 关系数据库模式的规范化理论

关系数据库设计中,数据库数据合理存储和组织的核心是构造设计一个科学的关系模式,使它能够准确地反映现实世界实体本身以及实体与实体之间的联系,最大限度地减少数据冗余等问题。这就是关系模式的规范化问题。

1. 关系模式规范化设计

现实世界中的实体可以用关系来描述,但遗憾的是,并非所有的关系都能合理地表示实体。对于某些关系模式,改变其中的数据可能导致一些不希望的结果,我们称之为异常。这些异常可以通过把原有的关系重新定义为两个或多个关系来消除,这种关系重定义的过程即为规范化。

由于某些设计存在着数据不一致性,在使用过程中会发生各种操作异常,显然这样设计是不行的。一个好的关系模式应该不会发生各种操作异常,数据冗余还应尽可能小。为了达到这个目标,我们把原有的关系模式分解为符合规范化设计所要求的关系模式。当然这种关系的分解并不是随意的,它必须遵循一定的准则,一般将这些准则称为范式。

范式（Normal Form，NF）的概念和关系模式的规范化问题是由 E. F. Codd 提出的，从 1971 年到 1972 年，E. F. Codd 系统地提出了 1NF、2NF、3NF 的概念，1974 年 Boyce 和 Codd 共同提出了 BCNF，1976 年 Fagin 又提出了 4NF，以后又有人提出 5NF 概念。不同的范式对关系中各属性间的联系提出了不同级别的要求，根据要求级别的高低，一般将关系分为第一范式（1NF）、第二范式（2NF）、第三范式（3NF）、BCNF 范式、第四范式（4NF）和第五范式（5NF）。其中，高级别范式包含在低级别范式中，具体的关系如图 1-4 所示。

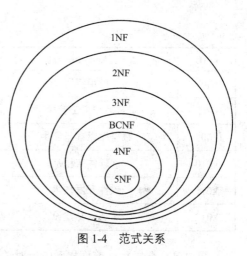

图 1-4　范式关系

2. 第一范式（1NF）

【定义 1.1】如果一个关系模式 R 的每个属性的域都只包含单一的值，则称 R 满足第一范式。

通俗地讲，第一范式要求关系中的属性必须是原子值，即为不可再分的基本类型。集合、数组和结构不能作为属性出现，严禁在关系中出现"表中有表"的情况。任何符合关系定义的数据表都满足第一范式的要求。但正如我们在【案例 1-2】中所看到的，符合第一范式中的关系虽然可以使用，但总会有各种操作异常和较大的数据冗余。因此我们必须进一步规范此关系，这就导致了第二范式的产生。

3. 第二范式（2NF）

【定义 1.2】如果关系模式 R 满足第一范式，且它的所有非主关键字属性完全依赖于整个主关键字（也就是说，不存在部分依赖），则 R 满足第二范式。

根据这一定义，凡是以单个属性作为关键字的关系就自动满足 2NF。因为关键字的属性只有一个，就不可能存在部分依赖的情况。因此，第二范式只是针对主关键字是属性组合的关系。但是，第二范式还远非完美，满足第二范式的关系仍存在着插入、删除和修改的异常。存在这些问题的原因是关系模式中存在传递函数依赖，传递函数依赖是导致数据冗余和操作异常的另一个原因，所以，满足第二范式的关系模式还需要向第三范式转化，除去非主属性对关键字的传递函数依赖。

4. 第三范式（3NF）

【定义 1.3】如果某关系模式满足第二范式，且它的任何一个非主属性都不传递依赖于任何关键字，则 R 满足第三范式。

换句话说，如果一个关系模式 R 不存在部分函数依赖和传递函数依赖，则 R 满足 3NF。当一个关系模式中存在传递依赖时，应把它分解成两个关系模式，除去传递依赖。从而避免在第二范式下出现的插入、删除异常，并进一步控制数据的冗余度。

经过了 1NF、2NF、3NF 的规范化，我们基本上消除了关系模式中的部分函数依赖、传递函数依赖。但当关系模式具有多个候选键，且这些候选键具有公共属性时，即使该关系满足了第三范式的要求，在操作时仍会出现异常。为了解决这个问题，Boyce 和 Codd 联合提出了一个对第三范式进一步修正的方案，即 BCNF 范式。

5. BCNF 范式

BCNF 范式是由 Boyce 与 Codd 联合提出的。它是对第三范式（3NF）的一种改进，通常认为 BCNF 范式是修正的第三范式。

【定义 1.4】设一个关系模式 R(U)∈1NF，若 X→Y 且 Y⊄X 时，X 均包含 R 中的某个关键字，则关系模式 R∈BCNF。

通俗地讲，关系模式 R 中，若每一个决定因素都包含关键字，则关系模式 R 满足 BCNF 范式。而实际上一个关系模式 R∈BCNF，则必 R∈3NF，但是若 R∈3NF，R 未必属于 BCNF。BCNF 比 3NF 的要求更加严格，其原因主要在于第三范式只涉及非主属性与关键字的函数依赖关系，这在关系模式具有多个候选键，且这些候选键具有公共属性时，并不能完全解决数据冗余、更新异常等问题。

一个关系模式如果符合 BCNF，则在函数依赖的范围内已经实现了彻底的分离，消除了插入、删除和修改的异常。但有些异常还会出现，因此人们进一步提出了第四范式（4NF）、第五范式（5NF）。由于二者用得较少，甚至第五范式还存在于理论的研究中，因此就不再赘述了。

至此，我们已系统地讨论了关系模式的规范化问题。规范化是通过对已有的关系模式进行分解来实现的。把低一级的关系模式分解为多个高一级的关系模式，使模式中的各关系达到某种程度的分离，让一个关系只描述一个实体或实体间的联系。规范化实质上就是概念的单一化。1NF、2NF、3NF、BCNF 和 4NF 之间逐步深化的过程如图 1-5 所示。

总之，在数据库的设计实践中，关系有时故意保留成非规范化的模式，甚至在规范化后又进行逆规范化处理，这样做通常是为了改善数据库的性能。因此将关系分解到什么程度，要根据实际情况来决定。对大多数的商业系统来说，一般分解到 3NF 就够了，但是有时仍需根据实际情况进一步分解到 BCNF。

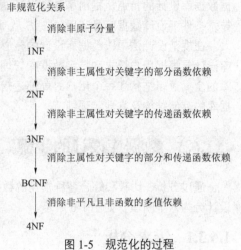

图 1-5　规范化的过程

最后，从数据库设计实践的角度给出几条经验原则：

➤ 部分函数依赖和传递函数依赖的存在是产生数据冗余、更新异常的重要原因。因此，在关系规范化中，应尽可能消除属性间的这些依赖关系。

➤ 非第三范式的 1NF、2NF 以及非规范化的模式，由于它们性能上的弱点，一般不宜作为数据库模式。

➤ 由于第三范式的关系模式中不存在非主属性对关键字的部分依赖和传递依赖关系，因而消除了很大一部分冗余和更新异常，具有较好的性能，所以一般要求数据库设计达到 3NF。

1.6 数据库设计

数据库设计是指对于一个给定的应用环境，提供一个确定最优数据模型与处理模式的逻辑设计，以及一个确定数据库存储结构与存取方法的物理设计，建立起既能反映现实世界中信息和信息之间的联系，满足用户数据要求和加工要求，又能被某个数据库管理系统所接受，同时能实现系统目标，并有效存取数据的数据库。

1.6.1　数据库设计的任务与内容

数据库设计的任务是在数据库管理系统的支持下，按照应用的要求，为某一部门或组织设计

一个结构合理、使用方便、高效的数据库及其应用系统。

数据库设计应包含两方面的内容：一是结构设计，也就是设计数据库框架或数据库结构；二是行为设计，即设计应用程序、事务处理等。

设计数据库应用系统，首先应进行结构设计。数据库结构设计是否合理，直接影响到系统中各个处理过程的性能和质量；另一方面，结构特性又不能与行为特性分离。静态的结构特性与动态的行为特性相分离，会导致数据与程序不易结合，增加数据库设计的复杂性。

1.6.2 数据库设计的方法

目前常用的各种数据库设计方法都属于规范设计法，即都是运用软件工程的思想与方法，根据数据库设计的特点，提出了各种设计准则与设计规范。这种工程化的规范设计方法也是在目前技术条件下设计数据库最实用的方法。

在规范设计法中，数据库设计的核心与关键是逻辑数据库设计和物理数据库设计。逻辑数据库设计是根据用户要求和特定数据库管理系统的具体特点，以数据库设计理论为依据，设计数据库的全局逻辑结构和每个用户的局部逻辑结构。物理数据库设计是在逻辑结构确定之后，设计数据库的存储结构及其他实现细节。

1.6.3 数据库设计的步骤

通过分析、比较和综合各种常用的数据库规范设计方法，将数据库设计分为六个阶段，如图 1-6 所示。

1.6.3.1 需求分析

进行数据库设计首先必须准确了解与分析用户需求（包括数据与处理）。需求分析是整个设计过程的基础，是最困难、最耗费时间的环节。需求分析的结果是否准确地反映了用户的实际要求，将直接影响到后面各个阶段的设计，并影响到设计结果是否合理和实用。

需求分析阶段应该对系统的整个应用情况做出全面的、详细的调查，确定企业组织的目标，收集支持系统总体设计目标的基础数据及其要求，确定用户的需求，并把这些需求写成用户和数据库设计者都能够接受的文档。

设计人员还应该了解系统将来要发生的变化，收集未来应用所涉及的数据，充分考虑到系统可能的扩充和变动，使系统设计符合未来发展的趋势，并且易于改动，以减少系统维护的代价。进行系统需求分析通常有以下几个环节：

（1）分析用户活动，产生用户活动图。

这一步主要了解用户当前的业务活动和职能，搞清其处理流程（即业务流程），如果一个处理比较复杂，就要把处理分解成若干个子处理，使每个处理功能明确、界面清楚，分析之后画出用户活动图。

（2）确定系统范围，产生系统范围图。

这一步是确定系统的边界。在和用户经过充分讨论的基础上，确定计算机所能进行数据处理

图 1-6 数据库设计的步骤

的范围，确定哪些工作由人工完成，哪些工作由计算机系统完成。

（3）分析用户活动所涉及的数据，产生数据流图。

深入分析用户的业务处理，以数据流图形式表示出数据的流向和对数据所进行的加工。

数据流图（Data Flow Diagram，DFD）是从"数据"和"对数据的加工"两方面表达数据处理系统工作过程的一种图形表示法，是一种直观、易于被用户和软件人员理解的系统功能的描述方式。

（4）分析系统数据，产生数据字典。

只有对每个数据都给出确切定义后，才能较完整地描述系统。

数据字典提供对数据描述的集中管理，它的功能是存储和检索各种数据描述并且为数据库管理员提供有关的报告。对数据库设计来说，数据字典是进行详细的数据收集和数据分析所获得的主要成果。

数据字典中通常包括数据项、数据结构、数据流、数据存储和加工过程这五个部分。其中数据项是数据的最小组成单位，若干个数据项可以组成一个数据结构，数据字典通过对数据项和数据结构的定义来描述数据流以及数据存储的逻辑内容。

● 数据项

数据项是数据的最小单位，对数据项的描述通常包括数据项名、含义、别名、类型、长度、取值范围以及与其他数据项的逻辑关系。

● 数据结构

数据结构反映了数据之间的组合关系。一个数据结构可以由若干个数据项组成，也可以由若干个数据结构组成，或由若干个数据项和数据结构混合组成。它包括数据结构名、含义及组成该数据结构的数据项名或数据结构名。

● 数据流

数据流可以是数据项，也可以是数据结构，表示某一加工处理过程的输入或输出数据。对数据流的描述应包括数据流名、说明、流出的加工名、流入的加工名以及组成该数据流的数据结构或数据项。

● 数据存储

数据存储是处理过程中要存储的数据，它可以是手工凭证、手工文档或计算机文档。对数据存储的描述应包括数据存储名、说明、输入数据流、输出数据流、数据量（每次存取多少数据）、存取频率（单位时间内存取次数）和存取方式（是批处理还是联机处理，是检索还是更新，是顺序存取还是随机存取）。

● 加工过程

对加工处理的描述包括加工过程名、说明、输入数据流、输出数据流，同时加工处理过程也简要说明了处理工作、频度要求、数据量及响应时间等。

数据字典是在需求分析阶段建立的，并在数据库设计过程中不断改进、充实和完善。

1.6.3.2　概念结构设计

概念结构设计是整个数据库设计的关键，其目标是产生反映企业组织信息需求的数据库概念结构，即概念模式。概念模式独立于计算机硬件结构，独立于数据库管理系统。

概念设计的任务一般可分为三步来完成：进行数据抽象，设计局部概念模式；将局部概念模式综合成全局概念模式；评审。

利用 E-R 方法进行数据库的概念设计，可以分成三步进行：首先设计局部 E-R 模式，然后把

各局部 E-R 模式综合成一个全局 E-R 模式,最后对全局 E-R 模式进行优化,得到最终的 E-R 模式,即概念模式。

1. 设计局部 E-R 模式

为了更好地模拟现实世界,一个有效的策略是"分而治之",即先分别考虑各个用户的信息需求,形成局部概念结构,然后再综合成全局结构。局部概念结构又称为局部 E-R 模式。

（1）确定局部结构范围。

设计各个局部 E-R 模式的第一步,是确定局部结构的范围划分,划分的方式一般有两种:一种是依据系统的当前用户进行自然划分;另一种是按用户要求将数据库提供的服务归纳成几类,使每一类应用访问的数据显著地不同于其他类,然后为每类应用设计一个局部 E-R 模式。这样做的目的是为了更准确地模仿现实世界,以减少统一考虑一个大系统所带来的复杂性。

局部结构范围的确定要考虑下述因素:

◇ 范围的划分要自然,易于管理。

◇ 范围之间的界面要清晰、相互影响要小。

◇ 范围的大小要适度。

（2）实体定义。

每一个局部结构都包括一些实体类型,实体定义的任务就是从信息需求和局部范围定义出发,确定每一个实体类型的属性和键。

实体、属性和联系之间划分的依据通常有以下三点:

➤ 采用人们习惯的划分。

➤ 避免冗余,在一个局部结构中,对一个对象只取一种抽象形式,不要重复。

➤ 依据用户的信息处理需求。

实体类型确定之后,它的属性也随之确定。为一个实体类型命名并确定其键也是很重要的工作。命名应反映实体的语义性质,在一个局部结构中应是唯一的。键可以是单个属性,也可以是属性的组合。

（3）联系定义。

E-R 模型的"联系"用于描述实体之间的关联关系。一种完整的方式是依据需求分析的结果,考察局部结构中任意两个实体类型之间是否存在联系及确定联系类型。

在确定联系类型时,应注意防止出现冗余的联系（即可从其他联系导出的联系）。如果存在,要尽可能地识别并消除这些冗余联系,以免将这些问题遗留给综合全局的 E-R 模式阶段。

联系类型确定后,也需要命名和确定键。命名应反映联系的语义性质,通常采用某个动词命名。联系类型的键通常是它涉及的各实体的键的并集或某个子集。

（4）属性分配。

实体与联系都确定下来后,局部结构中的其他语义信息大部分可以用属性描述。这一步的工作有两类:一是确定属性;二是把属性分配到有关实体和联系中去。

确定属性的原则是:属性应该是不可再分解的语义单位;实体与属性之间的关系只能是 1:N 的;不同实体类型的属性之间应无直接关联关系。属性不可分解的要求是为了使模型结构简单化,不出现嵌套结构。

当多个实体类型用到同一属性时,将导致数据冗余,从而可能影响存储效率和完整性约束,因而需要确定把属性分配给哪个实体类型。一般把属性分配给那些使用频率最高的实体类型,或分配给实体值少的实体类型。有些属性不宜归属于任一实体,只说明实体之间联系的传递性。

2. 设计全局 E-R 模式

所有局部 E-R 模式都设计好以后，接下来就是把它们综合成单一的全局概念结构。全局概念结构不仅要支持所有局部 E-R 模式，而且必须合理地表示一个完整、一致的数据库概念结构。

（1）确定公共实体类型。

为了给多个局部 E-R 模式的合并提供合适的基础，首先要确定各局部结构中的公共实体。公共实体的确定并非一目了然，特别是当系统较大时，可能有很多局部模式，这些局部 E-R 模式是由不同的设计人员确定的，因而对同一现实世界的对象可能给予不同的描述，有的作为实体，有的又作为联系或属性。即使都表示成实体，实体名和键也可能不同。在这一步中，我们根据实体名和键来认定公共实体。一般把同名实体作为公共实体的一类候选，把具有相同键的实体作为公共实体的另一类候选。

（2）局部 E-R 模式的合并。

合并的顺序有时影响处理效率和结果。合并的一般顺序是：首先进行两两合并，先合并那些在现实世界中存在联系的局部结构；合并应从公共实体类型开始，最后再加入独立的局部结构。进行二元合并是为了减少合并工作的复杂性，并且使合并结果的规模尽可能小。

（3）消除冲突。

由于各类应用不同，且不同的应用通常又是由不同的设计人员设计成局部 E-R 模式的，因此局部 E-R 模式之间不可避免地会有不一致的地方，我们称之为冲突。通常冲突可分为三种类型：

● 属性冲突：属性域的冲突，即属性值的类型、取值范围或取值集合不同。

● 结构冲突：同一对象在不同应用中的不同抽象。同一实体在不同局部 E-R 图中属性组成不同，包括属性个数、次序。实体之间的联系在不同的局部 E-R 图中呈现不同的类型。

● 命名冲突：包括属性名、实体名、联系名之间的冲突。有同名异义，即不同意义的对象具有相同的名字；有异名同义，即同一意义的对象具有不同的名字。

属性冲突和命名冲突通常采用讨论、协商的方法解决，而结构冲突则需要经过认真分析后才能解决。

设计全局 E-R 模式的目的不在于把局部 E-R 模式在形式上合并为一个 E-R 模式，而在于消除冲突，使之成为能够被全系统中所有用户共同理解和接受的统一的概念模型。

3. 全局 E-R 模式的优化

一个好的全局 E-R 模式，除了能够准确、全面地反映用户功能需求外，还应满足下列条件：

◇ 实体类型的个数尽可能少；

◇ 实体类型所含属性个数尽可能少；

◇ 实体类型间联系无冗余。

但是，这些条件不是绝对的，要视具体的信息需求与处理需求而定。下面给出几个全局 E-R 模式的优化原则。

（1）实体类型的合并。

这里的合并不是前面的"公共实体类型"的合并，而是相关实体类型的合并。在公共模型中，实体类型最终转换成关系模式，涉及多个实体类型的信息要通过连接操作获得。因而减少实体类型个数，可减少连接的开销，提高处理效率。一般可以把 1:1 联系的两个实体类型合并。具有相同键的实体类型常常是从不同角度描述现实世界，如果经常需要同时处理这些实体类型，那么也有必要合并成一个实体类型。但这时可能产生大量空值，因此要对存储代价、查询效率进行权衡。

（2）冗余属性的消除。

通常在各个局部结构中是不允许冗余属性存在的。但在综合成全局 E-R 模式后，可能产生全局范围内的冗余属性。一般同一非键的属性出现在几个实体类型中，或者一个属性值可从其他属性的值导出，此时，应把冗余的属性从全局模式中去掉。

冗余属性消除与否，也取决于它对存储空间、访问效率和维护代价的影响。有时为了兼顾访问效率，有意保留冗余属性，这当然会造成存储空间的浪费和维护代价的提高。

（3）冗余联系的消除。

在全局模式中可能存在有冗余的联系，通常利用规范化理论中函数依赖的概念消除冗余联系。

1.6.3.3 逻辑结构设计

逻辑结构设计是将抽象的概念结构转换为所选用的数据库管理系统支持的数据模型，并对其进行优化。逻辑设计的目的是把概念设计阶段设计好的全局 E-R 模式转换成与选用的数据库管理系统所支持的数据模型相符合的逻辑结构。这些模式在功能上、完整性和一致性约束及数据库的可扩充性等方面均应满足用户的各种要求。在这里只讨论将概念模式转化成关系逻辑数据模型。

转换的一般规则主要有以下三点：

（1）实体类型的转换：将每个实体类型转换成一个关系模式，实体的属性即为关系模式的属性，实体标识符即为关系模式的键。

（2）联系类型的转换，要根据以下不同的情况进行不同的处理：

● 若实体间的联系是 1:1 的，可以在两个实体类型转换成的两个关系模式中的任意一个关系模式的属性中加入另一个关系模式的键和联系类型的属性。

● 若实体间的联系是 1:N 的，则在 N 端实体类型转换成的关系模式中将 1 端实体类型转换成的关系模式的键作为联系类型的属性。

● 弱实体：若实体间的联系是 1:N 的，而且在 N 端实体类型为弱实体，转换成的关系模式中将 1 端实体类型（父表）的键作为外键放在 N 端的弱实体（子表）中。弱实体的主键由父表的主键与弱实体本身的候选键组成，也可以为弱实体建立新的独立的标识符 ID。

● 若实体间的联系是 M:N 的，则将联系类型也转换成关系模式，其属性为两端实体类型的键加上联系类型的属性，而键则为两端实体键的组合。

（3）超类和子类的转换：将超类和子类各转换成一个关系模式，在子类转换成的关系模式（子表）中加入超类转换成的关系模式（父表）的键，从而实现父表与子表的联系。由于父表与子表的主键相同，所以子表的主键也是外键。

在逻辑设计阶段，仍然要使用关系规范化理论来设计和评价模式。只有这样才能保证所设计的模式不出现数据冗余、更新异常和插入异常，才能设计出一个好的模式。所以在初始关系模式的基础上还需要进行关系的规范化处理。规范化处理过程分为两个步骤：

➤ 确定规范级别：规范级别取决于两个因素，一是归结出来的数据依赖的种类，二是实际应用的需要。首先考察数据依赖集合。在仅有函数依赖时，3NF 或 BCNF 是适宜的标准。如还包括多值依赖，则应达到 4NF。

➤ 实施规范化处理：确定规范级别之后，利用模式规范化处理的算法，逐一考察关系模式，判断它们是否满足范式要求。若不符合上一步所确定的规范级别，则利用相应的规范算法将关系模式规范化。在规范化处理过程中，要特别注意保持函数依赖和无损分解的要求。

最后还需要对规范化处理的结果进行模式评价和模式修正。模式评价的目的是检查已给出的数据库模式是否完全满足用户的功能要求，是否具有较高的效率，并确定需要加以修正的部分。模式评价主要包括功能和性能两个方面的评价。而模式修正是根据模式评价的结果，对已生成的模式集进行修正。修正的方式依赖于导致修正的原因，如果因为需求分析、概念设计的疏漏导致某些应用不能得到支持，则应相应增加新的关系模式或属性；如果因性能考虑而要求修正，则可采用合并、分解或选用另外结构的方式进行修正，如为了提高系统性能适当地增加数据冗余，在经过模式评价及多次反复修正后，最终的数据库模式得以确定。

1.6.3.4 数据库物理设计

数据库物理设计是为逻辑数据模型选取一个最适合应用环境的物理结构（包括存储结构和存取方法）。数据库的物理结构主要指数据库的存储记录格式、存储记录安排和存取方法。显然，数据库的物理设计完全依赖于给定的硬件环境和数据库管理系统。

物理设计分五步完成，前三步涉及物理结构设计，后两步涉及约束和具体的程序设计。

（1）存储记录结构设计。包括记录的组成、数据项的类型、长度，以及逻辑记录到存储记录的映射。

（2）确定数据存放位置：可以把经常同时被访问的数据组合在一起。

（3）存取方法的设计：存取路径分为主存取路径与辅存取路径，前者用于主键检索，后者用于辅助键检索。

（4）完整性和安全性考虑：设计者应从完整性、安全性、有效性和效率方面进行分析，做出权衡。

（5）程序设计：在逻辑数据库结构确定后，应用程序设计就应当随之开始。物理数据独立性的目的是消除由于物理结构的改变而引起的对应用程序的修改。当物理独立性未得到保证时，可能会发生对程序的修改。

1.6.3.5 数据库的实现

根据逻辑设计和物理设计的结果，设计人员运用数据库管理系统提供的数据库语言及其宿主语言在计算机系统上建立起实际数据库结构、装入数据。测试和试运行的过程称为数据库的实现阶段。

数据库实现阶段主要有三项工作：

（1）建立数据库结构。对描述逻辑设计和物理设计结果的程序（即"源模式"），编译成目标模式和执行后建立的数据库结构。

（2）装入测试数据对应用程序进行调试。测试数据可以是实际数据，也可是由手工生成或用随机数发生器生成。应使测试数据尽可能覆盖现实世界的各种情况。

（3）装入实际数据，进入试运行状态。测量系统的性能指标是否符合设计目标。如果不符合，则返回前面几步修改数据库的物理结构，甚至修改逻辑结构。

1.6.3.6 数据库运行和维护

数据库应用系统经过试运行后即可投入正式运行。在数据库系统运行过程中必须不断地对其进行评价、调整与修改。

设计一个完善的数据库应用系统，往往是上述六个阶段不断反复的过程。一个数据库设计的过程实际上是设计者对设计经验和设计知识的总结。

在数据库设计过程中要注意以下三个问题：

（1）数据库设计过程中要注意充分调动用户的积极性。用户的积极参与是数据库设计成功的关键因素之一。用户最了解自己的业务，最了解自己的需求，用户的积极配合能够缩短需求分析的进程，帮助设计人员尽快熟悉业务，更加准确地抽象出用户的需求，减少反复，也能使设计出的系统与用户的最初设想更接近。同时用户参与提供意见，双方共同对设计结果承担责任也可以减少数据库设计的风险。

（2）应用环境的改变、新技术的出现等都会导致应用需求的变化，因此设计人员在设计数据库时必须充分考虑到系统的可扩充性，使设计易于变动。一个设计优良的数据库系统应该具有一定的可伸缩性，应用环境的改变和新需求的出现一般不会推翻原设计，不会对现有的应用程序和数据造成大的影响，而只是在原设计基础上做一些扩充即可满足新的要求。

（3）系统的可扩充性最终都是有一定限度的。当应用环境或应用需求发生巨大变化时，原设计方案可能终将无法再进行扩充，必须推倒重来，这时就会开始一个新的数据库设计的生命周期。但在设计新数据库应用的过程中，必须充分考虑到已有应用，尽量使用户能够平稳地从旧系统迁移到新系统。

数据库系统正式运行，标志着数据库设计与应用开发工作的结束和维护阶段的开始。而在数据库系统运行维护阶段，通常有以下四个主要任务：

（1）维护数据库的安全性与完整性：检查系统安全性是否受到侵犯，及时调整授权和密码，实施系统转储与备份，以便在发生故障后及时恢复数据。

（2）监测并改善数据库运行性能：对数据库的存储空间状况及响应时间进行分析评价，结合用户反应确定改进措施，实施再构造或再格式化。

（3）根据用户要求对数据库现有功能进行扩充。

（4）及时改正运行中发现的系统错误。

要充分认识到，数据库系统只要在运行，就要不断地进行评价、调整、修改。如果应用变化太大，再组织工作已无济于事，那么表明原数据库应用系统生存期已结束，应该设计新的数据库应用系统了。

1.6.4　晓灵学生管理系统的设计

"晓灵学生管理系统"围绕着学生的日常管理工作展开，涉及了学生在学校内的日常活动。通过本系统的实施可以实现对学生学习成绩、奖惩情况、学费缴纳情况、住宿情况的管理。出于某些原因的考虑，本系统未考虑学生辅修第二专业的情况，即一位学生只能学习一个专业、只能属于一个班级。未考虑学生借阅图书的情况以及学生用教材信息的管理。

通过对学生管理系统的分析与抽象，整理设计了"晓灵学生管理系统"的实体联系模型，如图1-7所示。

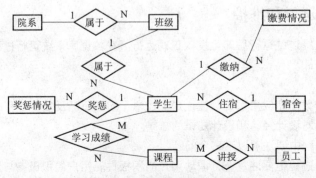

图1-7　"晓灵学生管理系统"E-R图

图 1-7 所述 E-R 图，由于版面的原因未将各实体或联系的属性列出。

在图 1-7 所示的 E-R 图中，将其中的实体和联系转换成以下关系模式（加粗下划线的字段为主键，加波浪下划线的字段为外键）：

（1）院系关系（院系编号、名称、负责人）

（2）教职工关系（教职工号、教师姓名、性别、生日、岗位类别、学历、职称、隶属院系、所学专业、联系电话、家庭地址）

（3）课程关系（课程编号、课程名称、任课教师、学分、课程简介、课程状态、课程先行课）

（4）班级关系（班级编号、班级名称、学制、所属院系、班主任、班长）

（5）宿舍关系（宿舍编号、宿舍电话、宿舍长、宿舍管理员）

（6）学生关系（学号、姓名、性别、生日、所学专业、所属班级、入学时间、所住宿舍、家庭地址、联系电话）

（7）学习成绩关系（学号、课程号、成绩）

（8）费用缴纳关系（缴费学生学号、缴纳金额、缴纳类别、缴纳日期、经办人）

（9）奖惩关系（奖惩编号、奖惩人、奖惩类别、奖惩内容、奖惩时间、是否生效、相关文件）

根据数据库所在系统硬件的具体情况和 SQL Server 2008 关系数据库系统的特点，进行了数据库物理模式的设计。设计结果如表 1-6 ~ 表 1-14 所示。

表 1-6　课程信息表（course）

序号	字段名	字段类型	说明	备注
1	kcID	char（6）	课程编号，主键	
2	kcName	varchar（20）	课程名称，不能为空	
3	kcJiaoshi	char（6）	任课教师	教职工号，外键约束
4	kcXuefen	smallint	学分	
5	kcZhuangtai	char（4）	课程状态	可开、未开、已开
6	kcJianjie	text	课程简介	超过 8 KB，用 text
7	kcXianxingke	char（6）	课程的先行课	

表 1-7　院系信息表（college）

序号	字段名	字段类型	说明	备注
1	colID	char（6）	院系编号，主键	
2	colName	varchar（20）	院系名称，不能为空	
3	colFuzeren	char（6）	院系负责人	员工编号，外键约束

表 1-8　教师信息表（teacher）

序号	字段名	字段类型	说明	备注
1	tID	char（6）	教职工号，主键	
2	tName	varchar（20）	教师姓名，不能为空	

续表

序号	字段名	字段类型	说明	备注
3	tSex	char（2）	教师性别	
4	tBirthday	smalldatetime	出生日期	
5	tGangwei	char（4）	岗位类别	教师、教辅、行政、其他
6	tXueli	char（6）	学历	博士、硕士、大本、大专
7	tZhicheng	varchar（10）	职称	
8	tYuanxi	char（6）	隶属院系	院系编号，外键约束
9	tZhuanye	varchar（20）	所学专业	
10	tTel	varchar（20）	联系电话	
11	tAddr	varchar（40）	家庭住址	

表 1-9　班级信息表（class）

序号	字段名	字段类型	说明	备注
1	clsID	char（6）	班级编号，主键	
2	clsName	varchar（20）	班级名称，不能为空	
3	clsXuezhi	smallint	学制	
4	clsYuanxi	char（6）	所属院系	院系编号，外键约束
5	clsBanzhuren	char（6）	班主任	教师工号，外键约束
6	clsBanzhang	char（6）	班长	学生编号，外键约束

表 1-10　学习成绩表（grade）

序号	字段名	字段类型	说明	备注
1	sID	char（6）	学号	学号和课程号共同作为主键
2	kcID	char（6）	课程编号	
3	gradeNum	smallint	成绩	

表 1-11　学生信息表（student）

序号	字段名	字段类型	说明	备注
1	sID	char（6）	学生学号，主键	
2	sName	varchar（20）	学生姓名，不能为空	
3	sSex	char（2）	学生性别	
4	sBirthday	smalldatetime	出生日期	
5	sZhuanye	varchar（20）	所学专业	

续表

序号	字段名	字段类型	说明	备注
6	sBanji	char（6）	所属班级	班级编号，外键约束
7	sRuxueshijian	smalldatetime	入学时间	
8	sSushe	char（6）	所住宿舍	宿舍编号，外键约束
9	sAddr	varchar（40）	家庭地址	
10	sTel	varchar（20）	联系电话	

表 1-12　费用缴纳信息表（pay）

序号	字段名	字段类型	说明	备注
1	payStuID	char（6）	缴费学生学号	学生学号，外键约束
2	payNum	smallmoney	缴纳金额，不能为空	
3	payLeibie	char（6）	缴费类别	学费、住宿费、其他
4	payRiqi	smalldatetime	缴纳日期	默认系统当前日期
5	payJingbanren	char（6）	经办人	教职工号，外键约束

表 1-13　宿舍信息表（hostel）

序号	字段名	字段类型	说明	备注
1	hosID	char（6）	宿舍编号，主键	
2	hosTel	char（12）	宿舍电话	
3	hosShezhang	char（6）	宿舍长	学生学号，外键约束
4	hosGuanliyuan	char（6）	宿舍管理员	教职工号，外键约束

表 1-14　奖惩信息表（jiangcheng）

序号	字段名	字段类型	说明	备注
1	jcID	int	奖惩编号，主键	
2	jcRen	char（6）	奖惩人，不能为空	学生学号，外键约束
3	jcLeibie	char（6）	奖惩类别	奖励、处分、其他
4	jcNeirong	varchar（100）	奖惩内容	
5	jcShijian	smalldatetime	奖惩时间	
6	jcShifoushengxiao	bit	是否生效	
7	jcWenjian	varchar（50）	相关文件	

　　在实现物理数据库后，需要装入数据进行调试。装入的数据请参考本书所采用的例库。这里不再赘述。

1.7 本项目小结

本项目以晓灵同学制定"晓灵学生管理系统"开发文档，为实现"晓灵学生管理系统"奠定基础为线索，简明扼要地介绍了数据库系统的基本概念和发展历程、数据库系统的结构和组成；阐述了信息描述与数据模型、数据库规范化设计理论；重点介绍了关系模型与关系数据库、数据库设计方法。

通过本项目的学习，学生重点掌握关系模型与关系数据库、数据库的设计方法及相关理论。了解数据库系统的结构与组成和当前流行的关系数据库系统的特点。从实践应用的角度出发，学生应具备根据应用系统的功能设计数据库的能力。拥有这种能力并不是一蹴而就的，应该进行大量的设计练习，并且不断地总结经验，循序渐进。

1.8 课后练习

1. 什么是数据、数据库、数据库技术、数据处理、数据库系统、数据库管理系统？
2. 数据库经历了哪些发展阶段？
3. 数据模型有哪几种？
4. 描述概念模型最常用的方法是什么？实体间的联系又有哪些？
5. 某医院病房计算机管理系统中需如下信息：
科室：科名，科地址，科电话，医生姓名
病房：病房号、床位数、所属科室名
医生：姓名、职称、所属科室名、年龄、工作证号
病人：病历号、姓名、性别、诊断医生、病房号
其中，一个科室有多个病房，多个医生；一个病房只能属于一个科室；一个医生只属于一个科室，但可负责多个病人的诊治；一个病人的主治医生只有一个。
设计该系统的 E-R 图。
6. 设计能够表示出房地产交易中客户、业务员和合同三者之间关系的数据库。
（1）确定客户实体、业务员实体和合同实体的属性。
（2）确定客户、业务员和合同三者之间的相互联系，给联系命名并指出联系的类型。
（3）确定联系本身的属性。
（4）画出客户、业务员和合同三者关系的 E-R 图。
（5）将 E-R 图转化为表，写出表的关系模式并表明各自的主键和外键。
7. 已知一个学生课程数据库中的学生关系 Student（表 1-15）。分别求：① 机电系的学生；② 年龄小于 20 岁的学生；③ 在学生姓名和所在系两个属性上的投影。

表 1-15 学生关系 Student

学号	姓名	性别	年龄	所在系
001	李勇	男	20	计算机
002	刘晨	女	19	机电
003	王敏	女	18	管理
004	张力	男	19	机电

8. SLC（学号，系名，学生住处，课程号，成绩）码为（学号，课程号），每个系的学生住同一地方。判断该模式属于哪一类范式，并逐步升级到 BCNF。

9. 简述关系模型的完整性规则。在参照完整性中，为什么外键属性的值可以为空？什么情况下才可以为空？

10. 数据库的设计步骤是什么？

11. 常见的数据库种类有哪些？

 # 1.9　实验

实验目的：

（1）熟悉 E-R 模型的基本概念和图形表示方法。

（2）掌握将现实世界的事物转化为 E-R 图的基本技巧。

（3）熟悉关系数据模型的基本概念。

（4）熟悉将 E-R 图转化为表。

实验内容：

要开发一个在线考试系统，该系统能够完成对题库进行管理，考试新闻发布，试卷制定、审核、生成，设定考场的环境，考试结果公布与查询等具体功能。要求设计出该系统的概念模型、关系模型。

实验步骤：

（1）根据需求确定实体、属性和联系。

（2）将实体、属性和联系转化为 E-R 图。

（3）将 E-R 图转化为基本表。

项目二

数据库开发环境

——SQL Server 2008 的安装与配置

> **项目要点**
>
> （1）了解 SQL Server 数据库管理系统的产生、发展与安装前的准备工作。
> （2）掌握 SQL Server 数据库管理系统的安装。
> （3）熟悉数据库管理系统的验证与配置。

在本项目中将建立一个可以用于实现"晓灵学生管理系统"的开发环境。本项目以 SQL Server 2008 的安装为主线介绍以下内容：SQL Server 数据库管理系统的产生和发展，SQL Server 2008 对计算机系统软、硬件配置的要求，SQL Server 2008 数据库管理系统的安装过程，SQL Server 2008 数据库管理系统的配置与验证，系统使用入门等。

📇 2.1 了解 SQL Server 数据库管理系统的产生与发展

在本节将为实际动手安装 SQL Server 2008 数据库管理系统奠定基础，了解 SQL Server 数据库管理系统的产生与发展。

2.1.1 任务的提出

经过一段时间的学习，晓灵又来找郝老师了。

晓灵："郝老师，开发'晓灵学生管理系统'这个应用系统我们应该先做什么？"

郝老师："工欲善其事，必先利其器。要想做好这件事，准备解决问题的工具、环境是至关重要的。

在一般情况下，为了设计实现'晓灵学生管理系统'，我们首先要根据用户的需要进行需求分析，提出系统的解决方案；接着根据解决方案所确定的系统边界，对系统的功能进行设计；再根据所确定的功能组织数据，进行系统数据库的设计和实现；然后根据系统数据库的特点及对性能的要求确定数据库管理系统，建立数据库应用系统的设计与开发环境；最后再根据需要进行系统界面的设计。

根据项目一所确定的数据库管理系统，首先要在一台计算机上安装并且配置好 SQL Server

2008 数据库管理系统。"

郝老师接着说，"那么如何安装好 SQL Server 2008？在安装前需要做好哪些准备？在安装过程中需要注意哪些事项？安装过程中存在哪些技巧和关键因素？在安装后，需要如何配置才能发挥其最大的作用？这都是我们在具体安装 SQL Server 2008 数据库管理系统之前要理解和掌握的知识。"

下面，我们就详细地说一说吧！

2.1.2　解决方案

要想成功安装 SQL Server 2008 数据库管理系统，需要解决以下几个问题：

（1）了解 SQL Server 2008 数据库管理系统都有哪些版本？

（2）SQL Server 2008 数据库管理系统各版本，对操作系统的要求有哪些？

（3）SQL Server 2008 数据库管理系统各版本，对计算机配置都有哪些要求？硬件的要求是什么？软件环境又是什么？

（4）在安装 SQL Server 2008 数据库管理系统过程中，需要注意和解决哪些问题？

（5）在安装 SQL Server 2008 数据库管理系统以后，如何验证安装是否成功？

（6）在安装 SQL Server 2008 数据库管理系统以后，需要如何配置 SQL Server 2008 数据库管理系统才能正常使用？

2.2　SQL Server 2008 数据库管理系统安装前的准备工作

要想安装好 SQL 2008 数据库管理系统，必须要对其有一个深入的了解。首先来了解 SQL Server 的发展历史，SQL Server 目前有哪些版本以及它对计算机软硬件环境有哪些要求。

2.2.1　SQL Server 数据库管理系统简介

1. SQL Server 数据库管理系统的发展历史

应该说，Microsoft SQL Server 和 Sybase SQL Server 有着核心的联系。

1987 年，Microsoft SQL Server 最早起始于 Sybase SQL Server。

1988 年微软公司、Sybase 公司和 Ashton-Tate 公司共同合作进行 Sybase SQL Server 的开发，当时这种产品是基于 OS/2 操作系统的。后来由于某些原因，Ashton-Tate 公司退出了该产品的开发，而微软公司和 Sybase 公司签署了一个共同开发协议，就是把 SQL Server 移植到微软新开发的 Windows NT 操作系统上。这两家公司共同开发的结果是发布了用于 Windows NT 操作系统的 SQL Server 4。这也是两家公司合作的结束点。

在 SQL Server 4 版本发布之后，微软公司和 Sybase 公司在 SQL Server 上的开发开始分道扬镳。微软公司致力于用于 Windows NT 平台的 SQL Server 的开发，而 Sybase 公司致力于用于 UNIX 平台的 SQL Server 的开发。

SQL Server 6 是完全由微软公司开发的第一个 SQL Server 版本。1996 年，微软公司把 SQL

Server 产品升级到了 6.5 版本。经过两年的开发周期，在 1998 年微软公司发布了有巨大变化的 SQL Server 7。

在 2000 年微软公司迅速发布了 Microsoft SQL Server 2000 版本。

在 2005 年微软公司正式发布了 Microsoft SQL Server 2005 版本。

在 2008 年微软公司正式发布了 Microsoft SQL Server 2008 版本，SQL Server 2008 是一个重大的产品版本，它推出了许多新的特性和关键的改进，SQL Server 2008 出现在微软数据平台上是因为它使得公司可以运行他们最关键任务的应用程序，同时降低了管理数据基础设施和发送信息给所有用户的成本，具有可信任的、高效的、智能的特性，因此使得它成为至今为止最强大和最全面的 SQL Server 版本，这也是我们选择 SQL Server 2008 数据库管理系统作为"晓灵学生管理系统"的设计开发平台的原因。

2. SQL Server 的工作模式

SQL Server 采用客户/服务器体系结构，即中央服务器用来存储数据库，该服务器可以被多台客户机访问，数据库应用的处理过程分布在客户机和服务器上。客户/服务器（Client/Server，C/S）体系结构的应用又被称作分布式计算机系统。该系统的数据处理不是在单个计算机上进行，而是把程序的不同部分在多台计算机上同时运行。它的最大好处是提高了数据处理和应用能力。

在客户/服务器体系结构中，分布式应用程序中的数据处理不像传统方式那样集中在一台计算机上发生，而是把应用程序分为两部分：客户端和服务器端。在这种结构中，数据从客户端分离出来，存储在服务器上。而客户机和服务器通过网络连接相互通信。客户机通常用来完成用户界面的表示逻辑，以及应用的业务逻辑；服务器通常用来存储数据、响应用户请求、从逻辑上维护数据。如果业务逻辑和表示逻辑结合在客户端，那么此客户机称为胖客户机；如果业务逻辑与数据库服务器结合起来，那么此服务器称为胖服务器。

在两层的 C/S 体系结构中，应用程序的升级要求所有的客户软件均要随之升级，并重新进行安排，这时客户端的维护量较大。因此，系统的可扩展性、可维护性、性能和可靠性较差。为了解决上述问题，出现了三层体系结构。在两层的基础上增加一个中间层，由客户端、应用服务器端（中间层）和数据库服务器端三层构成。

在三层体系结构中，客户端只用于实现表示逻辑（仅仅显示数据或接受用户输入的信息），而将业务逻辑交给应用服务器实现。应用服务器是数据库服务器和客户端之间的桥梁，客户应用程序不直接同数据库服务器打交道，而是间接从应用服务器来获取数据。

C/S 体系结构典型的例子有银行办理存取款业务、邮电局的各种汇款手续等所有使用的数据库系统。这种结构需要在每台计算机上安装专门的客户软件来存取后台数据库服务器的数据，面向特定的用户，主要是基于行业的专门应用，缺点是客户机维护升级不方便。

数据库系统采用客户/服务器结构的好处主要有以下五个方面：

● 数据集中存储。数据集中存储在服务器上，而不是分开存储在客户机上，从而使所有用户都可以访问到相同的数据。

● 可以在服务器上定义一次业务逻辑和安全规则，然后可被所有的客户使用。

● 可以减少网络流量，因为关系数据库服务器只返回应用程序所需要的数据。

● 节省硬件开销。数据都存储到服务器上，不需要在客户机上存储数据，所以客户机硬件不需要具备存储和处理大量数据的能力。同样，服务器不需要具备数据表示的功能。

● 因为数据集中存储到服务器上，所以数据备份和恢复变得比较容易。

2.2.2 选择安装版本

SQL Server 2008 分为企业版、标准版、工作组版、Web 版、开发者版、Express 版、Compact 3.5 版，其功能和作用也各不相同，其中 SQL Server 2008 Express 版是免费版本。

有关这几种 SQL Server 2008 版本的应用环境以及其使用限制简单说明如表 2-1 所列，如果需要更详细的说明可以参考微软公司网站。

表 2-1 SQL Server 2008 各版本比较

SQL Server 版本	应 用
企业版	支持 32 位和 64 位系统，能支持超大型企业进行联机事务处理，是一个全面的数据管理和业务智能平台，为关键业务应用提供了企业级的可扩展性、数据仓库、安全性、高级分析和报表支持。这一版本将为你提供更加坚固的服务器和执行大规模在线事务处理
标准版	支持 32 位和 64 位系统，适合中小型企业使用，是一个完整的数据管理和业务智能平台，为部门级应用提供了最佳的易用性和可管理特性
工作组版	只支持 32 位系统，适用于数据库在大小和用户数量上没有限制的小型企业，是一个值得信赖的数据管理和报表平台，用以实现安全的发布、远程同步和对运行分支应用的管理能力。 这一版本拥有核心的数据库特性，可以很容易地升级到标准版或企业版
Web 版	是针对运行于 Windows 服务器中要求高、可用、面向 Internet Web 服务的环境而设计的。这一版本为实现低成本、大规模、高可用性的 Web 应用或客户托管解决方案提供了必要的支持工具
开发者版	允许开发人员构建和测试基于 SQL Server 的任意类型应用。这一版本拥有所有企业版的特性，但只限于在开发、测试和演示中使用。基于这一版本开发的应用和数据库可以很容易地升级到企业版
Express 版	只适用于 32 位系统，是 SQL Server 的一个免费、使用简单、易于管理的版本，它拥有核心的数据库功能，其中包括了 SQL Server 2008 中最新的数据类型，但它是 SQL Server 的一个微型版本。这一版本是为了学习、创建桌面应用和小型服务器应用而发布的，也可供 ISV 再发行使用
Compact 3.5 版	SQL Server Compact 是一个针对开发人员而设计的免费嵌入式数据库，这一版本的意图是构建独立、仅有少量连接需求的移动设备、桌面和 Web 客户端应用。SQL Server Compact 可以运行于所有的微软 Windows 平台之上，包括 Windows XP 和 Windows Vista 操作系统，以及 Pocket PC 和 Smartphone 设备

2.2.3 硬件需求

表 2-2 为安装 SQL Server 2008 的基本硬件需求，然而在实际的硬件考虑上，随着应用范围的不同，硬件需求需要做适当的调整。例如，在经常需要作大量数据运算的数据库系统中，应该提

升其 CPU 等级以及内存空间，以提高其执行效率。而在磁盘空间的需求上，应该将数据库数据所占用的存储空间纳入考虑范围之内。

表 2-2　各硬件项目需求参考

硬件项目	规格说明
CPU	对于 64 位的标准版来讲，处理器类型一般要求 Pentium VI 及其以上的类型。处理器的速度最低要求达到 1.4 GHz，建议 2 GHz 或更高的速度
RAM	至少 512 MB 的内存空间；建议使用 2 GB 或更大的内存
磁盘空间	尽可能的大，具体的程度应根据安装环境进行选择。一般来说，系统组件要求的磁盘空间如下：① 数据引擎和数据文件、复制和全文搜索：280 MB；② SQL Server Analysis Service：90 MB；③ SQL Server Reporting Services：120 MB；④ SQL Server Integration Service：120 MB；⑤ 客户端组件：850 MB；⑥ SQL Server 联机丛书：240 MB
显示器	SQL Server 2008 图形工具需要使用 VGA 或更高分辨率，分辨率至少为 1 024×768 像素
其他设备	需要 Microsoft 鼠标或兼容的指针设备、CD-ROM 光盘 或 DVD 驱动器、磁带驱动器等

2.2.4　软件需求

不同的 SQL 版本有不同的操作系统需求，表 2-3 显示了 SQL Server 2008 各个版本的操作系统需求。

表 2-3　各版本的操作系统需求

软件项目	规格说明
操作系统	SQL Server 2008 企业版要求必须安装在 Windows Server 2003 及 Windows Server 2008 系统上，其他版本还可以支持 Windows XP 系统。SQL Server 2008 已经不再提供对 Windows 2000 系列操作系统的支持；64 位的 SQL Server 程序仅支持 64 位的操作系统
网络软件	SQL Server 2008 64 位版本的网络软件要求与 32 位版本的要求相同。 支持的操作系统都具有内置网络软件。独立的命名实例和默认实例支持以下网络协议：① Shared memory；② Named Pipes；③ TCP/IP；④ VIA。 注意：故障转移群集不支持 Shared memory 和 VIA

🖥 2.3　SQL Server 2008 数据库管理系统的安装

2.3.1　准备安装 SQL Server 2008

当存在低版本的 SQL Server 程序时，SQL Server 2008 支持升级安装，此时将原有实例升级到 SQL Server 2008。也可以全新安装，使多版本共存，此时必须在安装时添加新的实例名，这样就有多个实例并存。安装 SQL Server 2008 之前，请注意下列事项：

● 确保将要安装 SQL Server 2008 的计算机满足 SQL Server 2008 对系统的软、硬要求。

● 检查系统中是否包含以下必备软件组件:.NET Framework 3.5 SP2;SQL Server Native Client;
SQL Server 安装程序支持文件;Microsoft Windows Installer 4.5 或更高版本;Microsoft Internet Explorer 6 SP1 或更高版本。

● 以系统管理员身份进行安装。

● 尽量使用光盘或将安装程序复制到本地进行安装,避免从网络共享进行安装。

● 尽量避免存放安装程序的路径过深。

● 尽量避免路径中包含中文名称。

2.3.2 安装 SQL Server 2008

根据 SQL Server 2008 对系统及计算机的要求,决定了要安装的版本并完成上一节所述的准备工作后,就可以开始进行软件的安装、架设 SQL Server 数据库服务器的工作了。我们以 Step-by-Step 的方式,一步步地介绍安装的步骤及其注意事项。

首先放入 SQL Server 2008 光盘,这时光盘上的自动执行程序会自动激活安装向导。如果您的光盘不会自动激活安装向导,可以执行光盘上的 SETUP.EXE 来激活安装向导。安装 SQL Server 2008 要求首先要安装 Microsoft .NET Framework 和更新的 Windows Installer,它是.NET 平台的一部分,SQL Server 2008 要使用其中的一些类库。如果机器上没有安装,则出现如图 2-1 的提示,我们单击【确定】按钮开始进行安装。

图 2-1   Microsoft SQL Server 2008 安装程序

如果本机原来已经安装 Microsoft.NET Framework,则不出现以上的提示。再次运行 SQL Server 2008 安装,第一个页面就是打开"安装中心",出现如图 2-2 所示的安装中心。

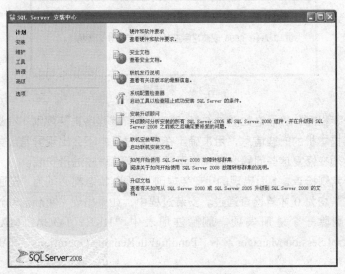

图 2-2   SQL Server 安装中心

界面左侧有一些选项显示的是当前的安装进度，由于我们刚刚进入安装过程，所以单击"安装"选项，出现如图 2-3 所示的界面。

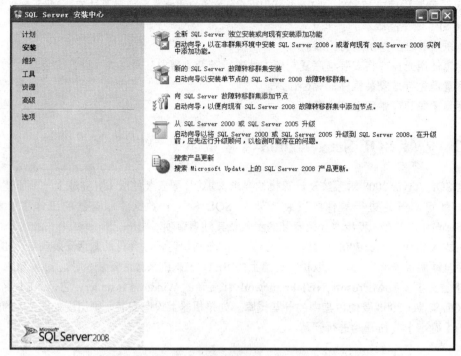

图 2-3　SQL Server 安装中心的安装界面

界面右侧显示的是安装内容，如果是第一次安装 SQL Server 2008，则选择第一项，出现支持文件。如果不是第一次安装，可以根据需要进行选择，如果准备好了故障转移群集，那么就可以创建故障转移群集 SQL。这里是第一次安装，选择"全新 SQL Server 独立安装或向现有安装添加功能"超链接，出现如图 2-4 所示的提示。

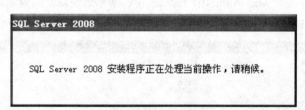

图 2-4　安装提示

稍后进入"安装程序"界面，如图 2-5 所示，首先安装程序支持规则。在这个准备过程里，首先安装程序要扫描本机的一些信息，用来确定在安装过程中不会出现异常。如果在扫描中发现了一些问题，则必须在修复这些问题之后才能重新运行安装程序进行安装。

之后开始进行常规检查，上面出现的"安装规则"，规则状态都必须为"已通过"，只有当"失败、警告、已跳过"均为 0 才算检查通过。安装过程中，如果出现"重新启动计算机"这一项不能通过，则需要删除一个注册表项。删除注册表中"HKEY_LOCAL_MACHINE\SYSTEM\ControlSet001\Control\Session Manager"下"PendingFileRename Operations"子键。

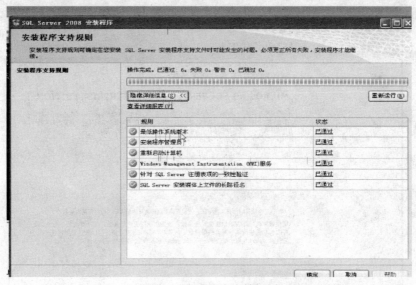

图 2-5　安装程序支持规则

解决步骤：

a. 在"开始"→"运行"中输入 regedit；

b. 找到 HKEY_LOCAL_MACHINE\SYSTEM\ControlSet00l\Control\Session Manager 位置；

c. 在右边窗口右击 PendingFileRenameOperations，选择删除，然后确认；

d. 重启安装，问题就可以解决。

通过后单击【确定】按钮，出现图 2-6 所示提示。

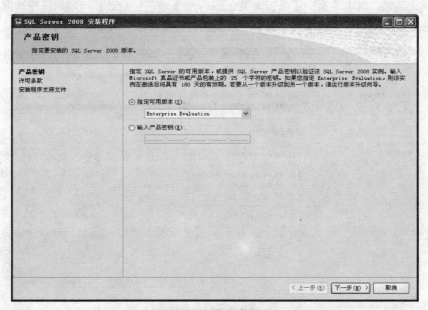

图 2-6　产品密钥

此时输入产品密钥，即序列号。在这里我们有两个选项，如果选择试用版本则选中"指定可用版本"选项，有 180 天的有效期。也可以输入产品密钥，之后，出现如图 2-7 所示的界面，可以读一下许可条款，然后必须选中"我接受许可条款"选项。

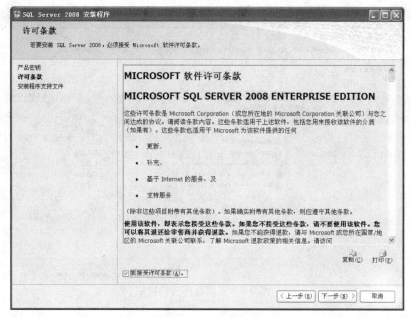

图 2-7　许可条款

之后单击【下一步】按钮，出现图 2-8 所示"安装程序支持规则"界面，这个步骤看起来跟刚才在准备过程中的一样，都是扫描本机，防止在安装过程中出现异常。其实并不是在重复刚才的步骤，从图 2-8 中可以明显看出这次扫描的精度更细，扫描的内容也更多，只有满足条件后才可以继续安装。如果向导发现未能满足系统配置的情况，将会通过明显的标志提示用户。如图 2-8 中，有两项未通过，其中下面一项是因为 Windows 防火墙已经启动，可能对远程访问有所影响。如果出现未通过的规则，可以单击"警告"超链接查看具体提示内容。

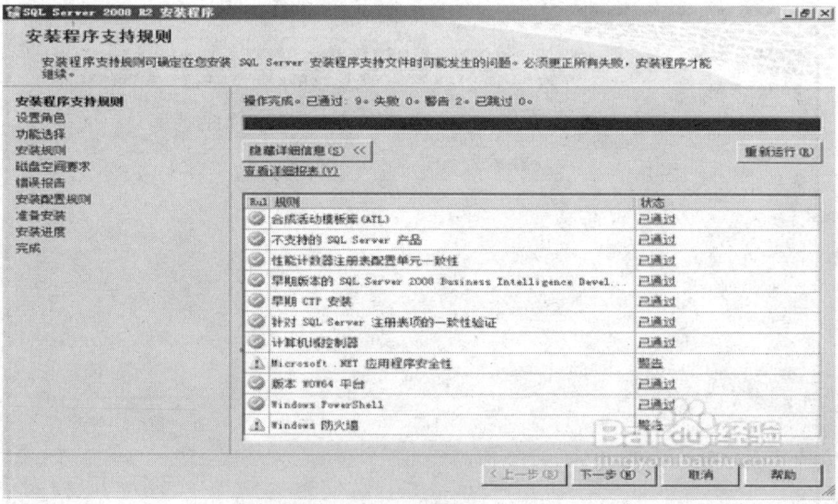

图 2-8　安装程序支持规则

在这个步骤中，一定不要忽略"Windows 防火墙"这个警告，因为如果在 Windows Server 2008 操作系统中安装 SQL Server，操作系统不会在防火墙自动打开 TCP1433 这个端口。

检查通过后，单击【下一步】按钮，出现图 2-9 所示界面，提示进行功能选择。

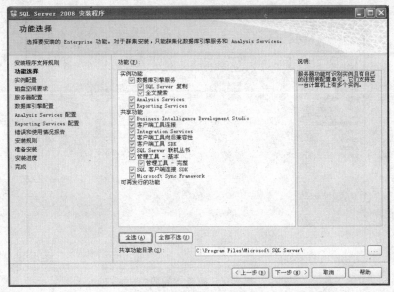

图 2-9　功能选择界面

选择需要安装的数据库功能，第一次可以全选，以后对数据库熟悉了，可以根据自己的需要来选择，全选还需要对一些服务进行配置。然后确定"共享功能目录"，"共享功能目录"默认是C 盘，建议改为 D 盘，因为 C 盘是系统盘，如果系统出现问题，重新安装系统时，选择 D 盘不会影响到数据库的使用。然后单击【下一步】按钮，在图 2-10 中进行实例配置。

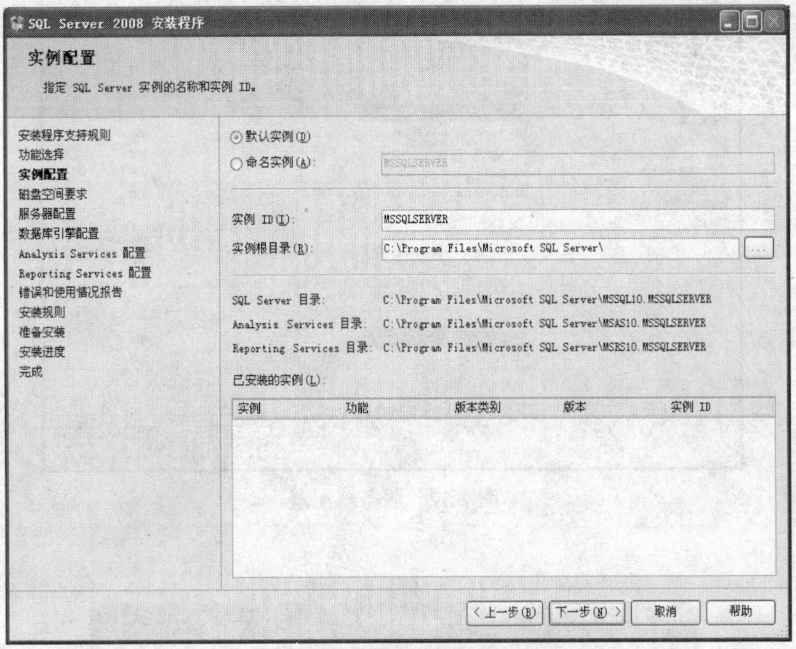

图 2-10　实例配置

这里有两个选择，一般情况下推荐使用"默认实例"，如果本机已经安装过其他数据库版本，那么我们可以选择"命名实例"，进行手动命名，"实例根目录"可以选择 D 盘，单击【下一步】按钮，出现图 2-11 所示界面，对磁盘空间进行检查。

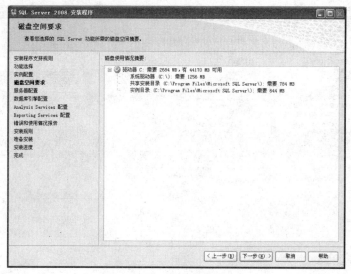

图 2-11　磁盘空间要求

如果本机磁盘均满足要求，单击【下一步】按钮，出现如图 2-12 所示界面，在这里，首先要配置服务器的服务账户，也就是确定操作系统用哪个账户启动相应的服务。为了简单起见，选择"对所有 SQL Server 服务使用相同的账户"。单击后出现图 2-13 所示界面。

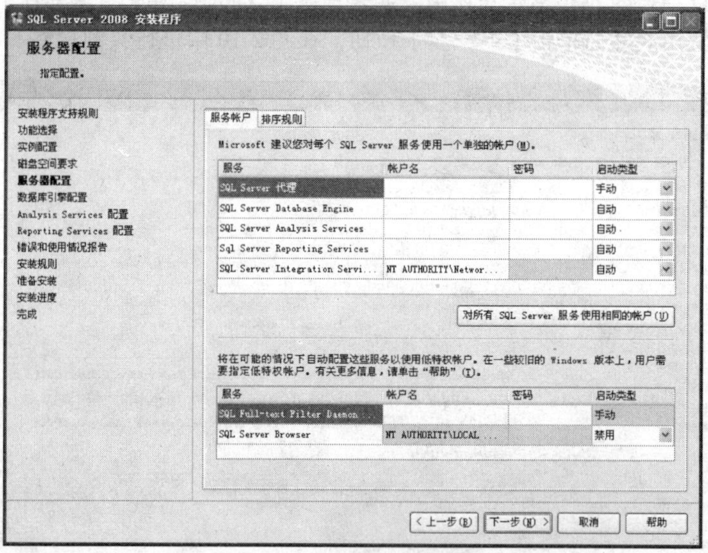

图 2-12　服务器配置

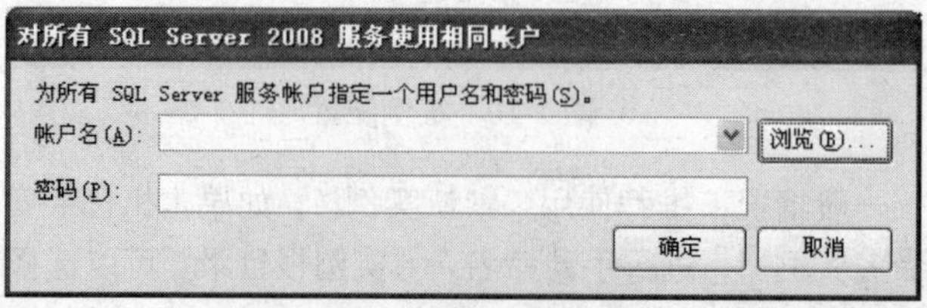

图 2-13　服务器配置提示

单击【浏览】按钮，选择所用的用户名和密码，之前要求系统必须事先设置密码。设置好后，单击【确定】按钮，返回图 2-12 所示界面。也可以选择 "NT AUTHORITY\SYSTEM" 账户，用最高权限来运行服务。

然后可以进行 "排序规则" 修改，默认是不区分大小写的，可按自己的要求进行调整，除非有一些特殊要求，一般情况不需要修改排序规则，设置好以后单击【下一步】按钮，出现图 2-14 所示界面，进行数据库引擎配置。

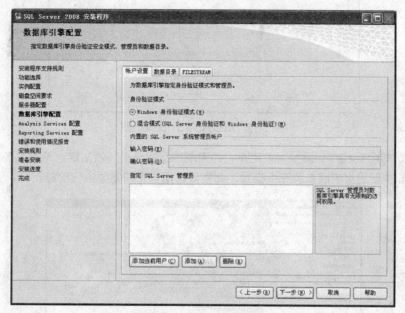

图 2-14 数据库引擎配置

数据库引擎的配置主要有 3 项。首先进行 "账户设置"，在账户设置中，一般 MSSQLSERVER 都作为网络服务器存在。

SQL Server 2008 提供两种身份验证模式：

Windows 身份验证模式是在 SQL Server 中建立与 Windows 用户账户对应的登录账户，这样在登录了 Windows 操作系统之后，登录 SQL Server 就不用再输入用户名和密码了。

≫▷ 注意：这并不意味着只要能登录 Windows 就能登录 SQL Server，而是需要由管理员事先在 SQL Server 中建立对应的 SQL Server 账户才能登录。默认情况下，Administrators 组的用户可以登录 SQL Server。

SQL Server 身份验证模式是在 SQL Server 中建立专门用来登录 SQL Server 的账户和密码，这些账户和密码与 Windows 登录无关。

为了方便，一般使用 "混合模式"，这时需要输入密码，并指定管理员，多数都是本机安装数据库，所以，一般添加当前用户，超级管理员，也可以单击【添加】按钮进行查找，根据需要添加用户。

之后完成 "数据目录" 的指定及 "FILESTREAM" 设定，一般没有必要修改。对于数据目录，可以这样理解，我们习惯将软件都装在系统盘。在使用 SQL Server 时，数据库文件都放在其他盘，然后附加数据，这样不会混乱自己的数据库和系统的数据库。毕竟数据安全是第一的。

如果前边功能选择中没有选择 "数据库引擎配置" 此项功能，则不需要此配置过程。之后单击【下一步】按钮，出现图 2-15 所示界面完成 "Analysis Services 配置"。

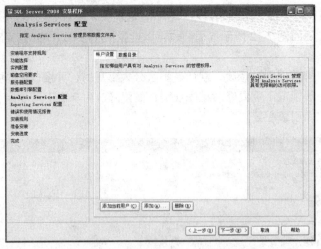

图 2-15　Analysis Services 配置

需要配置"账户设置"，添加当前用户，并完成"数据目录"的指定。单击【下一步】按钮，开始在图 2-16 中配置报表服务的三个模式，此处应根据自己的需要进行选择。

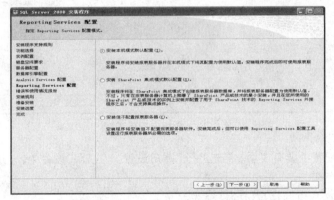

图 2-16　Reporting Services 配置

之后单击【下一步】按钮，出现图 2-17 所示界面，此时根据需要选择选项。

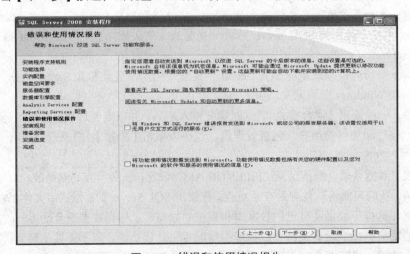

图 2-17　错误和使用情况报告

单击【下一步】按钮，出现如图 2-18 所示"安装规则"界面，安装程序将运行安装规则以确定是否需要阻止安装过程。单击【显示详细信息】按钮可以查看安装规则的检测情况。规则状态都必须为"已通过"，只有当"失败、警告、已跳过"均为 0 才算检查通过，通过后才可以安装。

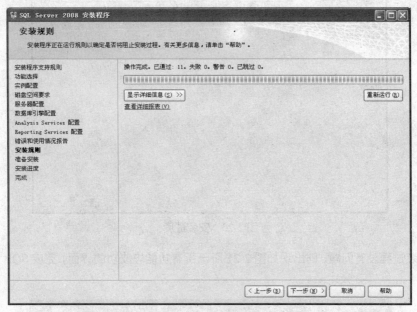

图 2-18　"安装规则"界面

单击【下一步】按钮，出现图 2-19 所示"准备安装"界面。

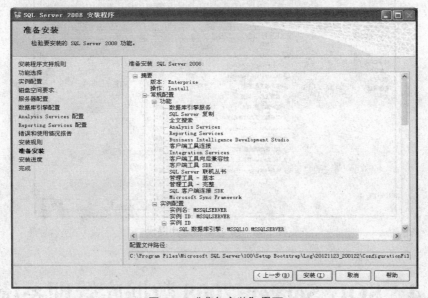

图 2-19　"准备安装"界面

此界面显示了前面过程中的所有设置内容，如果有问题，需要重新设置，可以单击【上一步】按钮重新进行设置；如果确认无误，单击【安装】按钮，出现如图 2-20 所示开始安装界面，安装过程大概需要 30～60 分钟。

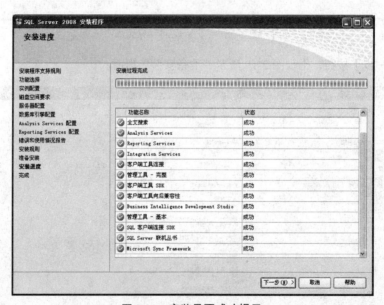

图 2-20　安装进度

　　如果安装过程没有问题，则出现如图 2-21 所示所有功能均成功的界面，完成 SQL Server 2008 的安装。

图 2-21　安装是否成功提示

 # 2.4　SQL Server 2008 数据库管理系统的验证与配置

　　安装结束之后，怎样才能知道系统安装是否成功呢？一般来说，在安装过程中如果没有出现错误提示，那么就可以认为安装是成功的。但是为了确保 SQL Server 2008 系统安装是正确的，也可以使用一些方法来验证。

2.4.1　系统验证

1. 验证【开始】菜单中的程序组

SQL Server 2008 安装之后，在系统"开始"菜单的"程序"组中添加了"Microsoft SQL Server 2008"程序组，用户可以通过 Microsoft SQL Server 程序组访问 Microsoft SQL Server 2008 应用程序。该程序组的内容如图 2-22 所示。

图 2-22　SQL 2008 安装成功后程序组中的菜单界面

2. 启动 SQL Server Management Studio

若要启动 SQL Server Management Studio，可以在任务栏中单击"开始"，依次指向"程序"和"Microsoft SQL Server 2008"，然后单击"SQL Server Management Studio"。如果能正常启动，则说明安装成功。

　　　注意：默认情况下，SQL Server Management Studio 安装在 C:\Program Files\Microsoft SQL Server\80\Tools\BINN 中。

当然验证 Microsoft SQL Server 2008 的安装是否成功，还有许多别的办法。有兴趣的读者可以自己去了解和掌握，这里就不再举例了。

2.4.2　注册服务器

为了管理、配置和使用 SQL Server 2008 系统，必须使用 SQL Server Management Studio 工具注册服务器。注册服务器是为 Microsoft SQL Server 客户/服务器系统确定一个数据库所在的机器，该机器作为服务器可以为客户端的各种请求提供服务。服务器组是服务器的逻辑集合，可以利用 SQL Server Management Studio 工具把许多相关的服务器集中在一个服务器组中，方便对多服务器环境的管理操作。在 Microsoft SQL Server 2008 系统中，增加了中央管理服务器的功能。用户可通过指定中央管理服务器并创建服务器组来管理多个服务器，在多个服务器上执行 T-SQL 命令。只有 SQL Server 2008 系统才支持中央管理服务器的功能。下面讲述如何注册服务器。

使用 SQL Server Management Studio 工具，注册数据库引擎服务器的操作如下所示。

（1）启动 SQL Server Management Studio 工具，在"视图"下选"已注册的服务器"选项，打开"数据库引擎"节点。

（2）右击"Local Server Groups"节点，从弹出的快捷菜单中选中"新建服务器注册"选项，如图 2-23 所示。

图 2-23　注册数据库引擎服务器

（3）出现如图 2-24 所示的"新建服务器注册"对话框的"常规"选项卡。在该对话框中可以键入将要注册的服务器名称。在"服务器名称"下拉列表框中，既可以键入服务器名称，也可以选择一个服务器名称。从"身份验证"下拉列表框中可以选择身份验证模式，这里选择了"Windows身份验证"。用户可以在"已注册的服务器名称"文本框中输入该服务器的显示名称。

（4）在如图 2-25 所示的"连接属性"选项卡中，可以设置连接到的默认数据库、网络默认设置、连接超时设置等连接属性。这些属性都是用户连接到服务器时必须考虑的因素。

图 2-24　"新建服务器注册"中常规选项

图 2-25　新建服务器注册中连接属性选项

在"连接属性"选项卡中，从"连接到数据库"下拉列表框中可以指定当前用户将要连接到的数据库名称。如果选定"〈默认值〉"选项，那么表示当前用户连接到 Microsoft SQL Server 系统中当前用户默认使用的数据库。如果选定"〈浏览服务器…〉"选项，那么表示可以从当前服务器中选择一个数据库。例如，选定"〈浏览服务器…〉"选项时，出现如图 2-26 所示的"查找服务器上的数据库"对话框。从该对话框中可以指定当前用户连接服务器时默认的数据库。

在"连接属性"选项卡中，可以从"网络协议"下拉列表框中选定某个可用的协议。"网络数据包大小"文本框用于指定要发送的网络包大小，默认值是4 096 字节。连接服务器时需要耗费一定时间，连接时允许耗费的最大时间可以在"连接超时值"文本框中设置，默认值是 15 秒。从客户端发出执行操作的请求，在服务器端执行操作，等待执行的最大时间可以在"执行超时值"文本框中执行。默认值是 0，表示立即执行。如果需要对连接过程进行加密，那么可以选中"加密连接"复选框。如果希望指定数据库引擎查询编辑器窗口中状态栏的背景颜色，可以选中"使用自定义颜色"复选框来指定。

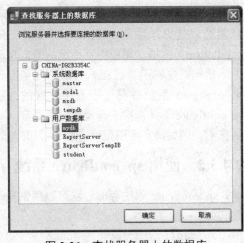

图 2-26　查找服务器上的数据库

（5）在如图 2-25 所示的对话框中，单击【测试】按钮，可以执行对当前连接属性的设置进行测试。如果出现如图 2-27 所示的消息框，那么表示当前连接属性的设置是正确的。

图 2-27　测试消息框

（6）完成连接属性设置后，单击图 2-25 中的【保存】按钮，表示完成连接属性设置操作。

2.4.3　配置服务器选项

服务器选项用于确定 SQL Server 2008 系统运行行为、资源利用状况。用户既可以使用 sp_configure 系统存储过程配置服务器选项，也可以使用 SQL Server Management Studio 工具设置服务器选项。下面，先介绍服务器选项的类型和特点，然后讲述使用 sp_configure 系统存储过程，最后探讨使用 SQL Server Management Studio 工具设置服务器选项的方式。

2.4.3.1　服务器选项

与 2005 版本相比，Microsoft SQL Server 2008 系统的服务器选项有了一些变化，有些选项被废弃了，又新增了若干个选项。SQL Server 2008 系统提供的 60 多个服务器选项的名称和对应的取值范围这里不再叙述，大家可以参考相关手册。

按照不同的分类方式，可以把这些选项分成不同的类型。

根据选项设置后是否立即发生作用，可以把选项分成动态选项和非动态选项两类。对于动态选项来说，当设置选项和运行 RECONFIGURE 语句之后，选项的值立即发生作用。对于非动态选项来说，当设置选项之后，必须停止和重新启动 SQL Server 实例，这些新设置的选项才能起作用。

根据选项是否能由系统自动配置，可以把服务器选项分为自动配置选项和手工配置选项。自

动配置选项是系统根据运行环境和活动状况自动设置的,例如"max server memory"选项。手工设置选项是必须由用户使用选项设置工具进行设置的服务器选项,例如"cost threshold for parallelism"选项。需要特别指出的是,自动配置选项也可以进行手工设置。

根据选项的设置过程,可以把服务器选项分成普通选项和高级选项。普通选项是可以利用 sp_configure 系统存储过程直接设置的选项,例如"clr enabled"选项。高级选项是不能利用 sp_configure 工具直接进行设置,必须在"show advanced options"选项设置为 1 时才能进行设置的选项,例如指定索引页填充度的"fill factor"选项。

2.4.3.2 使用 sp_configure 系统存储过程配置选项

sp_configure 系统存储过程可以用来显示和配置服务器的各种选项。sp_configure 的基本语法形式如下:

```
sp_configure 'option_name','value'
```

在上面的语法形式中,option_name 参数表示服务器选项名称,其默认值是空值。value 表示服务器选项的设置值,其默认值是空值。如果该命令执行成功返回 0,否则返回 1。

在 Microsoft SQL Server 系统中,每一个服务器选项都有两个值,一个是配置值(value),另一个是运行值(value_in_use)。服务器选项按照 value_in_use 起作用。一般来说,这两个值是相等的,但是在特殊情况下这两个值也可能不相等。例如,当使用 sp_configure 更改某个服务器选项之后,但尚未执行 RECONFIGURE 语句(对于动态选项)或重新启动 SQL Server(对于非动态选项)配置值与运行值就不相等。对于动态选项,使用 sp_configure 执行配置之后,应该立即运行 RECONFIGURE 语句,使得这些配置生效。对于非动态选项,使用 sp_configure 执行配置之后,只有在重新启动 SQL Server 实例后,这种配置才生效。

如果希望使用 sp_configure 配置服务器的高级动态选项,那么必须首先运行 sp_configure 将 show advanced options 选项设置为 1,然后再运行 RECONFIGURE 语句使得这种设置立即发生作用。图 2-28 是一个配置高级动态服务器选项的示例。在这个示例中,首先设置 show advanced options 选项的值为 1,然后设置 cursor threshold 高级选项的值为 0(0 表示所有的游标键级都是异步产生的,默认值是-1)。运行 RECONFIGURE 语句之后,该选项的新配置可以立即发生作用。

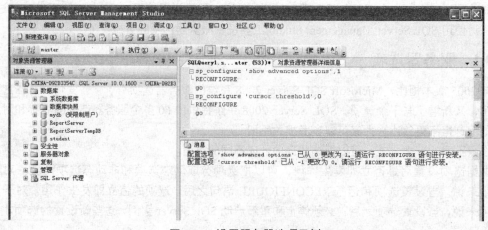

图 2-28　设置服务器选项示例

2.4.3.3　使用 SQL Server Management Studio 配置选项

配置服务器选项的过程就是为了充分利用系统资源、设置服务器行为的过程。合理地配置服务器选项，可以加快服务器回应请求的速度、充分利用系统资源、提高工作效率。

下面，重点讲述如何使用 SQL Server Management Studio 工具配置常用的服务器选项。

（1）在 SQL Server Management Studio 工具的"对象资源管理器"中右击将要设置的服务器名称，从弹出的快捷菜单中选中"属性"命令，打开如图 2-29 所示的"服务器属性"对话框。该对话框包括了 8 个选项卡，通过这 8 个选项卡可以查看或设置服务器的常用选项值。"常规"选项卡如图 2-29 所示。该选项卡列出了当前服务器的产品名称、操作系统名称、平台名称、版本号、使用的语言、当前服务器的最大内存数量、当前服务器的处理器数量、当前 SQL Server 安装的根目录、服务器使用的排序规则以及是否已经集群化等信息。

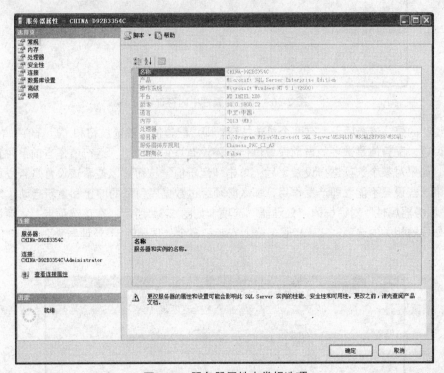

图 2-29　服务器属性中常规选项

（2）"服务器属性"对话框的"内存"选项卡如图 2-30 所示。在该选项卡中，可以设置与内存管理有关的选项。"使用 AWE 分配内存"选项表示在当前服务器上使用 AWE 技术执行超大物理内存。从理论上来看，32 位地址最多可以映射 4 GB 内存。但是，通过使用 AWE 技术，Microsoft SQL Server 系统可以使用远远超过 4 GB 的内存空间。一般来说，只有大型数据库应用系统才使用该选项。该选项对应服务器选项中的"awe enabled"选项。

如果需要设置服务器可以使用的内存范围，那么可以通过"最小服务器内存（MB）"和"最大服务器内存（MB）"两个文本框来完成。如果希望为索引指定占用的内存，那么可以通过"创建索引占用的内存"文本框来完成。需要强调的是，当"创建索引占用的内存"文本框中的值为 0 时，表示系统动态为索引分配内存。查询也需要耗费内存，"每次查询占用的最小内存（KB）"文本框可以指定这种内存大小，其默认值是 1 024 KB。

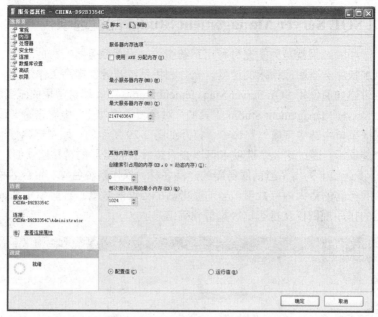

图 2-30　服务器属性中内存选项

　　需要说明的是，该选项卡上有两个单选按钮，即"配置值"单选按钮和"运行值"单选按钮。前面已经说过，配置值是选项的当前设置值但是还没有真正起作用，运行值是当前系统正在使用的选项值。如果对某个选项进行设置之后，单击"运行值"按钮可以查看该设置是否立即产生了作用。如果这些设置不能立即产生作用，那么必须经过数据库引擎的停止和重新启动才能生效。

　　（3）"服务器属性"对话框的"处理器"选项卡如图 2-31 所示。在该选项卡上，可以设置与服务器的处理器相关的选项。只有当服务器上安装了多个处理器时，"处理器关联"和"I/O 关联"才有意义。

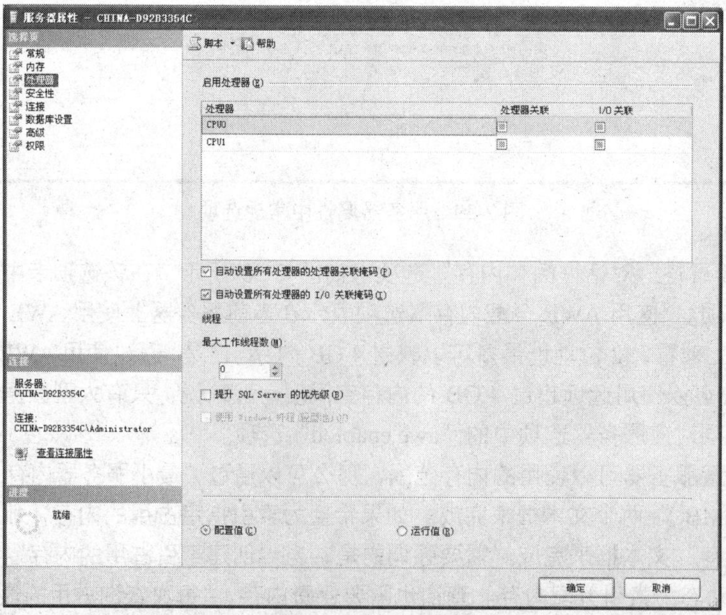

图 2-31　服务器属性中处理器选项

关联是指在多处理器环境下为了提高执行多任务效率的一种设置。在 Windows 操作系统中，有时为了执行多任务，需要在不同的处理器之间进行移动以便处理多个线程。但是，这种在多个处理器之间的移动活动会由于每个处理器缓存会不断地重新加载数据，而显著降低 Microsoft SQL Server 系统的性能。如果事先将每个处理器分配给特定的线程，则可以消除处理器缓存的重新加载数据、处理器之间的移动活动而提高 Microsoft SQL Server 系统的性能。线程与处理器之间的这种关系被称为处理器关联。

"最大工作线程数"文本框可以用来设置 Microsoft SQL Server 进程的工作线程数。如果客户端比较少，可以为每一个客户端设置一个线程；如果客户端很多，可以为这些客户端设置一个工作线程池。当该值为 0 时，表示由系统动态地分配线程。最大线程数受到服务器硬件的限制。例如，当服务器的 CPU 数低于 4 个时，32 位机器的可用最大线程数是 256，64 位机器的可用最大线程数是 512。

选中"提升 SQL Server 的优先级"复选框表示设置 Microsoft SQL Server 进程的优先级高于操作系统上其他进程。一般地，选中"使用 Windows 纤程（轻型池）"复选框可以通过减少上下文的切换频率而提高系统的吞吐量。

（4）"服务器属性"对话框的"安全性"选项卡如图 2-32 所示。在该选项卡中，可以设置与服务器身份认证模式、登录审核方式、服务器代理账户等与安全性有关的选项。需要特别说明的是，在该选项卡中，可以修改系统的身份验证模式。

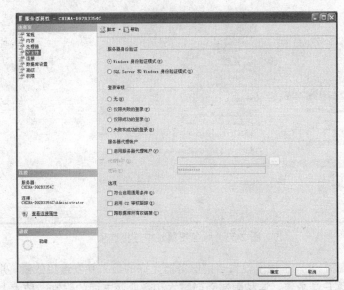

图 2-32 服务器属性中安全性选项

可以通过设置登录审核将用户的登录结果记录在错误日志中。如果选择"无"单选按钮，表示不对登录过程进行审核；如果选择"仅限失败的登录"单选按钮，则表示只记录登录失败的事件；如果选择"仅限成功的登录"单选按钮，则表示在错误日志中只记录成功登录的事件；如果选择"失败和成功的登录"单选按钮，则表示无论是登录失败事件还是成功事件都记录在错误日志中，以便对这些登录事件进行跟踪和审核。

这种登录审核仅仅是对登录事件的审核。如果希望对执行某条语句的事件进行审核、使用某个数据库对象的事件进行审核，那么应该怎么办呢？答案是选中"启用 C2 审核跟踪"复选框。该选项可以在日志文件中记录对各种语句、对象访问的事件。

在 Microsoft SQL Server 系统中可以使用 XP-cmdshell 存储过程执行操作系统命令。那么，这些操作系统命令的身份是什么，它们是如何登录系统的，它们在系统中有什么样的权限呢？这就是服务器代理账户需要解决的问题。这些服务器代理账户可以用于操作系统命令的执行。如果选中"启用服务器代理账户"复选框，那么还需要指定代理账户名称和密码。需要提醒的是，如果服务器代理账户的权限过大，那么有可能被恶意用户利用，形成安全漏洞，危及系统安全。因此，服务器代理账户所用的登录账户应该仅是具有执行既定工作所需的最小权限。例如，如果操作系统命令只是需要访问数据库中 employees 表中的数据，那么只是为服务器代理账户赋予对 employees 表的 select 权限。

所有权链接通过设置对某个对象的权限允许管理对多个对象的访问。但是，这种所有权链接是否具备跨数据库的能力，需要通过对"跨数据库所有权链接"复选框进行设置。

（5）"服务器属性"对话框的"连接"选项卡如图 2-33 所示。在该选项卡中可以设置与连接服务器有关的选项和参数。

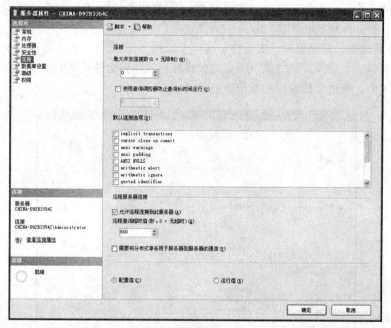

图 2-33　服务器属性中连接选项

"最大并发连接数"文本框用于设置当前服务器允许的最大并发连接数量。并发连接数量是指同时访问服务器的客户端数量。这种限制受到技术和商业两方面的限制。技术上的限制可以在这里设置，商业上的限制需要通过许可来确定。0 表示从技术上来讲不对并发连接数量进行限制，理论上允许有无数多的客户端同时访问服务器。

在 Microsoft SQL Server 系统中，查询语句执行时间的长度是可以有限制的，查询调控器可以限制查询语句的执行时间。如果使用"使用查询调控器防止查询长时间运行"文本框指定一个非零、非负的数值，那么查询调控器将不允许查询语句的执行时间超过这里的设定值。如果指定为 0，那么表示不限制查询语句的执行时间。

控制查询语句的执行行为可以通过设置"默认连接选项"中的列表清单来进行。例如,如果选中"implicit transactions"复选框，表示打开隐式事务模式的开关，也就是说，用户在执行事务操作时必须显式地提交或回滚，否则该事务中的操作不能被自动提交。

如果希望设置与远程服务器连接有关的操作，那么需要设置"允许远程连接到此服务器"复选框、"远程查询超时值"文本框和"需要将分布式事务用于服务器到服务器的通信"复选框。

（6）"服务器属性"对话框的"数据库设置"选项卡如图 2-34 所示。在该选项卡中，可以设置与创建索引、执行备份和还原等操作有关的选项。

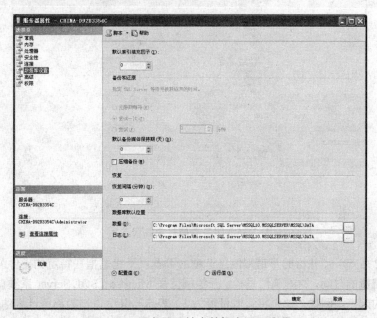

图 2-34 服务器属性中数据库设置选项

在创建索引时，需要将索引页填满到什么样的程度呢？衡量这种程度的指标被称为填充因子。过低的填充因子有利于对表中数据的维护，但是不利于检索操作；过高的填充因子不利于对表中数据的维护操作。可以在"默认索引填充因子"文本框中设置索引页的填充程度。

有关备份和还原操作的一些行为可以在"备份和还原"区域中设置。例如，在使用磁带执行备份或还原时，更换磁带时需要耗费一定的时间。那么 SQL Server 如何对待这种等待时间呢？有 3 种行为，"无限期等待"表示没有等待时间的限制；"尝试一次"表示仅仅请求一次，如果需要磁带但是却没有磁带，那么 Microsoft SQL Server 超时；尝试的时间长度可以通过"尝试"文本框来设置。

为防止备份媒体上备份内容被覆盖，可用"默认备份媒体保持期（天）"文本框设置时间长度。如果选中"压缩备份"复选框，表示在备份过程中执行压缩备份。压缩备份是 2008 版本的新增功能。

每当 Microsoft SQL Server 的实例启动时，总是要恢复各个数据库，回滚未提交的事务，并且前滚已提交但是更改内容在 Microsoft SQL Server 实例停止时尚未写入磁盘中的事务。在恢复每个数据库时，需要耗费一定的时间。这种时间长度的上限可以通过"恢复间隔（分钟）"文本框来设置。0 表示由 Microsoft SQL Server 系统自动确定时间长度。

在创建数据库时，数据库的数据文件和日志文件的默认物理位置可以通过"数据""日志"文本框来指定。当然，这里指定的位置仅仅是默认位置。用户在创建数据库时，若指定了明确的数据文件和日志文件的物理位置，则按照指定的物理位置创建数据库。

（7）"服务器属性"对话框的"高级"选项卡如图 2-35 所示。在该选项卡中，可以设置有关服务器的并行操作行为、网络行为等选项。

图 2-35　服务器属性中高级选项

　　这里主要介绍一下"并行的开销阈值"选项的设置。开销是指在特定的硬件配置中运行串行计划估计需要花费的时间，时间单位是秒。开销阈值是 Microsoft SQL Server 系统自动创建并运行查询并行计划的起点。例如，如果将该值设置为 5，表示当某个查询的串行计划估计超过 5 秒时，系统将自动创建并运行该查询的并行计划。

　　（8）"服务器属性"对话框的"权限"选项卡如图 2-36 所示，在该选项卡中可以设置和查看当前 SQL Server 实例中登录名或角色的权限信息。有关权限管理的内容，本书后续内容中将专门讲述，这里不做详细介绍。

图 2-36　服务器属性中权限选项

2.5 SQL Server 2008 数据库系统的使用入门

Microsoft SQL Server 2008 系统提供了大量的管理工具，实现了对系统进行快速、高效的管理。这些管理工具主要包括 SQL Server Management Studio、SQL Server 配置管理器、SQL Server Profiler、数据库引擎优化顾问以及大量的命令行实用工具，其中最重要的工具是 SQL Server Management Studio。下面分别介绍这些工具的特点和作用。

2.5.1 SQL Server Management Studio

SQL Server Management Studio 是一个集成环境，用于访问、配置、管理和开发 SQL Server 的所有组件。SQL Server Management Studio 组合了大量图形工具和丰富的脚本编辑器，使各种技术水平的开发人员和管理员都能访问 SQL。

SQL Server Management Studio 将早期版本的 SQL Server 中所包含的企业管理器、查询分析器和 Analysis Manager 功能整合到单一的环境中。同时，SQL Server Management Studio 还可以和 SQL Server 的所有组件例如 Reporting Services、Integration Services 和 SQL Server Compact 3.5 sp1 等协同工作。开发人员可以获得熟悉的体验，而数据库管理员可获得功能齐全的单一实用工具，其中包含易于使用的图形工具和丰富的脚本撰写功能。使用 SQL Server Management Studio，数据库开发人员和管理员可以开发或管理任何数据库引擎组件。

SQL Server Management Studio 可以通过"开始"→"程序"→"Microsoft SQL Server 2008"→"SQL Server Management Studio"的方式启动，首先提示我们需要连接到服务器，如图 2-37 所示。这里服务器类型有"数据库引擎""Analysis Services"等，一般选择"数据库引擎"，单击【连接】登录上去。SQL Server Management Studio 启动后主窗口如图 2-38 所示。

图 2-37 SQL Server 连接服务器窗口

SQL Server Management Studio 由多个管理和开发工具组成，主要包括"已注册的服务器"窗口、"对象资源管理器"窗口、"查询编辑器"窗口、"模板资源管理器"窗口、"解决方案资源管理器"窗口等。

"查询编辑器"是以前版本中的 Query Analyzer（查询分析器）工具的替代物，它位于图 2-38 的第一列。用于编写和运行 T-SQL 脚本。Query Analyzer 总是工作在连接模式下，与 Query Analyzer

工具不同的是,"查询编辑器"既可以工作在连接模式下,也可以工作在断开模式下。另外,如同 Visual Studio 工具一样,"查询编辑器"支持彩色代码关键字、可视化地显示语法错误、允许开发人员运行和诊断代码等功能。因此,"查询编辑器"的集成性和灵活性大大提高了。

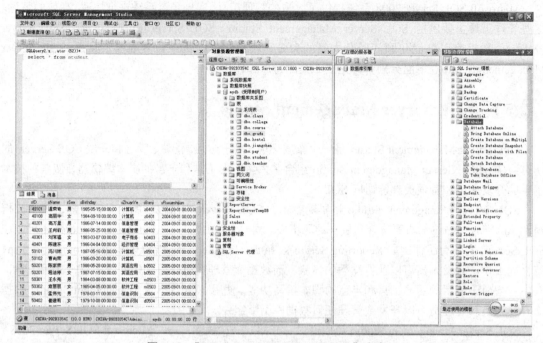

图 2-38   "SQL Server Management Studio"主窗口

"对象资源管理器"窗口位于图 2-38 中的第二列,可以完成类似 SQL Server Enterprise Manager 工具的操作。具体地说,"对象资源管理器"窗口可以完成如下一些操作:

- 注册服务器。
- 启动和停止服务器。
- 配置服务器属性。
- 创建数据库以及创建表、视图、存储过程等数据库对象。
- 生成 T-SQL 对象创建脚本。
- 创建登录账户。
- 管理数据库对象权限。
- 配置和管理复制。
- 监视服务器活动、查看系统日志等。

"已注册的服务器"窗口位于图 2-38 的第三列,可以完成注册服务器和将服务器组合成逻辑组的功能。通过该窗口可以选择数据库引擎服务器、分析服务器、报表服务器、集成服务器等。当选中某个服务器时,可以从右键的快捷菜单中选择执行查看服务器属性、启动和停止服务器、新建服务器组、导入导出服务器信息等操作。

"模板资源管理器"窗口位于图 2-38 的第四列,该工具提供了执行常用操作的模板。用户可以在此模板的基础上编写符合自己要求的脚本。例如图 2-38 所示在"模板资源管理器"窗口中打开 Database 节点,可以生成诸如 Attach Database、Bring Database Online、Create Database on Multiple Filegroups 等操作的模板。

"解决方案资源管理器"窗口提供指定解决方案的树状结构图。解决方案可以包含多个项目，允许同时打开、保存、关闭这些项目。解决方案中的每一个项目还可以包含多个不同的文件或其他项（项的类型取决于创建这些项所用到的脚本语言）

以上所有管理和开发工具窗口用户可以根据自己的需求打开或关闭。通过菜单栏上的"视图"选项打开相应窗口，在不需要时单击窗口右上方的【×】即可关闭。这些管理和开发工具窗口的位置也可以根据自己的需要进行调整。

2.5.2 SQL Server 配置管理器

在 Microsoft SQL Server 2008 系统中，可以通过"计算机管理"工具或"SQL Server 配置管理器"查看和控制 SQL Server 的服务。

在桌面上，选择"我的电脑"→"管理"命令，可以看到如图 2-39 所示的"计算机管理"窗口，在该窗口中，可以通过"SQL Server 配置管理器"节点中的"SQL Server 服务"子节点查看到 Microsoft SQL Server 2008 系统的所有服务及其运行状态。图 2-39 列出了 Microsoft SQL Server 2008 系统的 7 个服务，分别如下：

图 2-39 "计算机管理"窗口

- SQL Server Integration Services，即集成服务。
- SQL Full-text Filter Daemon Launcher（MSSQLSERVER），即全文搜索服务。
- SQL Server（MSSQLSERVER），即数据库引擎服务。
- SQL Server Analysis Services（MSSQLSERVER），即分析服务。
- SQL Server Reporting Services （MSSQLSERVER），即报表服务。
- SQL Server Browser，即 SQL Server 浏览器服务。
- SQL Server 代理（MSSQLSERVER），即 SQL Server 代理服务。

另外，也可以从 Microsoft SQL Server 2008 程序组中启动"SQL Server 配置管理器"。在如图 2-39 所示的窗口右端服务列表中，通过右击某个服务名称，可以查看该服务的属性，以及启动、停止、暂停、重新启动相应的服务。

2.5.3 SQL Server Profiler

使用摄像机可以记录一个场景的所有过程，以后可以反复地观看。能否对 Microsoft SQL Server

2008 系统的运行过程进行摄录呢？答案是肯定的。使用 SQL Server Profiler 工具可以完成这种摄录操作。从 Microsoft SQL Server Management Studio 窗口的"工具"菜单中即可运行 SQL Server Profiler。首先提示我们需要连接到服务器，如图 2-37 所示，单击【连接】登录上去。然后出现如图 2-40 所示"跟踪属性"窗口，有"常规"和"事件选择"两个选项，在"事件选择"选项中单击【运行】按钮，出现 SQL Server Profiler 的运行窗口，如图 2-41 所示。

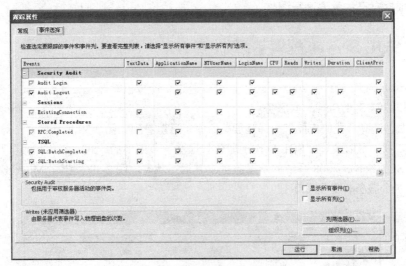

图 2-40 "跟踪属性"窗口

图 2-41 SQL Server Profiler 的运行窗口

也可以通过以下方法打开 SQL Server Profiler 程序的主界面："开始"→"程序"→"Microsoft SQL Server 2008"→"性能工具"→"SQL Server Profiler"选项。

SQL Server Profiler 是用于从服务器中捕获 SQL Server 2008 事件的工具。这些事件可以是连接服务器、登录系统、执行 T-SQL 语句等操作。这些事件被保存在一个跟踪文件中，以便日后对该文件进行分析或用来重播指定的系列步骤，从而有效地发现系统中性能比较差的查询语句等相关问题。

2.5.4 数据库引擎优化顾问

数据库引擎优化顾问（Database Engine Tuning Advisor）工具可以帮助用户分析工作负荷、提出创建高效率索引的建议等功能。

借助数据库引擎优化顾问，用户不必详细了解数据库的结构就可以选择和创建最佳的索引、索引视图、分区等。工作负荷是对要优化的一个或多个数据库执行的一组 T-SQL 语句，可以通过 SQL Server Management Studio 中的查询编辑器创建 T-SQL 脚本工作负荷，也可以使用 SQL Server Profiler 中的优化模板来创建跟踪文件和跟踪表工作负荷。从 SQL Server Management Studio 窗口的"工具"菜单中即可运行数据库引擎优化顾问。首先提示我们需要连接到服务器，如图 2-37 所示，单击【连接】登录上去。数据库引擎优化顾问（Database Engine Tuning Advisor）的窗口如图 2-42 所示。

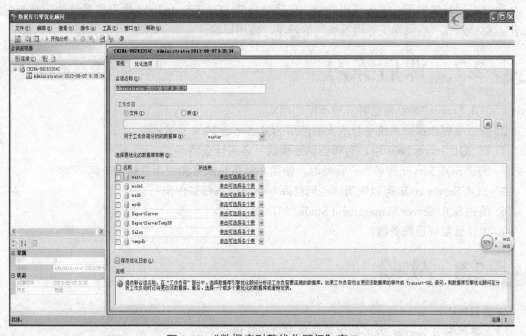

图 2-42 "数据库引擎优化顾问"窗口

使用数据库引擎优化顾问工具可以执行下列操作：

- 通过使用查询优化器分析工作负荷中的查询，推荐数据库的最佳索引组合。
- 为工作负荷中引用的数据库推荐对齐分区和非对齐分区。
- 推荐工作负荷中引用的数据库的索引视图。
- 分析所建议的更改将会产生的影响，包括索引的使用、查询在工作负荷中的性能。
- 推荐为执行一个小型的问题查询集而对数据库进行优化的方法。
- 允许通过指定磁盘空间约束等选项对推荐进行自定义。
- 提供对所给工作负荷的建议执行效果的汇总报告。

2.5.5 实用工具

在 Microsoft SQL Server 2008 系统中，不仅提供了大量的图形化工具，还提供了大量的命令行实用工具。这些命令行实用工具包括 bcp、dta、dtexec、dtutil、 Microsoft Analysis Services、Deployment、nscontrol、osql、profiler90、rs、rsconfig、rskeymgmt、sac、sqlagent90、sqlcmd、SQLdiag、sqlmaint、sqlservr、sqlwb、tablediff 等。

 ## 2.6　本项目小结

本项目以安装 SQL Server 2008 数据库系统为例，介绍了 SQL Server 数据库系统的产生与发展、SQL Server 2008 数据库系统对计算机系统的软硬件环境的要求、SQL Server 2008 数据库系统的安装过程、SQL Server 2008 数据库系统的验证与配置和简单的使用入门。以便为后续内容的学习与操作打下基础。

通过本项目的学习，读者可以独立、正确地完成 SQL Server 2008 数据库系统的安装与配置工作，能够建立"晓灵学生管理系统"的开发、应用环境。

 ## 2.7　课后练习

1. SQL Server 2008 包括哪几种不同的版本？
2. 可以在哪些操作系统平台下安装使用 SQL Server 2008 企业版？
3. 在 SQL Server 2008 中，有哪些认证模式？各有什么特点？
4. 创建 SQL Server 服务用户账号时，使用本地系统账号和域用户账号有何不同？
5. SQL Server 2008 可以使用哪些网络库？网络库有哪些作用？
6. 简述 SQL Server Management Studio 的功能。
7. 为什么要注册服务器？

2.8　实验

实验目的：

（1）熟悉 SQL Server 2008 的体系结构与运行环境。

（2）了解 SQL Server 2008 安装的软硬件要求。

（3）掌握 SQL Server 2008 的安装过程。

（4）熟悉 SQL Server Management Studio。

（5）掌握创建服务器组和注册服务器的相关知识。

实验内容：

（1）创建一个服务器组 Gpcollege，在此组下注册一个服务器。查看有哪些数据库及数据库对象。

（2）在新建查询中输入下面的 SQL 语句，查看结果。

```
USE northwind
GO
SELECT * FROM customers
```

实验步骤：

（1）安装 SQL Server 2008。

（2）分别使用 SQL Server 服务管理器和控制面板启动服务。

（3）启动 SQL Server Management Studio。

（4）创建服务器组。

（5）注册服务器。

（6）使用 SQL Server Management Studio。

项目三

数据库的基本使用

——数据库及表的创建

项目要点

（1）了解数据库系统的存储结构。
（2）掌握数据库类型及其使用方法。
（3）熟练掌握创建、修改、删除数据库和查看数据库的相关信息，以及创建、修改、删除数据表的具体方法。

本项目将根据《晓灵学生管理系统开发文档》对晓灵学生管理系统所用的数据库进行物理实现。本项目以数据库的物理实现为主线，介绍数据库系统的存储结构，在 SQL Server 2008 数据库管理系统中创建数据库和数据表，修改、删除和查看相关信息。

下面我们就先来了解一下 SQL Server 2008 关系数据库的存储结构，然后建立相关的数据库和各基本表。

3.1 了解数据库系统的存储结构

为了实现"晓灵学生管理系统"，需要建立系统开发环境，这就必须要在计算机中使用 SQL Server 2008 数据库系统软件创建一个符合需求的数据库，并且要在数据库中创建相关的表格来存储和管理数据。

3.1.1 任务的提出

经过几天的忙碌和学习，晓灵在郝老师的指导下完成了"晓灵学生管理系统"的开发准备文档，并规划出了系统的实体模型和关系模型，又安装并配置好了 SQL Server 2008 数据库管理系统。晓灵打算下一步就根据设计好的方案开始在计算机中创建数据库和表，真正在计算机上实现数据库和表的物理创建。

晓灵打开了计算机，在开始菜单中找到了已经安装好的 SQL Server 2008 数据库管理系统并打开了 SQL Server Management Studio。在管理器左边的树状列表中，晓灵看到了一个名字为"数据库"的文件夹，应该就是在这里创建数据库吧，她试着点了一下左边的小加号，数据库里面的内容展开了，咦？怎么已经有了系统数据库及一些其他数据库了？这些数据库是干什么用的呢？我是在这些数据库基础上进行修改呢，还是需要新创建一个呢？晓灵又点开了一个数据库，哈，里面还有好多东西呢，这些都有什么用呢？

爱动脑筋的晓灵带着这些问题来到了郝老师的办公室。

"郝老师您好，我又有一些问题要请教您了。""噢，是晓灵啊，快来，遇到什么困难了？""郝老师，咱们已经把学生管理系统的文档和模型都设计好了，我想在计算机中把它们创建出来，昨天我打开了 SQL Server Management Studio，我发现里面已经有了几个数据库了，它们是做什么用的呢？我能使用它们吗？如果不能，我如何创建自己的数据库呢？还有每个数据库里都有好多的东西，它们都是干什么用的呀，这些内容在计算机中到底是以什么方式存储在一起的呢？"晓灵一口气提出了好几个问题。

郝老师笑了笑说："晓灵呀，别急。数据库里的学问可大着呢，你提的这些问题很好，咱们呀就从头开始，看看数据库是如何存储在计算机中的。"

3.1.2　解决方案

要想弄清楚晓灵提出的这些问题，我们要弄明白如下的内容：

- 数据库系统在计算机中的存储结构，数据库文件的构成。
- 什么是系统数据库，系统数据库有哪些功能。
- 创建用户数据库前的考虑。
- 创建用户数据库的方法。
- 数据库都包含哪些对象，各个对象的功能。
- 创建表对象的方法。
- 管理和维护数据库及数据库对象的方法。

3.1.3　SQL Server 2008 数据库架构

数据库是 SQL Server 2008 存放数据库对象的逻辑实体，是数据库服务器的主要组件，是数据库管理系统的核心。在使用数据库的时候，我们所使用的主要是逻辑组件，如表、视图、同义词等，而其物理表现形式则是存储在某个磁盘路径下的操作系统文件（见图 3-1）。作为一名数据库管理员，在创建数据库之前，首先应理解数据库的各个组成部分及设计方法，以确保所设计的数据库在实现后能够高效地运行。

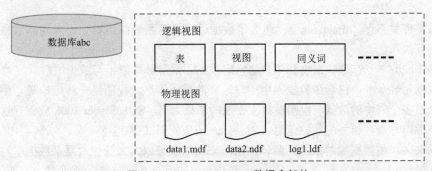

图 3-1　SQL Server 2008 数据库架构

SQL Server 2008 数据库管理系统使用一组相互关联的操作系统文件来存放数据库中的数据及其他数据库对象。这些操作系统文件可以是数据文件或日志文件。数据文件用于保存数据和数据库对象信息，日志文件用于记录 SQL Server 2008 所有的事务和由这些事务引起的数据库的变化信息。创建数据库的过程实际上就是为数据库提供名称、存储路径、大小和所存放的数据库文件的过程。

SQL Server 2008 能够支持多个数据库，每个数据库都有自己独立的操作系统文件用以存储数据库中的数据。

3.1.4 SQL Server 2008 数据库对象

数据库对象就是存储和管理数据的结构形式，SQL Server 2008 数据库中的数据在逻辑上被组织成一系列对象，当一个用户连接到数据库后，他所看到的是这些逻辑对象，而不是物理的数据库文件，设计数据库的过程就是设计这些数据库对象的过程。

SQL Server 2008 中有以下数据库对象：数据库关系图（diagrams）、表（table）、视图（table）、同义词、可编程性、Service Broker、存储、安全性等，如图 3-2 所示。

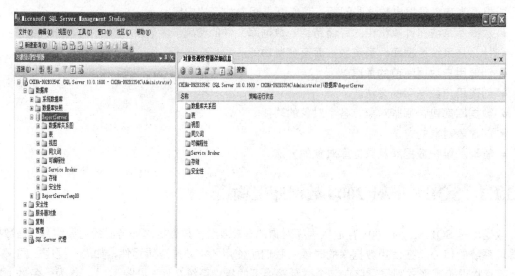

图 3-2　数据库对象

创建数据库之前，应理解数据库对象的作用和如何设计这些对象，以使数据库能够很好地工作。

（1）数据库关系图（diagrams）：包含了数据库中关系图表的内容，用来描述数据库中表和表之间的相互关系。

（2）表（table）：存储了系统和用户的特定数据，是最基本最不可缺少的数据库对象。

（3）视图（view）：包含了数据库中用户定义的视图信息。视图是一种虚拟表，用于查看数据库中一个或多个表中的数据。视图是建立在表的基础之上，SQL Server 2008 只保存视图的定义信息，而不保存与视图相关的数据信息，以 select 语句的形式存在。

（4）同义词：是数据库对象的别名，使用同义词对象可以大大简化对复杂数据库对象名称的引用方式。

（5）可编程性：是一个逻辑组合。它包括存储过程、函数、数据库触发器、程序集、类型、规则、默认值、计划指南等对象。

● 存储过程（stored procedures）是一组在服务器端执行的预编译的 T-SQL 语句，可以安全高效地完成指定的操作。

- 函数是接受参数、执行复杂操作并将结果以数值的形式返回的例程。
- 数据库触发器是一种特殊的存储过程，在数据库服务器中发生指定的事件后自动执行。
- 程序集是 SQL Server 2008 系统中使用的数据定义语言 DDL 文件，用于部署 CLR 编写的函数、存储过程、触发器、用户定义聚合和用户定义类型等对象。
- 类型包含系统数据类型、用户定义数据类型、用户定义类型和 XML 架构集合等对象类型。
- 规则（constraints）和默认值（defaults）是数据库中一种完整性对象，作用在表上，限制表中列值的取值范围或为表中的某个列提供默认的常量值，以此保证输入值的有效性。
- 计划指南是一种优化应用程序中查询语句性能的对象，它通过将查询提示或固定的查询计划附加到查询来影响查询的优化，当无法直接修改应用程序中的查询语句时，可以使用计划指南对象来进行优化。

（6）Service Broker：包含了用来支持异步通信机制的对象，这些对象包括消息类型、约定、队列、服务、路由、远程服务绑定、Broker 优先级等对象。

- 消息类型对象定义消息类型的名称和消息所包含的数据的类型，消息类型保存在创建它的数据库中，目的是保持消息的一致性。
- 约定用于定义应用程序完成特定任务时所用的消息类型。
- 队列用于存储异步通信中的消息，队列中的一行就是一个消息。
- 服务是指某个特定业务任务或一组业务任务的名称，Service Broker 使用服务名称将消息传递到数据库中的正确队列、路由消息、执行会话的约定并确定新会话的远程安全性。
- 路由是当服务在会话中发送消息时，Service Broker 用来确定将接收该消息的服务。
- 远程服务绑定用于建立本地数据库用户、用户的证书以及远程服务名称之间的关系。
- Broker 优先级是一种用户可以根据需求自己定义的规则，当发送或接收到多个会话消息时，用于确定优先发送或接收的次序。

（7）存储：包含了四类对象，即全文目录、分区方案、分区函数和全文非索引字表，这些对象都与数据存储有关。

- 全文目录是存储一个或多个全文索引的文件。
- 分区函数包含了分区函数对象，用于指定表和索引分区的方式，分区方案将分区函数生成的分区映射到已经存在的一组文件组中。
- 全文非索引字表用于对非索引字对象进行管理。非索引字对象是指那些经常出现但是对搜索无益的字符串，在全文搜索过程中系统将忽略全文索引中的非索引字，这样可以保持非索引字在数据库备份、还原、复制、附加等操作期间保持不变。

（8）安全性：包括用户、角色、架构、证书、非对称密钥、对称密钥、数据库审核规范等。

- 用户（users）中包含的是经过授权的可以执行相应数据库操作的用户信息，只有经过授权的用户才能完成指定的数据库任务。
- 角色是一组具有相同权限用户的逻辑组合。
- 架构是形成单个命名空间的数据库实体的集合。命名空间是一个集合，其中每个元素的名称都是唯一的。实际上，架构是 SQL Server 系统实现用户架构分离的重要手段。
- 证书包含了可以用于加密数据的公钥，是公钥证书的简称。证书是由 CA 机构颁发和签名的。
- 对称密钥的加密密钥和解密密钥是相同的，非对称密钥的加密密钥和解密密钥是不同的。
- 数据库审核规范是指对数据库级别的审核操作进行定义和规范，定义操作事件，并且指定将审核结果发送到目标文件、Windows 安全事件日志或 Windows 应用程序日志中。数据库对象的

创建及使用方法将在后面的内容中详细介绍，在此不再赘述。

3.1.5　数据库存储结构

3.1.5.1　数据库文件和文件组

1. 文件

在前面已经讲过，SQL Server 2008 使用一组操作系统文件来存放数据库中的数据。这些操作系统文件有两种形式，一种是数据文件，一种是日志文件，其中数据文件又可分为主数据文件和次数据文件两种。这些文件在数据库中的具体功能如下。

● 主数据文件：主数据文件是数据库的起点并指向数据库的其余文件，主数据文件包含数据库的启动信息。每一个数据库必须有一个主数据文件。主数据文件的推荐扩展名为.mdf。

● 次数据文件：次数据文件由除主数据文件之外的所有数据文件组成，这些文件包括主数据文件中不包含的所有数据。一个数据库可以没有次数据文件，也可以有多个。次数据文件的推荐扩展名为.ndf。

● 事务日志文件：日志文件含有恢复数据库的所有日志信息。每个数据库至少要有一个日志文件，也可以有多个日志文件。此类文件的推荐扩展名为.ldf。

SQL Server 文件有两个名字：逻辑文件名是在 T-SQL 语句中引用文件时使用的文件名。逻辑文件名必须遵循 SQL Server 的命名规则且必须唯一。操作系统文件名是物理文件名。它必须服从 Microsoft Windows 操作系统的文件名命名规则，默认情况下数据库文件存放在安装路径的 data 目录下。

SQL Server 数据库文件的大小可以随着数据的增加而增长，在定义数据库时可以指定每个文件的初始大小和最大值。如果没有指定最大值，那么随着数据库中数据的增加，文件可以一直增长直到用完磁盘上的所有可用空间。

2. 文件组

文件组就是文件的集合。为了便于管理和数据分配，文件组允许多个数据库文件组成一个组，对它们整体进行管理。例如，可以将三个文件（data1.mdf，data2.ndf，data3.ndf）分别创建在三个磁盘驱动器上，并将它们指定到一个文件组 fgroup1 中。在创建表的时候，可以指定一个表放在文件组 fgroup1 上。这样该表的数据就可以分布在三个盘上，在对该表执行查询时，可以并行操作，大大提高了查询效率。在创建表时，不能指定将表放在某个文件上，只能指定将表放在某个文件组上。如果希望将某个表放在特定的文件上，必须通过创建文件组来实现。

SQL Server 有以下三种文件组：

● 主文件组：主文件组包含主数据文件和任何其他不属于另一个文件组的文件。系统表的所有页面都分配在主文件组中。

● 用户自定义的文件组：用户自定义的文件组是在 CREATE DATABASE 或 ALTER DATABASE 语句中使用 FILEGROUP 关键字指定的任何文件组。

● 默认文件组：默认文件组包含所有在创建时没有指定文件组的表和索引的页面。在每个数据库中，同一时刻只能有一个默认文件组。如果没有指定默认文件组，那么主文件组将成为默认文件组。

3. 文件和文件组规则

使用文件和文件组时，应该考虑下列事情：

- 一个文件或文件组只能用于一个数据库，不能用于多个数据库。
- 一个文件只能是某一个文件组的成员。
- 一个数据库的数据信息和事务日志信息不能放在同一个文件或文件组中，数据文件和日志文件总是分开的。
- 事务日志文件不能成为任何文件组的成员。

>>> 注意：大多数情况下，一个数据库只需要一个数据文件和一个事务日志文件就能很好地运行，因此建议在设计数据库时尽量简化数据的输入输出。如果系统的输入输出比较频繁，且要求使用多个物理磁盘驱动器，那么建议使用用户自定义的文件组，将这些数据分散到磁盘或磁盘阵列中，实现并行输入输出以提高系统性能。

3.1.5.2 数据库物理存储结构

数据的物理空间在文件之间的分配是通过区按比例分配的。例如，如果文件 data1 有 10 MB 的存储空间，文件 data2 有 20 MB 的存储空间。当 SQL Server 2008 进行空间分配时，为文件 1 分配一个区，为文件 2 分配两个区。这样保证两个文件存储空间的使用平衡。

而区则由"页"构成，"页"是 Microsoft SQL Server 2008 可管理的最小空间，每一个页的大小是 8 KB，即 8 192 个字节。在表中，每一行数据不能跨页存储。这样，表中每一行的字节数不能超过 8 192 个字节。每 8 个连续页称为一个区，即区的大小是 64 KB。数据存储结构如图 3-3 所示。

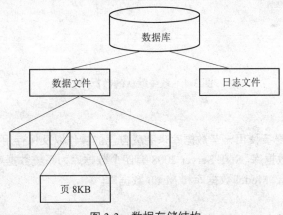

图 3-3 数据存储结构

3.1.5.3 数据库与事务日志

事务就是一个单元的工作，该单元的工作要么全部完成，要么全部不完成。通过事务功能来保证数据库操作的一致性和完整性。SQL Server 2008 通过事务日志来实现事务的功能。每个数据库都有一个相关的事务日志，事务日志记录了 SQL Server 2008 所有的事务和由这些事务引起的数据库的变化。包括每一个事务的开始、对数据的改变和取消修改等信息。在数据库中数据的任何改变写到磁盘之中，这个改变首先在事务日志中做了记录，所以事务日志可以具有以下三个作用。

- 恢复单个事务：当执行 ROLLBACK 语句或 SQL Server 发现错误时，回滚未完成的事务所做的修改。

● 在 SQL Server 启动时恢复所有未完成的事务：当 SQL Server 出错停机时，事务的改变可能一部分被写入数据库文件，而另一部分还没有被写入，这样就造成了数据库中数据的不一致。事务日志可以在 SQL Server 重新启动时回滚所有未完成的事务，以保证数据库的一致状态。

● 恢复数据库时，将数据库向前滚动到出错前一秒状态。

⟫⟫ 注意：SQL Server 2008 中的事务日志是作为一个或多个单独文件来实现的。建议不要将数据信息和日志信息放在同一个文件中。

3.1.6 系统默认的数据库

在正确安装 SQL Server 2008 软件之后，打开 SQL Server Management Studio 的 "对象资源管理器" 目录，可以看到系统中默认已经有了系统数据库、数据库快照等数据库信息（如图 3-4 所示），它们是在安装时由安装程序自动创建的。用户也可以创建自己的数据库，用于保存用户的数据，我们称这种数据库为用户数据库。在系统默认创建的数据库中，SQL Server 安装时根据安装选项的不同，服务器也会不同，可能会自动创建另外的样本数据库：ReportServer、ReportServerTempDB、AdventureWorks2008、AdventureWorksLT2008、AdventureWorksDW2008。它们是 SQL Server 的示例数据库，作为学习使用，我们可以对数据库中的数据做随意的修改。

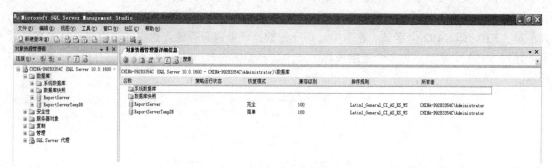

图 3-4　系统默认的数据库

1. 系统数据库

SQL Server 2008 本身要使用一些数据库来完成自己的操作以及保存用户数据库的信息，我们称这样的数据库为系统数据库。SQL Server 2008 有四个数据库为系统数据库，它们分别是：Master 数据库、Tempdb 数据库、Model 数据库和 Msdb 数据库。

● Master 数据库。

Master 数据库记录了 SQL Server 2008 所有系统级的信息。Master 数据库保存用户登录账号和系统配置设置，维护所有用户数据库的信息，所有用户数据库的主文件地址等。这些信息都记录在了 Master 数据库的表中，这些表被称为系统表。

⟫⟫ 提示：当对 SQL Server 系统设置做了改动或增加了新的内容（如创建了新的数据库或登录账号）时，推荐对 Master 数据库进行备份。

● Tempdb 数据库。

该数据库保存临时性的对象，如连接到系统的用户的临时表和临时存储过程，以及 SQL Server 产生的其他临时性的对象，在进行复杂查询时，也可以用它来建立一个中间工作表，它是一个共享资源。Tempdb 数据库是 SQL Server 中负担最重的数据库，因为几乎所有的查询都可能需要使用它。

在 SQL Server 关闭时，Tempdb 数据库中的所有对象都被删除，每次启动 SQL Server 时都会重新创建 Tempdb 数据库。Tempdb 数据库可以按照需要自动增长。

● Model 数据库。

Model 数据库为所有用户数据库提供一个模板，当用户创建新数据库时，新数据库的内容和 Model 数据库完全一样。用户在此基础上再创建其余的表或其他数据库对象。

如果我们在 Model 数据库中创建了新的对象，或对 Model 数据库做了修改。那么这些新创建的对象或被修改部分都会被以后所创建的新数据库继承。在更改 Model 数据库时要注意：任意新建的数据库至少要比 Model 数据库大，比如将 Model 数据库大小更改到 100 MB，就不能新建比 100 MB 小的数据库。更改 Model 数据库还会引起其他问题，所以建议不要修改这一项。

　　 说明：如果 SQL Server 2008 专门用于某类应用，该类应用需要有同一个数据库对象（比如表），那么可以在 Model 数据库中创建这个对象。这样以后创建的所有数据库都会包含这个对象。

● Msdb 数据库。

该数据库用来存储有关调度任务的信息。SQL Server 内置有调度服务（SQL Server Agent），该服务能够自动运行用户定义好的作业、警报等任务。SQL Server 使用 Msdb 数据库来管理任务和警报。

　　 注意：Master、Model、Tempdb、Msdb 为 SQL Server 系统数据库，不允许被删除。一般情况下，不提倡用户修改这些系统数据库。

2. 样本数据库

● ReportServer 数据库。

ReportServer 数据库存储 Reporting Serve 实例的所有持久化数据。此数据库只有在安装了 ReportServe 的情况下才存在（它不必与数据库引擎相同，但注意，如果是不同的服务器，它要求单独的许可）。ReportServe 数据库只可用于给定 Reporting Serve 实例的操作性数据库，只能通过 Reporting Serve 访问或修改。

● ReportServerTempDB 数据库。

ReportServerTempDB 数据库除了存储非持久化数据（比如正在运行的报表数据）外，此数据库的作用与 ReportServer 数据库的作用基本相同。ReportServerTempDB 数据库也是操作性的数据库，只能通过 Reporting Serve 访问或修改。

● AdventureWorks2008 数据库。

AdventureWorks2008 是一个完整的示例数据库，该数据库具有以下特点：数据量更接近实际，结构复杂，用于展示产品。

● AdventureWorksLT2008 数据库。

LT 表示轻量级。AdventureWorksLT2008 数据库只是 AdventureWorks2008 数据库的一小部分，提供了更简化的样本，便于大家更好地使用。

● AdventureWorksDW2008 数据库。

DW 表示数据仓库，AdventureWorksDW2008 数据库是 Analysis Services（分析服务）样本数据库，Analysis Services 项目一般是建立在数据仓库基础上的。

🖳 3.2 创建用户数据库

创建数据库之前应考虑好谁将成为数据库的拥有者、数据库的大小以及数据库存放在什么地方等。

在创建数据库之前，请考虑如下事项：

● 创建数据库的用户必须是 sysadmin 或 dbcreator 服务器角色的成员，或被明确赋予了执行 CREATE DATABASE、CREATE ANY DATABASE 或 ALTER ANY DATABASE 语句的权限。

● 创建数据库的用户将成为该数据库的所有者。

● 在一个服务器上，最多可以创建 32 767 个数据库。

● 数据库名称必须遵循标识符规则。

创建数据库可以使用以下两种方法：

● 使用 SQL Server Management Studio。

● 使用 CREATE DATABASE 语句。

3.2.1　使用 SQL Server Management Studio 创建数据库

对于大多数用户来说，通常使用 SQL Server 2008 提供的"SQL Server Management Studio"工具来创建数据库。SQL Server Management Studio 是 SQL Server 系统运行的核心窗口，它提供了用于数据库管理的图形工具和功能丰富的开发环境，方便数据库管理员及用户进行操作。

在 SQL Server Management Studio 中创建用户数据库的步骤如下：

（1）单击"开始"菜单，从"程序"菜单中选择"Microsoft SQL Server 2008"下的"SQL Server Management Studio"命令，打开 SQL Server Management Studio 身份验证窗口，使用 Windows 或 SQL Server 身份验证建立连接。

（2）在左边的对象资源管理器窗口中选择"数据库"节点。

（3）在"数据库"节点上单击右键，在弹出的快捷菜单中选择"新建数据库"命令，如图 3-5 所示。

图 3-5　新建数据库

（4）执行上述操作后，会弹出"新建数据库"对话框。在该窗口中有 3 个标签项，分别是"常规""选项""文件组"，如图 3-6 所示。

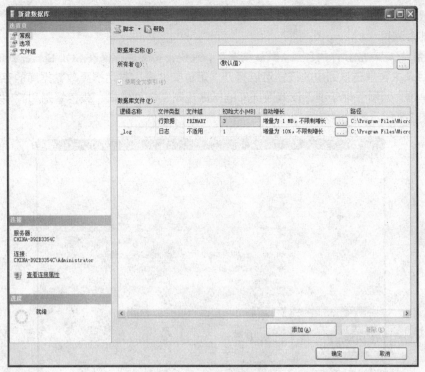

图 3-6 "新建数据库"窗口

（5）单击"常规"标签项，在"数据库名称"输入框中输入该数据库的名称，如 mydb。在"所有者"输入框中输入新建数据库的所有者，如 sa。根据数据库的使用情况，选择启用或者禁用"使用全文索引"复选框。在"数据库文件"列表中，包括两行，一行是数据文件，另一行是日志文件，可以通过单击下面的【添加】或【删除】按钮，添加或者删除相应的数据文件，我们可以设置下列参数：

● 逻辑名称：指定该文件的文件名，默认情况下，数据文件的逻辑名称与数据库名称一致，日志文件的逻辑名称为"数据库名称_log"。

● 文件类型：用于区分当前文件是数据文件还是日志文件。

● 文件组：设定该数据库文件所属的文件组，一个数据库文件只能存在于一个文件组中。

  ＞＞ 提示：如果该数据库只有一个数据文件，则该文件必须是主数据文件（扩展名为.mdf），主数据文件只能放在主文件组中（primary）。如果该数据库有多个数据文件，那么除主文件之外，其余文件为次数据文件（扩展名为.ndf）。可以将次数据文件放在用户自定义的文件组中。

● 初始大小：设定该数据文件的初始大小，数据文件默认值为 3 MB，日志文件默认值为 1 MB。

● 自动增长：用于设置在文件的容量不够用时，文件根据何种方式自动增长。通过单击"自动增长"列右侧的省略号按钮，打开如图 3-7 所示"更改 student 的自动增长设置"对话框进行设置，可以设定文件增长方式：一种是按照百分比方式增长，如每次都增加原数据容量的 10%；另一种是按照 MB 方式增长，如每次都增加 10 MB 空间。

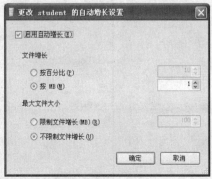

图 3-7 自动增长设置窗口

还可以设置最大文件大小，如果不限制，那么随着数据的增多，数据文件会随之增大，直到将硬盘空间全部占满。

● 路径：指定存放文件的目录。默认情况下，系统会将文件存储在 SQL Server 2008 安装目录的 data 子目录中，单击该列中的按钮可以打开"定位文件夹"对话框更改数据库的存放路径。

（6）单击"选项"标签项，设置数据库的排序规则、恢复模式、兼容级别和其他需要设置的内容，如图 3-8 所示。

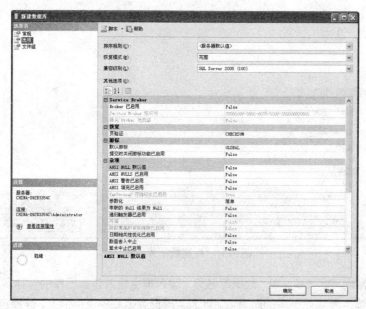

图 3-8　数据文件选项设置窗口

（7）单击"文件组"标签项可以设置数据库文件所属的文件组，还可以通过【添加】或【删除】按钮更改数据库文件所属的文件组，如图 3-9 所示。

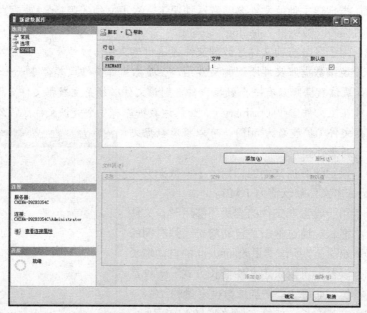

图 3-9　数据文件文件组设置窗口

》》 提示：一个数据库中至少应该有一个事务日志文件，也可以有多个事务日志文件。所有事务日志文件的扩展名都为.ldf，并且事务日志文件没有文件组的设置，即事务日志文件不隶属于任何一个文件组中。

（8）完成以上操作后，就可以单击【确定】按钮关闭"新建数据库"对话框。到此成功创建了一个数据库，可以通过"对象资源管理器"窗格查看新建的数据库。

》》 提示：创建的新对象，可能不会立即出现在"对象资源管理器"窗格中，此时可以右击该对象所在位置上一层的"刷新"命令，即可显示出该对象。

3.2.2 使用 CREATE DATABASE 语句创建数据库

我们还可以使用 SQL Server 2008 给我们提供的查询编辑器功能，通过编写 T-SQL 代码来创建数据库。

1. CREATE DATABASE 语句的语法

```
CREATE DATABASE database_name
[ON [PRIMARY]
  [<filespec>[1,...n]]
  [,<filegroup>[1,...n]]
]
[LOG ON {<filespec>[1,...n]}]
<filespec>::=
([NAME=logical_file_name,]
  FILENAME='os_file_name'
  [,SIZE=size]
  [,MAXSIZE={max_size|UNLIMITED}]
  [,FILEGROWTH=growth_increment])[1,...n]
<filegroup>::=
FILEGROUP filegroup_name<filespec>[1,...n]
```

2. 主要参数说明

➤ database_name：新数据库的名称。数据库名称在服务器中必须唯一，并且符合标识符的规则。

➤ ON：指定显式定义用来存储数据库数据部分的磁盘文件（数据文件）。该关键字后跟以逗号分隔的 <filegroup> 项列表，<filegroup> 项用以定义主文件组的数据文件。

➤ LOG ON：指定显式定义用来存储数据库日志的磁盘文件（日志文件）。该关键字后跟以逗号分隔的 <filespec> 项列表，<filespec> 项用以定义日志文件。如果没有指定 LOG ON，将自动创建一个日志文件，该文件使用系统生成的名称，大小为数据库中所有数据文件总大小的 25%。

➤ PRIMARY：指定关联的 <filespec> 列表定义主文件。主文件组包含所有数据库系统表，还包含所有未指派给用户文件组的对象。

➤ NAME：为由 <filespec> 定义的文件指定逻辑名称。

➤ logical_file_name：用来在创建数据库后执行的 Transact-SQL 语句中引用文件的名称。logical_file_name 在数据库中必须唯一，并且符合标识符的规则。

➤ FILENAME：为 <filespec> 定义的文件指定操作系统文件名。

➤ os_file_name：操作系统创建 <filespec> 定义的物理文件时使用的路径名和文件名。os_file_name 中的路径必须指定 SQL Server 实例上的目录。os_file_name 不能指定压缩文件系统中的目录。

➤ SIZE：指定 <filespec> 中定义的文件的大小。如果主文件的 <filespec> 中没有提供 SIZE 参数，那么 SQL Server 将使用 Model 数据库中的主文件大小。如果次要文件或日志文件的 <filespec> 中没有指定 SIZE 参数，则 SQL Server 将使文件大小为默认值。

➤ MAXSIZE：指定 <filespec> 中定义的文件可以增长到的最大大小。

➤ UNLIMITED：指定 <filespec> 中定义的文件将增长到磁盘变满为止。

➤ FILEGROWTH：指定 <filespec> 中定义的文件的增长增量。文件的 FILEGROWTH 设置不能超过 MAXSIZE 设置。

➤ growth_increment：每次需要新的空间时为文件添加的空间大小。指定一个整数，不要包含小数位。0 值表示不增长。该值可以 MB、KB、GB、TB 或百分比（%）为单位指定。如果未在数量后面指定 MB、KB 或 %，则默认值为 MB。如果指定 %，则增量大小为发生增长时文件大小的指定百分比。如果没有指定 FILEGROWTH，则默认值为 10%，最小值为 64 KB。指定的大小舍入为最接近的 64 KB 的倍数。

3. 使用 CREATE DATABASE 语句创建数据库的步骤

（1）打开 SQL Server Management Studio 窗口，并连接到服务器。

（2）选择"文件"→"新建"→"数据库引擎查询"命令，或者单击工具栏上的【新建查询】按钮（ ），创建一个查询输入窗口，如图 3-10 所示。

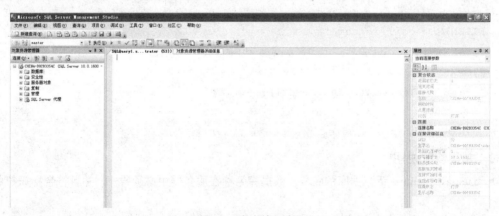

图 3-10　查询输入窗口

>>> 提示：通过选择"文件"→"新建"→"数据库引擎查询"命令创建查询输入窗口会弹出"连接到数据库引擎"对话框，需要身份验证连接到服务器，而通过单击工具栏上的【新建查询】按钮创建查询输入窗口不会弹出此对话框。

（3）在窗口内输入语句后，单击工具栏上的【执行】按钮（ ）执行语句。如果执行成功，在查询窗口内下方的"查询"窗格中可以看到"命令已成功完成"的消息，然后在"对象资源管理器"窗格中刷新，展开数据库节点就能看到新建立的数据库。

4. 实例

任务 3.1 是一个创建数据库的实例。在该例中，创建一个名称为"qg_test"的数据库，并指定单个文件。指定的文件成为主文件，并会自动创建一个 1 MB 的事务日志文件。因为主文件的 SIZE 参数中没有指定 MB 或 KB，所以主文件将以兆字节为单位进行分配。因为没有为事务日志文件指定 <filespec>，所以事务日志文件没有 MAXSIZE，可以增长到填满所有可用的磁盘空间为止。

【任务 3.1】使用 T-SQL 语句按照要求创建 qg_test 数据库。

```
USE master
GO
CREATE DATABASE qg_test
ON
(NAME=qg_testdat,
    FILENAME='C:\Program Files\Microsoft SQL Server\MSSQL10.MSSQLSERVER\
        MSSQL\data\test.mdf',
    SIZE=10,
    MAXSIZE=100,
    FILEGROWTH=10)
GO
```

创建的数据库结果如图 3-11 所示。

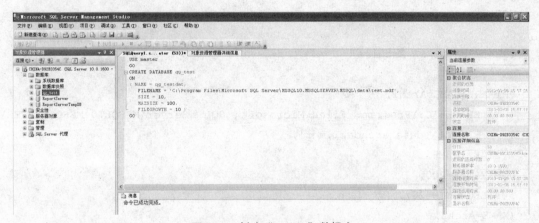

图 3-11　创建"qg_test"数据库

下面的示例创建名为 Sales 的数据库。因为没有使用关键字 PRIMARY，第一个文件（Salesdat）成为主文件。因为 Salesdat 文件的 SIZE 参数没有指定 MB 或 KB，因此默认为 MB，以兆字节为单位进行分配。Saleslog 文件以兆字节为单位进行分配，因为 SIZE 参数中显式声明了 MB 后缀。

【任务 3.2】使用 T-SQL 语句创建 Sales 数据库。

```
USE master
GO
CREATE DATABASE Sales
ON
(NAME=Sales_dat,
    FILENAME='C:\Program Files\Microsoft SQL Server\MSSQL10.MSSQLSERVER\MSSQL\
```

```
            data\saledat.mdf',
    SIZE=10,
    MAXSIZE=50,
    FILEGROWTH=5)
LOG ON
(NAME='Sales_log',
    FILENAME='C:\Program  Files\Microsoft  SQL  Server\MSSQL10.MSSQLSERVER\
        MSSQL\data\salelog.ldf',
    SIZE=5MB,
    MAXSIZE=25MB,
    FILEGROWTH=5MB)
GO
```

下面的示例使用三个 100 MB 的数据文件和两个 100 MB 的事务日志文件创建了名为 Archive 的数据库。主文件是列表中的第一个文件，并使用 PRIMARY 关键字显式指定。事务日志文件在 LOG ON 关键字后指定。注意 FILENAME 选项中所用的文件扩展名：主数据文件使用.mdf，次数据文件使用.ndf，事务日志文件使用.ldf。

【任务 3.3】使用 T-SQL 语句创建 Archive 数据库。

```
USE master
GO
CREATE DATABASE Archive
ON
PRIMARY(NAME=Arch1,
    FILENAME='C:\Program  Files\Microsoft  SQL  Server\MSSQL10.MSSQLSERVER\
        MSSQL\ data\archdat1.mdf',
    SIZE=100MB,
    MAXSIZE=200,
    FILEGROWTH=20),
(NAME=Arch2,
    FILENAME='C:\Program  Files\Microsoft  SQL  Server\MSSQL10.MSSQLSERVER\
        MSSQL\data\archdat2.ndf',
    SIZE=100MB,
    MAXSIZE=200,
    FILEGROWTH=20),
(NAME=Arch3,
    FILENAME='C:\Program  Files\Microsoft  SQL  Server\MSSQL10.MSSQLSERVER\
        MSSQL\data\archdat3.ndf',
    SIZE=100MB,
    MAXSIZE=200,
    FILEGROWTH=20)
LOG ON
(NAME=Archlog1,
```

```
FILENAME='C:\Program  Files\Microsoft  SQL  Server\MSSQL10.MSSQLSERVER\
    MSSQL\data\archlog1.ldf',
SIZE=100MB,
MAXSIZE=200,
FILEGROWTH=20),
(NAME=Archlog2,
    FILENAME='C:\Program  Files\Microsoft  SQL  Server\MSSQL10.MSSQLSERVER\
    MSSQL\data\archlog2.ldf',
SIZE=100MB,
MAXSIZE=200,
FILEGROWTH=20)
GO
```

3.3 修改数据库

创建数据库后，在使用中常常会对其原来的设置进行修改。修改包括扩充或减小数据库文件和日志文件空间，添加或删除数据库文件和日志文件，创建一个文件组，更改默认文件组，更改数据库设置，更改数据库名，更改数据库所有者等内容。可以用以下方法对数据库进行修改：

● 使用 SQL Server Management Studio 修改数据库。
● 使用 ALTER DATABASE 语句修改数据库。

3.3.1 使用 SQL Server Management Studio 修改数据库

使用 SQL Server Management Studio 中的数据库属性对话框可以很方便地修改数据库。右击需要修改的数据库（如图 3-12）。

图 3-12 修改数据库

选择【属性】选项，出现如图 3-13 所示数据库属性对话框。在此界面中，可以根据自己的需求在左侧"选择页"中选择后更改其参数设置，具体含义与创建数据库时相同，请大家自行参阅相关内容，这里不再赘述。

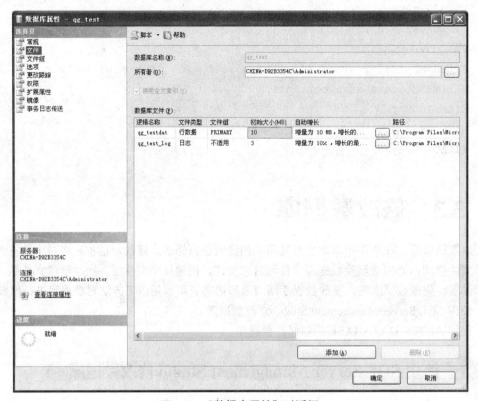

图 3-13 "数据库属性"对话框

>> 注意：在数据库属性对话框中，"数据库名称"无法修改。若需更改上述内容，需使用 ALTER DATABASE 语句实现。

3.3.2 使用 ALTER DATABASE 语句修改数据库

使用 ALTER DATABASE 语句可以对已创建的数据库进行进一步的修改，包括：在数据库中添加次数据文件、日志文件，删除文件，添加文件组，更改文件和文件组的属性（如更改文件的大小、增长方式等），更改数据库名称，更改文件组名称以及数据文件和日志文件的逻辑名称等。

1. ALTER DATABASE 语句的语法

```
ALTER DATABASE database-name
{ADD FILE <数据文件>[,...n][TO FILEGROUP 文件组名]
|ADD LOG FILE<日志文件>[,...n]
|REMOVE FILE 逻辑文件名
|ADD FILEGROUP 文件组名
|REMOVE FILEGROUP 文件组名
|MODIFY FILE <文件属性>
```

```
|MODIFY NAME=新数据库名
|MODIFY FILEFROUP 文件组名 {<文件组属性>|NAME=新文件组名}}
```

其中，<数据文件>和<日志文件>为以下属性的组合：

```
(NAME=逻辑文件名,
FILENAME='文件名'
[,SIZE=文件初始容量]
[,MAXSIZE={文件最大容量|UNLIMITED}]
[,FILEGROWTH=文件增长幅度])
```

<文件属性>为以下属性的组合：

```
(NAME=逻辑文件名,
[,SIZE=文件初始容量]
[,MAXSIZE={文件最大容量|UNLIMITED}]
[,FILEGROWTH=文件增长幅度])
```

2. 主要参数说明

➤ Database-name：是要更改的数据库的名称。

➤ ADD FILE：指定要添加文件。

➤ TO FILEGROUP：指定要将指定文件添加到的文件组。

➤ filegroup_name：是要添加指定文件的文件组名称。

➤ ADD LOG FILE：指定要将日志文件添加到指定的数据库。

➤ REMOVE FILE：从数据库系统表中删除文件描述并删除物理文件。只有在文件为空时才能删除。

➤ ADD FILEGROUP：指定要添加文件组。

➤ filegroup_name：是要添加或除去的文件组名称。

➤ REMOVE FILEGROUP：从数据库中删除文件组并删除该文件组中的所有文件。只有在文件组为空时才能删除。

➤ MODIFY FILE：指定要更改给定的文件，更改选项包括 FILENAME、SIZE、FILEGROWTH 和 MAXSIZE。一次只能更改这些属性中的一种。必须在 <filespec> 中指定 NAME，以标识要更改的文件。如果指定了 SIZE，那么新大小必须比文件当前大小要大。若要更改数据文件或日志文件的逻辑名称，应在 NAME 选项中指定要改名的逻辑文件名称，并在 NEWNAME 选项中指定文件的新逻辑名称。

示例如下：

```
MODIFY FILE
(NAME=logical_file_name,
NEWNAME=new_logical_name...)。
```

➤ MODIFY NAME=new_dbname：重命名数据库。

3. 实例

下面是一个修改数据库的实例，在该例中，对任务 3.1 创建的数据库进行修改，添加一个次数据文件，该文件初始大小为 10 MB，最大值为 100 MB，增长方式为 10%。

【任务 3.4】使用 T-SQL 语句修改 qg_test 数据库，添加次数据文件。

```
ALTER DATABASE qg_test
ADD FILE
```

```
(NAME=qg_testdat2,
  FILENAME='C:\Program Files\Microsoft SQL Server\MSSQL10.MSSQLSERVER\MSSQL\
      data\test2.ndf',
  SIZE=10MB,
  MAXSIZE=100MB,
  FILEGROWTH=10%)
GO
```

任务 3.5 向数据库中添加一个初始为 5 MB 大小的日志文件。

【任务 3.5】使用 T-SQL 语句修改 qg_test 数据库，添加日志文件。

```
ALTER DATABASE qg_test
ADD LOG FILE
(NAME=qg_testlog2,
  FILENAME='C:\Program  Files\Microsoft  SQL  Server\MSSQL10.MSSQLSERVER\
      MSSQL\ data\qg_testlog2.ldf',
  SIZE=5MB,
  MAXSIZE=50MB,
  FILEGROWTH=5MB)
GO
```

任务 3.6 将 qg_test 数据库中的次要数据文件删除。

【任务 3.6】使用 T-SQL 语句修改 qg_test 数据库，删除文件。

```
ALTER DATABASE qg_test
REMOVE FILE qg_testdat2
GO
```

任务 3.7 将 qg_test 数据库中数据文件的最大值由 100 MB 改为 500 MB。

【任务 3.7】使用 T-SQL 语句修改 qg_test 数据库，修改文件的大小。

```
ALTER DATABASE qg_test
MODIFY FILE
   (NAME=qg_testdat,
    MAXSIZE=500MB)
GO
```

3.4 删除数据库

当确认不再需要某个数据库时，可以将其删除。删除一个数据库会删除所有数据和该数据库所使用的所有磁盘文件，数据库在操作系统上占用的空间将被释放。但删除一个数据库后，如果想再复原是很麻烦的，必须从备份中恢复数据库和它的事务日志。

只有系统管理员和数据库所有者才有权删除数据库，且此权限不能授予其他用户。系统数据库（msdb、master、model、tempdb）是不能被删除的。

>> 注意：当数据库处于以下三种情况之一时，不能被删除。

- 当有用户正在使用此数据库时；
- 当数据库正在被恢复时；
- 当数据库正在参与复制时。

3.4.1 使用 SQL Server Management Studio 删除数据库

使用 SQL Server Management Studio 删除数据库的方法比较简单，步骤如下：

（1）打开 SQL Server Management Studio，展开想要删除的数据库所在的服务器，展开数据库文件夹。

（2）选中想要删除的数据库，单击鼠标右键，在弹出的菜单中选择"删除"命令，出现如图3-14 所示"删除对象"对话框。

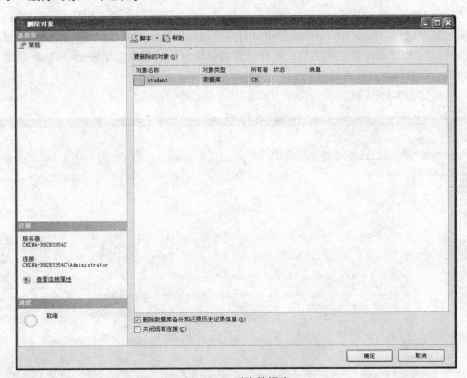

图 3-14 删除数据库

（3）单击【确定】按钮即可。

3.4.2 使用 DROP DATABASE 语句删除数据库

1. DROP DATABSE 语句的语法

```
DROP DATABASE database_name [,...n]
```

2. 主要参数说明

➤ database_name 是要删除的数据库的名称。

3. 实例

任务 3.8 是一个删除数据库的实例，在该例中，将前面创建的 qg_test 数据库删除。

【任务 3.8】使用 T-SQL 语句删除 qg_test 数据库。

```
DROP DATABASE qg_test
```

3.5　查看数据库的相关信息

在 SQL Server Management Studio 中使用右键单击想要查看的数据库,在弹出的快捷菜单中选择"属性"命令,弹出如图 3-13 所示的"数据库属性"对话框,在此界面中,可以根据自己的需求在左侧"选择页"中选择后查看数据库的相关信息。

我们可以查看数据库的以下信息:常规、文件、文件组、选项、更改跟踪、权限、扩展属性、镜像、事务日志传送。

除了使用 Microsoft SQL Server Management Studio 之外还可以使用 T-SQL 语句查看数据库的信息,输入如下语句:exec sp_helpdb [dbname]。通过调用系统存储过程 sp_helpdb 即可查看。sp_helpdb 后面可以跟某个数据库名称,这样只查看该数据库的信息。如果 sp_helpdb 后面不跟任何参数,那么查看所有数据库的信息。

运行结果如图 3-15 所示。

图 3-15　使用语句查看数据库信息

还可以使用目录视图、使用函数查看数据库的信息,在此不再叙述。

3.6　创建数据库快照

数据库快照是源数据库的只读、静态视图。一个源数据库可以有多个数据库快照。数据库快照的主要作用是:维护历史数据用于制作各种报表,可以使用数据库快照将出现错误的源数据库恢复到创建快照时的状态。例如,在财务年度结束时,通过创建数据库快照可以有效地制作各种财务报表。

3.6.1　数据库快照简介

简单地说，快照就是数据库在某一指定时刻的照片。顾名思义，数据库快照（Database Snapshot）就像是为数据库拍了相片一样。相片实际是照相时刻被照对象的静止呈现，而数据库快照则提供了源数据库在创建快照时刻的只读、静态视图。一旦为数据库建立了快照后，这个数据库快照就是创建快照那时刻数据库的情况，虽然数据库还在不断变化，但是这个快照不会再改变。

数据库快照在数据页级别上进行。当创建了某个数据库的数据库快照后，数据库快照使用一种稀疏文件维护源数据页。如果源数据库中的数据页上的数据没有更改，那么对数据库快照的读操作实际上就是读源数据库中的这些未更改的数据页。如果源数据库中的某些数据页上的数据被更改，则更改前的源数据页已经复制到数据快照的稀疏文件中去，对这些数据的读操作实际上就是读取稀疏文件中复制过来的数据页。如果源数据库中的数据更改频繁，会导致数据库快照中稀疏文件的大小增长得很快。为了避免数据库快照中的稀疏文件过大，可以通过创建新的数据库快照来解决这一问题。

3.6.2　创建数据库快照

在 Microsoft SQL Server 2008 系统中，使用 CREATE DATABASE 语句创建数据库快照。

1. CREATE DATABASE 语句创建数据库快照的基本语法格式

```
CREATE  DATABASE database_snapshot_name
ON
(NAME=logical_file_name,
FILENAME='os_ file_name')
[,...n]
AS SNAPSHOT OF source_database_name
```

2. 主要参数说明

➤ database_snapshot_name 是将要创建的数据库快照的名称，该名称必须符合数据库名称的标识符规范，并且在数据库名称中是唯一的。数据库快照的稀疏文件由 NAME 和 FILENAME 两个关键字来指定。

➤ AS SNAPSHOT OF 子句用于指定该数据库快照的源数据库名称。

【任务 3.9】为数据库 qg_test 创建数据库快照。

```
CREATE DATABASE qg_test_snapshot
ON
(
NAME=qg_testdat,
FILENAME='C:\Program Files\Microsoft SQL Server\MSSQL10.MSSQLSERVER\MSSQL\
    data\qg_test_snapshot.snp'
)
AS SNAPSHOT OF qg_test
```

语句执行结果如图 3-16 所示。

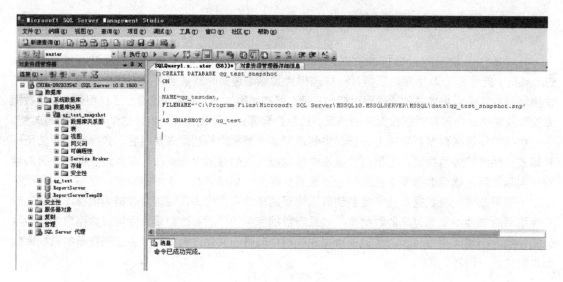

图 3-16 创建数据库快照

3. 创建数据库快照的注意问题

在创建数据库快照时，必须对每个数据文件建立快照，否则将提示缺少某个数据文件的快照。

创建快照后，在"对象资源管理器"窗格的"数据库快照"节点下可以看到刚创建的数据库快照，展开后可以看到其内容与源数据库完全相同，数据库快照的扩展名为.snp。

虽然数据库快照和源数据库的内容完全相同，但与源数据库相比，数据库快照还是存在着一些限制：

- 必须在与源数据库相同的服务器实例上创建数据库快照。
- 数据库快照捕获开始创建快照的时间点，去掉所有未提交的事务，未提交的事务将在创建数据库快照期间回滚。
- 数据库快照为只读的，不能在数据库中执行修改操作。
- 禁止对 Master 数据库、Model 数据库及 Tempdb 数据库创建快照。
- 不能从数据库快照中删除文件。
- 不能附加或分离数据库快照。
- 不能备份或还原数据库快照。
- 不能在 FAT32 文件系统或 RAW 分区中创建快照，数据库快照所有的稀疏文件由 NTFS 文件系统提供。
- 数据库快照不支持全文索引，不能从源数据库传播全文目录。
- 数据库快照将继承快照创建时其源数据库的安全约束，由于快照是只读的，因此无法更改继承的权限，对源数据库的更改权限将不反映在现有快照中。
- 快照始终反应创建该快照时的文件组状态，即在线文件组将保持在线状态，离线文件组将保持离线状态。
- 只读文件组和压缩文件组不支持恢复，尝试恢复到这两类文件组将失败。

3.6.3　用数据库快照恢复数据库

当源数据库发生损坏或出错时，就可以通过数据库快照来将数据库恢复到创建数据库快照时的状态。此时恢复的数据库会覆盖原来的数据库。执行恢复操作要求对源数据库具有 RESTORE DATABASE 权限，恢复时的语法格式如下：

```
RESTORE DATABASE database_name
FROM DATABASE_SNAPSHOT=database_snapshot_name
```

代码中，database_name 是源数据库的名称，database_snapshot_name 是对应源数据库的快照名称。例：

```
RESTORE DATABASE qg_test FROM DATABASE_SNAPSHOT='qg_test_snapshot'
GO
```

>> 注意：使用上述命令时，会话中不能使用当前要恢复的数据库，否则会出错，建议在执行时使用 master 数据库。也可以在工具栏上的"可用数据库"下拉框（）中选择其他数据库。

3.6.4　删除数据库快照

删除数据库快照的方法和删除数据库的方法完全相同，也是使用 DROP DATABASE 语句。同样不能删除当前正在使用的数据库快照。例：删除 qg_test_snapshot 可以使用以下 T-SQL 语句。

```
DROP DATABASE qg_test_snapshot
GO
```

📃 3.7　了解数据表的基本组成

3.7.1　表的组成结构

创建用户数据库后，我们还无法将数据保存在数据库中，还必须在数据库中创建用来存放数据的"容器"，这个"容器"就是表。表是数据库中最重要的对象，是用来存储数据和操纵数据的逻辑结构。对数据库的各种管理和操作，实际上就是对数据库中表的管理和操作。

在项目一中我们已经介绍过，开发一个数据库系统需要经过一个称为"两次抽象"的过程，才能将现实世界中客观存在的事物转换成为机器世界中的数据模型。在第一次抽象过程中，需要分析出所开发的数据库系统包含的实体有哪些，找出能够刻画各个实体的属性有哪些，以及实体之间的联系，使用 E-R 图将第一次抽象的结果表示出来。第二次抽象过程需要将 E-R 图转换为数据模型，即数据库表。

在数据模型中，一张表代表一个实体，实体名即为表名。例如：在"晓灵学生管理系统"中有一个教师信息表，它表示所有教师的基本信息都存储在该表中。

表由行和列组成。在关系数据模型中，行也被称为记录或元组，列也被称为字段或属性。每一行都是这个实体的一个完整描述，每个列都是对该实体的一种属性的描述。如图 3-17 所示。

tID	tName	tSex	tBirthday	tGangwei	tXueli	tZhicheng	tYuanxi	tZhuanye	tTel	tAddr
t002	刘振刚	男	1975-07-14 00:00:00	教师	博士	讲师	x02	信息管理	80267512	学院教师新村2-4-302
t006	刘乃义	女	1973-03-07 00:00:00	教师	硕士	讲师	x02	信息管理	60270604	学院教师新村2-7-301
t007	李晶莲	女	1964-09-20 00:00:00	教师	博士	副教授	x02	电子商务	83601316	学院教师新村3-1-302
t011	付春秀	女	1970-03-11 00:00:00	教辅	硕士	实验师	x02	计算机	78558388	学院教师新村5-2-402
t004	刘洪全	男	1957-04-04 00:00:00	教师	大本	教授	x04	英语	81501451	学院教师新村1-1-102
t013	杨智勇	男	1970-07-15 00:00:00	教辅	大本	统计师	x04	统计	58242100	学院教师新村6-3-602
t005	李艳丽	女	1955-09-18 00:00:00	教师	博士	教授	x05	食品工程	24781043	学院教师新村1-4-501
t014	刘利华	男	1979-04-05 00:00:00	教辅	大本	实验师	x05	制冷工程	36800718	学院教师新村5-8-402
t001	杜洪梅	女	1978-05-15 00:00:00	教师	硕士	助讲	y01	软件工程	13886870010	学院教师新村1-5-301
t008	赵敬海	男	1958-05-28 00:00:00	教师	大本	教授	y01	计算机	87858582	学院教师新村5-2-201
t009	高志军	男	1969-04-28 00:00:00	教师	博士	教授	y01	通信控制	80514353	学院教师新村2-4-201
t010	赵长发	男	1974-03-08 00:00:00	教师	大本	教授	y01	网络技术	37190055	学院教师新村1-3-501
t003	周秀静	女	1965-05-25 00:00:00	教师	硕士	副教	y03	国际金融	13357966688	学院教师新村3-6-302
t012	张德海	男	1968-05-16 00:00:00	教辅	大本	高实验师	y03	国际会计	66245005	学院教师新村3-1-202
x001	宋子刚	男	1969-10-08 00:00:00	行政	大本	政工师	z06	行政管理	13993138631	学院教师新村4-5-302
x002	刘健成	男	1981-07-19 00:00:00	行政	大本	会计	z06	会计	69732958	学院教师新村3-7-502
x003	李春娟	女	1975-03-17 00:00:00	其他	大专	技师	z07	电工	85062315	学院教师新村5-1-302
x004	付志强	男	1961-05-18 00:00:00	其他	大专	高级技工	z07	暖通工程	35455828	学院教师新村6-5-701
x005	王金喜	男	1968-09-22 00:00:00	其他	大专	二级工	z07	锅炉	58398800	学院教师新村2-5-401
x006	贾永好	女	1965-05-20 00:00:00	其他	大专	档案师	z07	档案管理	13301192518	学院教师新村1-6-501

图 3-17 教师信息表

在图 3-17 中，编号为 t002 的这一行记录表示了刘振刚老师的完整信息。而 tName 列则表示各个教师的姓名属性的取值。

表中行的顺序在默认情况下是按照数据输入的先后顺序存储的，但如果在表中的某个列上设置了簇索引，那么系统会按照索引列的值由高到低，或由低到高对表中的数据进行重新排序。有关索引的内容将在后面的内容中详细介绍。表中列的顺序是按照定义表时列的顺序排序的，但在检索数据或向表中输入数据时可以按照任意的顺序检索或输入，对使用没有影响。对于每一个表，用户最多可以定义 1 024 个列。在同一个表中，列名必须是唯一的，不能有相同名称的两个或两个以上的列存在于同一个表中。但不同的表中可以有列名相同的列，这样列名相同的两个列可以没有任何关系。

3.7.2 表的类型

在 SQL Server 2008 系统中，按照表的作用，可以把表分为 4 种类型，即普通表、已分区表、临时表和系统表。每一种类型的表都有自己的特点和作用。

普通表又叫标准表，就是我们平时使用的、最重要、最基本的作为数据库中存储数据的表，经常简称为表。其他类型的表都是有特殊含义的表，它们一般是在某些特殊应用环境下派生出来的表，利用它们可以提高系统的使用效率。

已分区表是将数据水平划分成多个单元的表，这些单元可以分布到数据库中的多个文件组中，实现对单元中数据的并行访问。如果表中的数据量非常庞大，并且这些数据经常被以不同的使用方式来访问，那么建立已分区表是一个有效的选择。已分区表的优点是可以方便地管理大型表，提高对这些表中数据的使用效率。

临时表是临时创建不能永久生存的表，临时表又可以分为本地临时表和全局临时表。临时表被创建后，可以一直存储到 SQL Server 实例断开连接后。本地临时表只对创建者是可见的，全局临时表在创建之后对所有的用户和连接都是可见的。

系统表与普通表的主要区别是，系统表存储了有关 SQL Server 服务器的配置、数据库设置、用户和表等对象的描述等系统信息。一般只能由 DBA 来使用系统表。

3.7.3　数据类型

1. 数据类型的使用意义

现实世界是一个多样化的世界，现实世界的信息是多种多样的，所以描述信息的数据也应该是多种多样的。在定义表中的列时，每一个列都要有一个与之相关的特定的数据类型，用来准确地表示信息的类别。例如，在表 3-3 中教师的姓名可以用字符型（char, varchar）来表示，出生日期可以用日期型（datetime）来表示。

在创建表之前一定要对表中所存储的数据进行详细的分析，科学地设置每个列的数据类型和长度。一个优良的设计在某种程度上可以帮助降低填表数据时的错误，并可以最优地利用磁盘存储空间，减少空间的浪费。例如：设置"身份证号"列时可以定义其数据类型为字符型，长度为 18 位。这样当由于输入错误导致输入的数据超过 18 位时，系统会报错，拒绝接受数据的输入。在设置"年龄"列时可以定义其数据类型为 tinyint 型，该数据类型的取值范围是 0～255，完全能够满足年龄列的取值需求，如果定义为 int 型，其取值范围从 -2^{31}～$2^{31}-1$，显然浪费了很大的磁盘存储空间。

另外系统对不同数据类型的数据所进行的操作也是不一样的，请比较下面两段代码的操作结果：

<table>
<tr><td>

代码 1：

```
DECLARE @a int, @b int
SET @a=1
SET @b=2
SELECT @a + @b
GO
```

</td><td>

代码 2：

```
DECLARE @a char(1),@b char(1)
SET @a=1
SET @b=2
SELECT @a + @b
GO
```

</td></tr>
</table>

第一段代码的计算结果为"3"，第二段代码的计算结果为"12"。原因在于：第一段代码中两个变量@a 和@b 的类型为数值型，表达式@a+@b 按照数值进行加法计算。第二段代码中两个变量@a 和@b 的类型为字符型，表达式@a+@b 表示将@a 与@b 的值相连在一起，所以结果为"12"。上面两段代码在查询分析器中的运行结果如图 3-18 所示。

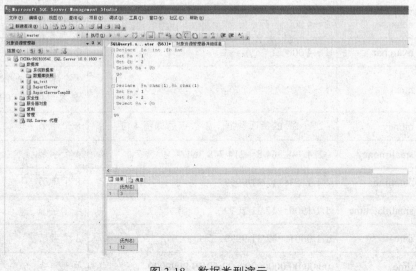

图 3-18　数据类型演示

2. SQL Server 2008 提供的系统数据类型

常用的数据类型在表 3-1 中进行归纳总结。

表 3-1　常用的系统数据类型

类型	名称	取值范围	长度
整型	bit	1 或 0 的整数数据（即真或假）	1 位
	bigint	$-2^{63} \sim 2^{63}-1$	8 个字节
	int	$-2^{31} \sim 2^{31}-1$	4 个字节
	smallint	$-2^{15} \sim 2^{15}-1$	2 个字节
	tinyint	$0 \sim 255$	1 个字节
实型	decimal（p,s） numeric（p,s）	p 为精度（$1 \leqslant p \leqslant 38$），默认值是 18 s 为小数点后位数（$0 \leqslant s \leqslant p$） $-10^{38}+1 \sim 10^{38}-1$	与精度有关 $1 \sim 9$ 位：5 个字节 $10 \sim 19$ 位：9 个字节 $20 \sim 28$ 位：13 个字节 $29 \sim 38$ 位：17 个字节
	float	$-2.21 \times 10^{308} \sim -1.79 \times 10^{308}$，0， $1.79 \times 10^{308} \sim 2.23 \times 10^{308}$	与数值的位数有关 7 位数：4 个字节 15 位数：8 个字节
	real	$-3.40 \times 10^{38} \sim -1.18 \times 10^{38}$，0， $1.18 \times 10^{38} \sim 3.40 \times 10^{38}$	4 个字节
字符型	char（n）	存放固定长度的 n 个字符 $1 \leqslant n \leqslant 8\,000$	最大 8 000 个字符
	varchar（n）	存放可变长度的 n 个字符 $1 \leqslant n \leqslant 8\,000$	最大 8 000 个字符
	text	$1 \sim 2^{31}-1$	1 个字符占 1 个字节， 最大可存贮 2 GB 数据
	nchar	$1 \sim 4\,000$	2 个字节
	nvarchar	$1 \sim 4\,000$	2 个字节
	ntext	$1 \sim 2^{30}$	1 个字符占 2 个字节， 最大可存贮 2 GB 数据
货币型	money	$-2^{63} \sim 2^{63}$ 的货币数据，小数点后保留 4 位	8 个字节
	smallmoney	$-214\,748.364\,8 \sim 214\,748.364\,7$	4 个字节
日期型	datetime	1/1/1753 ～ 12/31/9999	8 个字节
	smalldatetime	1/1/1900 ～ 12/31/2079	4 个字节
	date	1/1/0001 ～ 12/31/9999	3 个字节
	time	00:00:00.0000000 ～ 23:59:59.9999999	可变（$3 \sim 5$）

类型	名称	取值范围	长度
日期型	datetime2	新扩展的 Datetime 典型数据类型，支持更大的日期范围和更高的时间部分精度（精确到 100 ns）	可变（6～8）
	datetimeoffset	类似于 Datetime，但有一个相对于 UTC 时间的 −14:00～+14:00 的偏移量。时间在内部存储为 UTC 时间，任何比较、排序、索引将基于该统一的时区	可变（8～10）
二进制型	binary（n）	由 n 值来确定，n 值范围是 1～8 000	可变长度
	varbinary（n）	由 n 值来确定，n 值范围是 1～8 000	可变长度
	image（n）	$1～2^{31}-1$	可变长度

除了上面介绍的数据类型外，SQL Server 2008 系统还提供了 cursor、sql_variant、table、timestamp、uniqueidentifier、xml、hierarchyid 等数据类型。使用这些数据类型可以完成特殊数据对象的定义、存储和使用。

3. 用户自定义数据类型

如果 SQL Server 2008 提供的系统数据类型不能完全满足需求时，用户可以根据自己的要求自定义数据类型。用户自定义数据类型是系统定义数据类型或.NET 程序集中方法定义的复杂数据类型的扩展，几乎可以定义任意数据。

在设计数据表结构时，有些字段会在数据表里多次出现，例如学生信息表（student）中 sID（学生学号）和学习成绩表（grade）中 payID（缴费学生学号），由于 payID 字段是外键，因此字段类型必须与 sID 字段类型一致。在数据库里的数据表很多的情况下，这种外键可能也会越来越多，如果自定义一个"学生学号"数据类型，在定义这些相关字段的类型时就不会出错了。

使用 SQL Server 2008 中内置的数据类型可以创建用户定义数据类型，但是 timestamp、xml、nvarchar（max）、varbinary（max）、varchar（max）这几种数据类型不行。

≫≫ 提示：要谨慎使用用户自定义数据类型，因为这需要大量性能的开销。

3.7.4　创建用户自定义数据类型

创建用户自定义数据类型的方法有两种：
- 使用 SQL Server Management Studio 定义。
- 使用系统存储过程 sp_addtype 定义。

3.7.4.1　使用 SQL Server Management Studio 定义用户数据类型

（1）打开 SQL Server Management Studio，展开数据库文件夹，找到想要创建用户数据类型的数据库将其展开，再依次展开"可编程性""类型""用户定义数据类型"，如图 3-19 所示。

（2）右击"用户定义数据类型"，选择"新建用户定义数据类型"，打开创建用户数据类型的窗口，如图 3-20 所示。

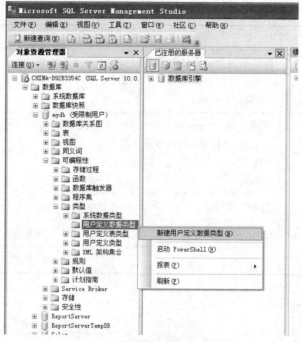

图 3-19　新建用户定义数据类型

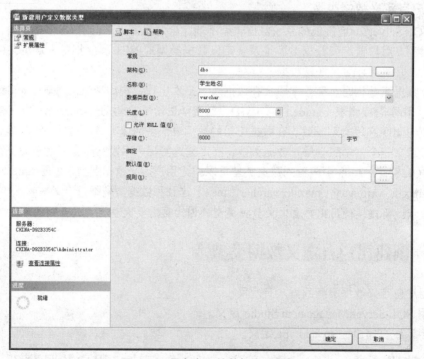

图 3-20　用户定义的数据类型窗口

（3）在"架构"输入框中输入用户自定义数据类型所属的架构名，一般使用默认的。在"名称"文本框里输入用户自定义数据类型的名字，如"学生姓名"。

（4）在"数据类型"下拉列表框里选择数据类型，如"varchar"。

（5）如果有需要，在"精度"输入框中输入该数据类型的精度。

（6）在"允许 NULL 值"选框中设置用户定义数据类型是否允许空。

（7）如果该数据类型需要绑定规则和默认值，可在"绑定"区域里进行设置，但必须已经提前创建了规则或默认对象。

（8）确认设置无误后，点击【确定】按钮，创建用户自定义的数据类型。

3.7.4.2　使用 T-SQL 语句创建用户数据类型

1. T-SQL 语句的语法

创建用户自定义数据类型，使用 sp_addtype 系统存储过程实现。其语法形式如下：

```
sp_addtype type, [,system_data_type][,'null_type']
```

2. 主要参数说明

➤ type：用户定义的数据类型的名称。

➤ system_data_type：是用户定义的数据类型所基于的系统数据类型。

➤ null_type：指明用户定义的数据类型处理空值的方式。

3. 实例

下面是一个创建用户自定义数据类型的实例，在该例中，创建了一个名称为 birthday 的用户数据类型，该类型基于 varchar 系统类型，长度 11 位，不允许取空。

【任务 3.10】使用 T-SQL 语句创建用户定义数据类型。

```
Exec sp_addtype birthday,'varchar(11)','not null'
```

用户定义数据类型创建完成后，可以直接使用。在创建数据表时，可以在"数据类型"下拉列表框里选择用户定义数据类型，就像使用系统数据类型一样，在 T-SQL 程序中，也可以使用已经创建好的用户定义类型。

3.7.4.3　删除用户自定义数据类型

当不需要用户自定义的数据类型时，可以将其删除。在删除之前要确定没有任何字段在使用该用户定义数据类型。

1. 使用 SQL Server Management Studio 删除

（1）首先查看是否有字段正在使用要删除的用户定义数据类型。在 SQL Server Management Studio "对象资源管理器"窗格里展开树形目录，定位到要查看的用户定义数据类型上。

（2）右击该用户定义数据类型，在弹出的菜单中选择【查看依赖关系】选项。在此对话框可以查看哪些数据表正在使用该用户定义数据类型。

（3）在 SQL Server Management Studio 中删除用户定义数据类型，先重复步骤（1）。

（4）右击要删除的用户数据类型，在弹出的菜单中选择"删除"选项，弹出"删除对象"对话框，在该对话框里单击【确定】按钮，完成删除操作，如图 3-21 所示。

2. 使用 T-SQL 语句删除

使用 Drop type 语句或系统存储过程 sp_droptype 可以删除用户自定义的数据类型。其语法形式如下：

```
Drop type type_name 或 sp_droptype type_name
```

主要参数说明：

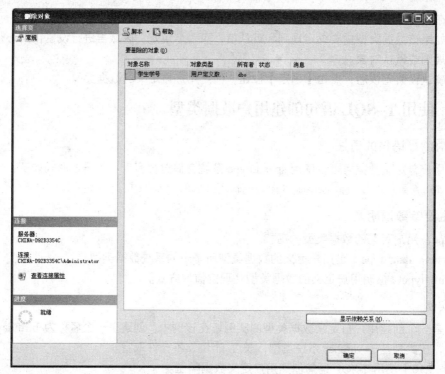

图 3-21　删除用户自定义数据类型窗口

➤ type_name：用户定义数据类型的名称。

在下面的程序清单中使用语句删除用户自定义的数据类型。

【任务 3.11】使用 T-SQL 语句删除用户自定义的数据类型。

```
Exec sp_droptype 'birthday'
```

◇◇ 注意：当用户自定义的数据类型正在被表中的列所使用，或用户自定义的数据类型还绑定有默认或规则对象时，该数据类型不能被删除。

3.8　数据表的创建

可以通过以下两种方法创建表：

● 使用 SQL Server Management Studio。

● 使用 CREATE TABLE 语句。

3.8.1　使用 SQL Server Management Studio 创建表

使用 SQL Server Management Studio 创建表的操作步骤如下：

（1）单击"开始"菜单，从"程序"中选择"Microsoft SQL Server 2008"下的"SQL Server Management Studio"命令，打开 SQL Server Management Studio 窗口，并使用 Windows 或 SQL Server 身份验证建立连接。

（2）展开需要创建新表的数据库，右键单击"表"节点，在弹出的菜单中选择"新建表"命令，如图 3-22 所示。

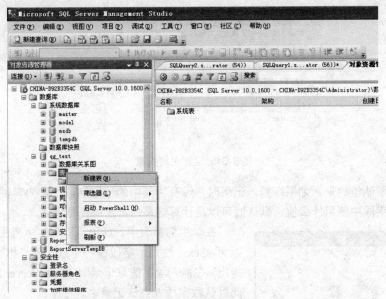

图 3-22 右键新建表

（3）在表设计窗口中定义表中各列的详细信息。表设计窗口如图 3-23 所示，该窗口由上、下两部分组成，上面的窗口用来定义列名、数据类型（某些数据类型需要设置长度）、该列是否允许空等。列名要遵守标识符的命名规则，且在同一个表中不允许有重复的列名。数据类型可以是系统数据类型也可以是用户自定义的数据类型。设置长度时要根据列的取值范围设定恰当的长度值。

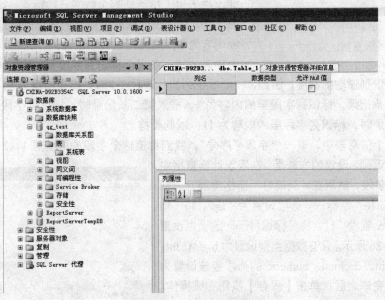

图 3-23 设计表窗口

（4）设置主键约束，选中要作为主键的列，单击工具栏中设置主键按钮，主键列的前方将显示一个钥匙标记，如图 3-24 所示，如果一个表中没有一个字段可以作为标识记录的唯一性字段，可以将多个字段联合起来设置为主键，方法是在单击工具栏中设置主键按钮前，同时选择两个字段（按"Ctrl"键选择）。

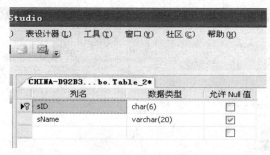

图 3-24　设置主键约束

（5）设置默认值约束，如果在插入记录时，没有为其中的一些字段指定内容，可以使用默认值来指定这些字段中使用什么值，默认值可以是计算结果为常量的任意值。

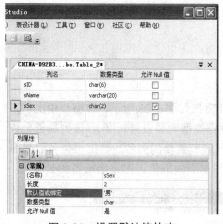

图 3-25　设置默认值约束

在学生信息表中，如果录取学生中男生比女生多，可以为 sSex（性别）字段设一个默认值"男"，如果不特别指出，在插入学生信息记录时，SQL Server 2008 会自动将此默认数据插入到该记录中。

如图 3-25 所示，在表设计器窗格内，选择 sSex 字段，在"列属性"窗格的"默认值或绑定"文本框里输入性别的默认值 '男'。设置完毕后，单击【保存】按钮完成操作。

（6）设置标识列，标识列就是自动增长列。设置标识列的同时，还必须设置该标识列的标识种子和标识增量。标识种子用于指定从哪个数字开始标识。如标识种子设置为"1"，则在该数据表中插入的第一条记录标识列字段里的内容为 1，如果标识种子设置为"100"，则在该数据表中插入的第一条记录标识列字段里的内容为 100。标识增量用于设置标识列递增的幅度。例如，一个标识列的标识种子为 1，标识增量为 5，则在该数据表中插入的第一条记录，标识列字段里的内容为 1，插入第二条记录时，标识列字段里的内容为 6，插入第三条记录时，标识列字段里的内容为 11，以此类推。

例如在某个信息表中，有一个字段"序号"，我们希望这个字段的取值是 1，2，3……就可以把它设置成标识列，设置的方法是：在表设计器窗格中选中"序号"字段，然后在"列属性"窗格里展开"标识规范"选项，将"是标识"选项设置为"是"，将"标识增量"选项设置为"1"，将"标识种子"选项也设置为"1"，如图 3-26 所示。只有数据类型设置为 bigint、int、smallint、tinyint、decimal、numeric 的列才能被设置为标识列。设置完毕之后，单击【保存】按钮完成操作。

（7）设置 Unique 约束，Unique 约束是指定该字段列里的数据不允许出现重复。例如在课程信息表中，课程名称是不能重复的，那么可以将课程信息表中的课程名称设置为 Unique 约束。设置方法为：在表设计器窗格里右击空白处，在弹出的快捷菜单中选择"索引/键"选项，单击【添加】按钮，在"选定的主/唯一键

图 3-26　设置标识列

或索引"列表框里自动添加了一个名为"IX_course"的键，如图 3-27 所示。此键名可以在"标识"区域的"名称"文本框里修改。在"常规"区域的"类型"下拉列表框里选择"唯一键"选项，单击"列"选项后的【…】按钮，出现如图 3-28 所示对话框，然后选择"kcName"选项，通过"排序规则"选项可以选择是"升序"还是"降序"。再单击【确定】按钮。退出"索引/键"对话框，单击【保存】按钮完成操作。

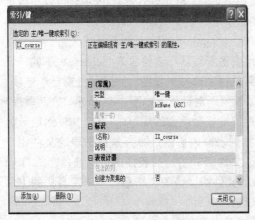

图 3-27　创建 Unique 约束

图 3-28　创建 Unique 约束——指定索引列

说明：Unique 约束与主键的区别：Unique 约束可以输入 Null 值，而主键不能。在一个表中，可以定义多个 Unique 约束的字段，而主键字段只能有一个。

（8）设置 Check 约束，Check 约束可以用来限制字段里的值在某个允许的范围内。例如课程信息表中的"kcXuefen（学分）"字段，其输入范围应该是 1 到 20 的范围。设置 Check 约束的方法是：在表设计器窗格里单击工具栏上的"管理 Check 约束"按钮，弹出"Check 约束"对话框。单击【添加】按钮，在"选定的 Check 约束"列表框里自动增加了一个名为"CK_course"的 Check 约束，如图 3-29 所示。

该 Check 约束名可以在"标识"区域中的"名称"文本框里修改。单击"常规"区域里的"表达式"后的【…】按钮，弹出如图 3-20 所示"Check 约束表达式"对话框，在文本框中输入"kcXuefen>=1 and kcXuefen<=20"。单击【确定】按钮返回到"Check 约束"对话框，此时在"表达式"文本框里自动添加了约束内容。单击【关闭】按钮，退出"Check 约束"对话框，单击【保存】按钮完成操作。

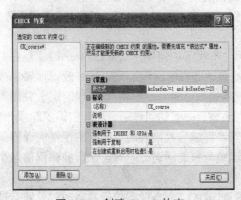

图 3-29　创建 Check 约束

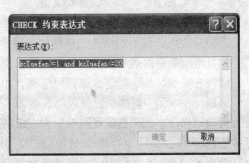

图 3-30　创建 Check 约束表达式

设置完成后，在课程信息表中添加或修改课程学分时，只要学分字段里输入的值不在 1 到 20 之间，系统会弹出出错的提示信息，提示插入或更改记录失败。

（9）设置数据表所在文件组。文件组的作用是将数据文件集合起来，以便于管理、进行数据分配和放置。每个数据库都有一个主文件组，该文件组包含主数据文件和未放入其他文件组的所有次要文件。

在创建数据表时，可以同时指定数据表属于哪个文件组。在 SQL Server 2008 中，可以将数据表放在文件组中，如果不指定，默认放在 primary 文件组中。下面以设置课程信息表的文件组为例，介绍如何设置数据表所在文件组。

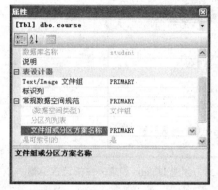

图 3-31　设置数据表所在文件组

右击"对象资源管理器"窗格里表"course"下的"设计"选项。在菜单栏上选择"视图"→"属性窗口"选项，打开数据表的"属性"对话框，如图 3-31 所示。在"属性"对话框里，展开"常规数据空间规范"，在"文件组或分区方案名称"下拉列表框内可以选择存放数据表的文件组，在"Text/Image 文件组"下拉列表框内可以选择存放 Text 和 Image 字段的文件组。修改完毕后，单击工具栏的【保存】按钮保存设置。

（10）设置外键约束有两个方法。

一个方法是：右击表设计器窗格，在弹出的快捷菜单里选择"关系"选项，弹出"外键关系"对话框，单击【添加】按钮。在"外键关系"对话框里，已经新添加了一个名为"FK_grade_grade*"的外键，如图 3-32 所示，不过该外键名称不是最终名称。选中"表和列规范"选项，会出现【…】按钮，单击此按钮。出现如图 3-33 所示的"表和列"对话框，在"外键表"下拉列表框中显示的是外键所在的表，本例中是"grade"（学习成绩表）。单击"外键表"下拉列表框下面的栏，可以通过下拉列表框选择外键字段，本例中选择的是"kcID"（课程编号）字段。在"主键表"下拉列表框里，可以选择该外键指向的主键所属的数据表，本例是"course"（课程信息表）。然后选择"course"中的"kcID"字段。此时，"关系名"文本框里的文字已经自动变为了"FK_grade_course"。如果有需要，还可以自行修改关系名称。设置完毕后，单击【确定】按钮返回到"外键关系"对话框，"选定的关系"列表框里的关系名已自动改为"FK_grade_course*"，如图 3-34 所示，如果还想修改关系名，可以在"标识"区域下的"名称"文本框内修改。单击"表设计器"区域里"INSERT 和 UPDATE 规范"选项前的加号标记（+），出现了"更新规则"和"删除规则"两个选项。单击任意一个选项后面的属性栏，会出现如图 3-35 所示下拉列表框，有四个选项，"不执行任何操作""级联""设置 NULL"和"设置默认值"。

不执行任何操作：在本例中，如果更新规则设置为"不执行任何操作"，只要有一门课程在开设中，即被使用，就不能修改该课程的主键信息，也就是该课程的课程编号不能修改，如果修改了，会显示一条错误信息，然后回滚更新操作。如果删除规则设置为"不执行任何操作"，只要有一门课程在开设，都不能删除该课程信息，如果删除，会显示一条错误信息，然后回滚删除操作。

级联：在本例中，如果更新规则设置为"级联"，当课程编号被修改时，所有该课程的课程编号也会自动修改。如果删除规则设置为"级联"，当课程编号被删除时，所有该课程的课程信息也会被删除。

设置 NULL：在本例中，如果更新规则设置为"设置 NULL"，当课程编号被修改时，所有该编号的"课程名称"字段内容都会变为 NULL。如果删除规则设置为"设置 NULL"，当某课程信息被删除时，所有具有该课程编号的"课程名称"字段内容都会变为 NULL。

>> **注意**：要将外键的更新规则和删除规则设置为"设置 NULL"，该外键必须是可以为空的字段。

设置默认值：在本例中，如果更新规则设置为"设置默认值"，当课程编号被修改时，所有该编号的"课程名称"字段内容都会变为该字段的默认值。如果删除规则设置为"设置默认值"，当某课程信息被删除时，所有具有该课程编号的"课程名称"字段内容都会变为该字段的默认值。

>> **注意**：要将外键的更新规则和删除规则设置为"设置默认值"，该外键必须是具有默认值的字段。

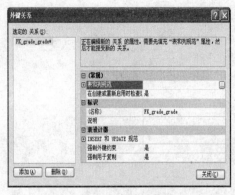

图 3-32 设置外键约束

图 3-33 设置外键约束

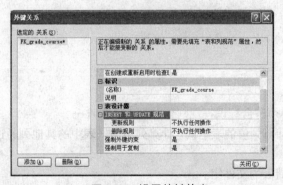

图 3-34 设置外键约束

图 3-35 设置外键约束

设置完毕后，单击"外键关系"对话框中的【关闭】按钮。回到表设计器窗格，单击工具栏上的【保存】按钮。

设置外键约束的另一个方法是：单击工具栏中【关系】按钮，其他步骤与上面的相同，这里不再描述。

（11）表定义完成后，单击工具栏中的保存按钮，在弹出的窗口中输入新表的名称（如图 3-36 所示），单击【确定】按钮，完成表的创建。

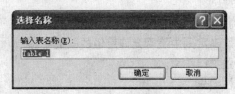

图 3-36 保存表

3.8.2 使用 CREATE TABLE 语句创建表

1. CREATE TABLE 语句的简单语法

```
CREATE TABLE  table_name
  ({<column_definition>
   |column_name AS computed_column_expression
   |<table_constraint>::=[CONSTRAINT constraint_name]}
     |[{PRIMARY KEY|UNIQUE} [,...n] )
[ON{filegroup|DEFAULT}]
<column_definition>::={column_name data_type}
  [COLLATE<collation_name>]
  [[DEFAULT constant_expression]
  |[IDENTITY[(seed,increment)[NOT FOR REPLICATION]]]
 ]
<column_constraint>::=[CONSTRAINT constraint_name]
  [NULL|NOT NULL]
  |[{PRIMARY KEY|UNIQUE}
     [CLUSTERED|NONCLUSTERED]
     [WITH FILLFACTOR=fillfactor]
     [ON{filegroup|DEFAULT}]]
```

2. 主要参数说明

➤ table_name：是新表的名称。

➤ column_name：表中的列名。列名必须符合标识符规则，并且在表内唯一。

➤ computed_column_expression：定义计算列值的表达式。计算列由同一表中的其他列通过表达式计算得到。

➤ ON {filegroup|DEFAULT}：指定存储表的文件组。

➤ data_type：指定列的数据类型。可以是系统数据类型或用户定义数据类型。

➤ DEFAULT：设置列的默认值。

➤ IDENTITY：设置标识列。当向表中添加新行时， SQL Server 将为该标识列提供一个唯一的、递增的值。标识列通常与 PRIMARY KEY 约束一起用作表的唯一行标识符。

➤ Seed：表的第一行所使用的值。

➤ Increment：是添加到前一行的标识值的增量值。

➤ CONSTRAINT：是可选关键字，表示 PRIMARY KEY、NOT NULL、UNIQUE、FOREIGN KEY 或 CHECK 约束定义的开始。

➤ constrain_name：是约束的名称。约束名在数据库内必须是唯一的。

➤ NULL|NOT NULL：是确定列中是否允许空值的关键字。

➤ PRIMARY KEY：设置主键约束。

➤ UNIQUE：设置唯一性约束。

➤ CLUSTERED|NONCLUSTERED：是表示为 PRIMARY KEY 或 UNIQUE 约束创建聚集

或非聚集索引的关键字。PRIMARY KEY 约束默认为 CLUSTERED，UNIQUE 约束默认为 NONCLUSTERED。

> FOREIGN KEY...REFERENCES：设置外键约束。

3. 实例

任务 3.12 将通过具体例子说明如何使用 CREATE TABLE 语句创建表。

【任务 3.12】创建一个职工表，结构如表 3-2 所示。

表 3-2　职工表

列名	数据类型	约束要求
职工编号	int	主键
职工姓名	varchar（20）	不允许空
性别	char（2）	默认值"男"
年龄	tinyint	不允许空

```
USE student
go(默认是把新表创建在 master 中)
CREATE TABLE 职工表
(职工编号 int PRIMARY KEY,
职工姓名 varchar(20) Not Null,
性别 char(2) DEFAULT '男',
年龄 tinyint NOT NULL)
```

【任务 3.13】创建含有计算列的表。

```
USE student
GO
CREATE TABLE mytable
(col_1 int,
col_2 int,
col_3 as col_1+col_2)
```

【任务 3.14】创建含有标识列的表。

```
CREATE TABLE 订单表
(订单编号 int identity(1,1) PRIMARY KEY,
商品名 varchar(20) NOT NULL,
数量 int)
```

【任务 3.15】创建具有检查约束的表，结构如表 3-3 所示。

表 3-3　具有检查约束的表

列　名	数据类型	约束要求
学号	int	主键
学生姓名	varchar（20）	不允许空
性别	char（2）	只能输入"男"或"女"，默认为"男"

续表

列　名	数据类型	约束要求
年龄	tinyint	值小于 100
联系电话	varchar（11）	设置唯一性约束

```
CREATE TABLE 学生表
(学号 int PRIMARY KEY,
学生姓名 varchar(20) NOT NULL ,
性别 char(2)DEFAULT '男' CHECK(性别='男' or 性别='女'),
年龄 tinyint not null CHECK(年龄<100),
联系电话 varchar(11) UNIQUE)
```

【任务 3.16】创建具有外键约束列的表，结构如表 3-4 所示。

表 3-4　具有外键约束列的表

列名	数据类型	约束要求
学号	int	主键
课程号	int	
成绩	smallint	成绩≥0 并且成绩≤100

```
CREATE TABLE 成绩表
(学号 int REFERENCES 学生表(学号),
课程号 char(6),
成绩 smallint CHECK(成绩>=0 and 成绩<=100)
CONSTRAINT pk_cj PRIMARY KEY (学号,课程号)
CONSTRAINT fk_cj FOREIGN KEY(课程号)REFERENCES course(kcID))
```
要求两个表的课程号类型一致。

3.9　查看数据表的信息

　　表创建成功之后，我们还可以查看表的各种信息，包括表所包含的列，每个列的数据类型，表中定义的各种约束，以及表与表之间的关系等。

3.9.1　使用 sp_help 命令查看表的信息

　　可以使用 sp_help 命令查看表中的各种信息，使用方法是在 sp_help 后面加上要查看的表名用为参数。例如查看 student 数据库中 course 表的信息可以用以下代码实现。

【任务 3.17】使用 sp_help 查看表的信息。

```
USE student
EXEC sp_help course
GO
```

该语句的执行结果如图 3-37 所示。

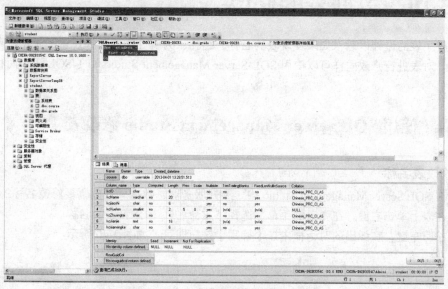

图 3-37　查看表的信息

从图 3-37 中可以看到，执行的结果分为两部分显示：表的基本定义、表中每个列的定义和表中标识列的定义。实际上，使用 sp_help 可以查看所有数据库对象的定义，除了表以外，还包括视图、存储过程以及用户定义数据类型等。

3.9.2　使用 SQL Server Management Studio 查看表的信息

使用 SQL Server Management Studio 查看表的定义更加方便。步骤如下：

（1）打开 SQL Server Management Studio，展开服务器、数据库。

（2）单击数据库中的"表"，右边的窗格中就会显示这一数据库中所有的表，对于每一个表，都会显示它们所有者、类型和创建时间，如图 3-38 所示。

在列表中选择一个表，单击鼠标右键打开快捷菜单，选择属性命令，可以查看表中每一列的定义，如图 3-39 所示。

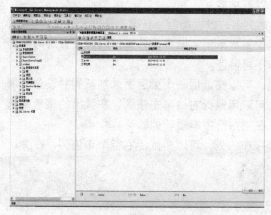

图 3-38　数据库中表的信息

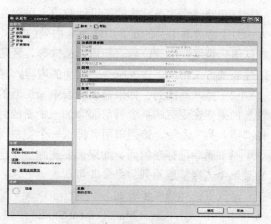

图 3-39　表的属性窗口

3.10 数据表的修改

在完成了表的设计以后，如果发现表的名称、结构、列属性和约束等设置不满意，可以对表进行修改。对表进行修改同样可以使用 SQL Server Management Studio 和 T-SQL 语句两种方式来实现。

3.10.1 使用 SQL Server Management Studio 修改表

1. 修改表名称

（1）在 SQL Server Management Studio 中，展开服务器、数据库找到需要修改名称的数据表。

（2）在表上单击右键，在弹出的菜单上选择"重命名"，输入新表的名称。

（3）按回车键，在弹出的对话框中按【确定】按钮即可，如图 3-40 所示。

图 3-40　更改表名称

2. 修改表结构

打开希望修改表结构的表设计窗口，可以完成以下功能：

（1）修改表中列的定义：修改表中列的定义包括列名、数据类型、长度、是否允许空、描述、默认值、精度、小数位数、标识、公式等，还可以设置或取消主键等，各属性的设置方法与前面创建表的方法相同，请大家参阅前面的内容，这里不再赘述。

（2）插入新的列：如果需要向表中添加新的列，可以在最后一列后面添加新列并设置其属性。如果要在现有的某个列前面添加一个新的列，可以用鼠标右键单击该列，在弹出的菜单中选择"插入列"命令，该列前面会插入一个空白行，在空白行中编辑新列即可。

（3）删除已存在的列：如果需要删除一个已经存在的列，可以用鼠标右键单击该列，在弹出的菜单中选择"删除列"命令即可。

修改表结构操作步骤如下：

（1）在 SQL Server Management Studio 中，展开服务器、数据库找到需要修改名称的数据表。

（2）在表上单击右键，在弹出的菜单上选择"设计"。

（3）在弹出的对话框中即可修改表的结构，如图 3-41 所示，修改的过程与创建表的过程一致。

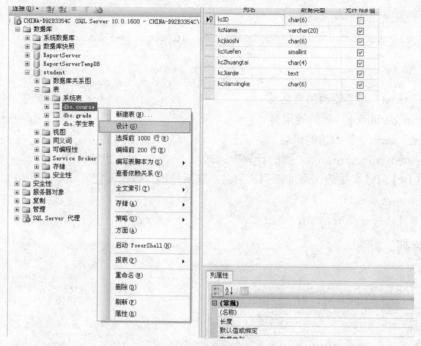

图 3-41　修改表结构

3. 修改表其他属性

如果需要修改表所在的文件组、表中的约束、索引、外键等属性，需要在表设计器窗格里进行，修改方法与设置数据表的约束、索引、外键等属性的方法一致，在此不再赘述。

3.10.2　使用 ALTER TABLE 语句修改表

1. 修改列的属性

语法如下：

```
ALTER TABLE table_name
ALTER COLUMN column_name [,...n]
new_data_type [null|not null]
```

参数说明：

➤ table_name：需要修改的表名称。

➤ column_name：需要修改的列名称。

➤ New_data_type：新的数据类型。

➤ null|not null：是否为空。

【任务 3.18】修改学生表，将姓名列长度设置为 40，且不允许空值。

```
ALTER TABLE 学生表 ALTER COLUMN 学生姓名 varchar(40) not null
```

2. 添加新的列

语法如下:

```
ALTER TABLE table_name

ADD  {[column_definition]|[column_name as computed_col_expression]}
```

参数说明:

➤ table_name: 需要修改的表名称。

➤ column_definition: 新列的定义。

➤ column_name: 新添加的列名。

➤ computed_col_expression: 列的计算表达式。

【任务 3.19】修改学生表,添加新列,列名:联系地址;数据类型:varchar (50)。允许空值。

```
ALTER TABLE 学生表

ADD 联系地址 varchar (50) null
```

3. 删除列

语法如下:

```
ALTER TABLE table_name

DROP COLUMN column_name [,…n]
```

参数说明:

➤ table_name: 需要修改的表名称。

➤ column_name: 要删除的列的名字。

【任务 3.20】修改学生表,删除联系地址列。

```
ALTER TABLE 学生表

DROP COLUMN 联系地址
```

4. 添加约束

语法如下:

```
ALTER TABLE table_name [WITH CHECK|WITH NOCHECK]

ADD CONSTRAINT constraint_name constraint_definition
```

参数说明:

➤ table_name: 需要修改的表名称。

➤ constraint_name: 新添加的约束名。

➤ constraint_definition: 约束定义。

➤ WITH CHECK: 表示新添加的约束对表中已有的数据进行检查,表中的数据必须满足约束的要求,否则提示错误信息。

➤ WITH NOCHECK: 表示新添加的约束只对在以后改变或插入的行发生作用,而不检查已存在的行。

【任务 3.21】修改 course (课程表),添加新的约束,将 kcID (课程编号)设置为主键。

```
ALTER TABLE course

ADD CONSTRAINT pk_kc PRIMARY KEY(kcID)
```

5. 删除约束

语法如下：

```
ALTER TABLE table_name
DROP CONSTRAINT constraint_name[,…n]
```

参数说明：

➤ table_name：需要修改的表名称。

➤ constraint_name：需要删除的约束名。

【任务 3.22】修改 course（课程表），将 kcID（课程编号）的主键约束删除。

```
ALTER TABLE course
DROP CONSTRAINT pk_kc
```

6. 使约束无效或重新有效

可以在 ALTER TABLE 语句中使用 NOCHECK CONSTRAINT 子句，使表上的检查约束无效，此时就可以添加一些不满足原来约束的数据了。使用 CHECK CONSTRAINT 子句，可以使检查约束重新有效。这两个子句后面都要接约束名作为参数。

【任务 3.23】为学生表添加一个检查约束，使得"籍贯"列的取值只能是"天津""上海""北京"。

```
ALTER TABLE 学生表
ADD constraint ck_jg CHECK(籍贯 in '天津','北京','上海')
```

调试不通，现在使用以下语句使这一约束无效：

```
ALTER TABLE 学生表 NOCHECK CONSTRAINT ck_jg
```

为了使约束重新有效，使用如下语句：

```
ALTER TABLE 学生表 CHECK CONSTRAINT ck_jg
```

3.11　数据表的删除

当不再需要某个表时，可以将其删除。一旦一个表被删除，那么它的数据、结构定义、约束、索引都将永久地删除，以前用来在存储数据和索引的空间可以用来存储其他的数据库对象了。

如果一个表被其他表通过外键约束引用，那么必须先删除定义外键约束的表，或删除其外键约束。当没有其他表引用它时，这个表才能删除，否则，删除操作就会失败。

3.11.1　使用 SQL Server Management Studio 删除表

使用 SQL Server Management Studio 删除表步骤如下

（1）展开需要删除表的数据库，右键单击"表"节点，在弹出的菜单中选择"删除"命令。

（2）在弹出的对话框中单击【确定】按钮即可，如图 3-42 所示。

（3）如果想查看删除表后会对数据库的哪些对象产生影响，可以单击查看相关性按钮，查看与该表有依赖关系的数据库对象，如图 3-43 所示。

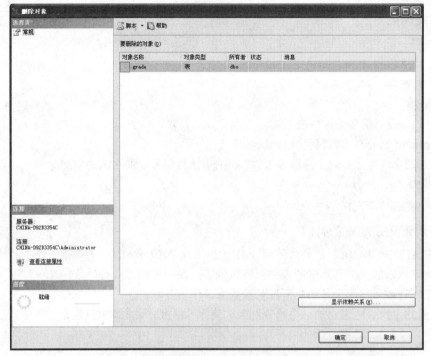

图 3-42　删除窗口

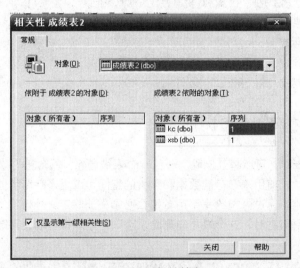

图 3-43　显示相关性窗口

3.11.2　使用 DROP TABLE 语句删除表

语法如下：

```
DROP TALBE 表名
```

【任务 3.24】删除学生表

```
DROP TABLE 学生表
```

>> 注意：DROP TABLE 语句不能用来删除系统表。

3.12　本项目小结

本项目是以对"晓灵学生管理系统"所使用的数据库进行物理实现为例，介绍了在 SQL Server 2008 中如何创建、修改、删除数据库和查看数据库的相关信息；介绍了在 SQL Server 2008 中创建、修改、删除数据表的具体方法。

通过本项目的学习，读者掌握数据库和数据表的创建、修改、删除和查看相关信息的方法，具备解决相应实际问题的专业技能，以便为后续项目的学习打下基础。

3.13　课后练习

一、填空题

1. 数据库是 SQL Server 2008 存放数据库对象的_____,其物理表现形式是_____。
2. SQL Server 2008 使用一组相互关联的操作系统文件来存放数据库，这些文件可以分为_____、_____ 和次要数据文件。
3. 默认情况下，数据库文件存放在_____路径下。
4. Microsoft SQL Server 2008 可管理的最小空间为_____，大小是_____KB。
5. SQL Server 2008 的四个系统数据库是 _____、_____、_____、_____。
6. 使用_____语句可以修改数据库。

二、简答题

1. 什么是文件组？使用文件组有什么意义？
2. 在使用文件和文件组时，有什么规则要求？
3. 事务日志有什么作用？
4. 当数据库处于什么情况下不能被删除？
5. 用户想用 ALTER DATABASE 命令删除文件组，但失败了，为什么？

三、操作题

1. 根据表 3-5 提供的参数，使用 SQL Server Management Studio 创建"student"数据库。

表 3-5　创建"Student"数据库的相关参数

	逻辑名	物理名	初始大小	最大值	增长方式
数据文件	Stu_dat	C:\mydata\studat.mdf	10 MB	500 MB	10%
日志文件	Stu_log	C:\mydata\stulog.ldf	1 MB	100 MB	10 MB

2. 使用 SQL Server Management Studio，添加一个次要数据文件，参数如表 3-6 所示。

表 3-6　添加次要数据文件的相关参数

	逻辑名	物理名	初始大小	最大值	增长方式
数据文件	Stu_dat2	C:\mydata\studat2.ndf	10 MB	100 MB	10 MB

将该次要数据文件放在 stugroup 文件组中。

3. 使用 SQL Server Management Studio，将次要数据文件的最大值改为 200 MB。

4. 使用 SQL Server Management Studio 删除"student"数据库。

5. 使用 SQL Server Management Studio 中查询编辑器，编写代码完成以上 1~4 步操作。

3.14 实验

实验目的：

（1）掌握使用 SQL Server Management Studio 中图形及 T-SQL 语句创建数据库的方法。

（2）掌握使用 SQL Server Management Studio 中图形及 T-SQL 语句创建表的方法。

（3）掌握使用 SQL Server Management Studio 中图形及 T-SQL 语句修改表结构的方法。

（4）掌握数据输入的方法。

实验内容：

在项目一实验的基础上，继续为在线考试系统创建数据库和表。

（1）在 SQL Server 2008 上创建数据库 exam，其中主数据文件的初始容量为 1 MB，最大容量为 30 MB，增幅为 2 MB；事务日志文件初始容量为 1 MB，最大容量为 10 MB，增幅为 1 MB。

（2）在 exam 数据库上分别创建用户信息表（user_info）、部门信息表（department）、科目信息表（subject）、考生信息表（testuser）、题库信息表（exam_database）、考试信息表（test）、新闻信息表（news）、成绩信息表（score），各表结构如表 3-7~表 3-14 所示。

表 3-7 用户信息表（user_info）

列名	数据类型	长度	是否允许空值	默认值	说明
用户编号	char	6	否	无	主键
用户名	varchar	8	否	无	
密码	varchar	20	否	无	
所属部门	varchar	20	否	无	外键
职务等级	varchar	20	否	无	
是否管理员	bit	1	否	0	是 1，否 0

表 3-8 部门信息表（department）

列名	数据类型	长度	是否允许空值	默认值	说明
所属部门	varchar	20	否	无	主键

表 3-9 科目信息表（subject）

列名	数据类型	长度	是否允许空值	默认值	说明
科目编号	char	4	否	无	主键，自动编号
科目名称	varchar	50	是	无	

表 3-10　考生信息表（testuser）

列名	数据类型	长度	是否允许空值	默认值	说明
编号	int	4	否	无	主键，自动编号
考试编号	int	4	是	无	外键
用户编号	char	6	是	无	外键，即考生考号
是否参加考试	bit	1	否	1	是1，否0

表 3-11　题库信息表（exam_database）

列名	数据类型	长度	是否允许空值	默认值	说明
题号	int	4	否	无	主键，自动编号
考试科目	varchar	50	是	无	
题型	varchar	10	是	无	
问题	varchar	50	是	无	
选项1	text	16	是	无	
选项2	text	16	是	无	
选项3	text	16	是	无	
选项4	text	16	是	无	
正确答案	varchar	50	是	无	
是否选中	bit	1	否	0	是1，否0

表 3-12　考试信息表（test）

列名	数据类型	长度	是否允许空值	默认值	说明
考试编号	int	4	否	无	主键
考试科目	varchar	50	是	无	
试卷总分	int	4	是	无	
单选题数目	int	4	是	无	
多选题数目	int	4	是	无	
判断题数目	int	4	是	无	
单选题分值	int	4	是	无	
多选题分值	int	4	是	无	
判断题分值	int	4	是	无	
考试时间长度	int	4	是	无	

续表

列名	数据类型	长度	是否允许空值	默认值	说明
开始时间	datetime	8	是	无	
结束时间	datetime	8	是	无	
设置时间	datetime	8	是	无	
设置者编号	int	4	是	无	
审核者编号	int	4	是	无	
通过审核时间	datetime	8	是	无	
是否通过审核	bit	1	否	无	是 1，否 0

表 3-13　新闻信息表（news）

列名	数据类型	长度	是否允许空值	默认值	说明
编号	int	4	否	无	主键，自动编号
新闻编号	int	4	是	无	
新闻标题	ntext	16	是	无	
新闻内容	ntext	16	是	无	
有效期	int	4	是	无	
创建日期	datetime	8	是	无	
发布者	varchar	50	是	无	
审核者编号	int	4	是	无	
审核通过日期	datetime	8	是	无	

表 3-14　成绩信息表（score）

列名	数据类型	长度	是否允许空值	默认值	说明
编号	int	4	否	无	主键，自动编号
用户编号	char	6	是	无	外键，即考生考号
用户姓名	varchar	84	是	无	即考生姓名
所属部门	varchar	20	否	无	
考试科目	varchar	50	是	无	
考试编号	int	4	是	否	
开始时间	datetime	8	是	无	
结束时间	datetime	8	是	无	
分数	int	4	是	无	

（3）自行向各表输入 5 条记录。

（4）使用 SQL Server Management Studio 中图形及 T-SQL 语句两种方法增加、修改和删除字段，要求：① 给用户信息表（user_info）增加一个"备注"字段，数据类型为 varchar（200）。② 将"备注"字段的类型修整为 varchar（30）。③ 删除"备注"字段。

实验步骤：

（1）启动 SQL Server 2008 SQL Server Management Studio 环境。

（2）使用 SQL Server Management Studio 中图形或 T-SQL 语句创建 exam 数据库。

（3）使用 SQL Server Management Studio 中图形或 T-SQL 语句创建用户信息表（user_info）、部门信息表（department）、科目信息表（subject）、考生信息表（testuser）、题库信息表（exam_database）、考试信息表（test）、新闻信息表（news）、成绩信息表（score）八个数据表并进行约束设置。

（4）向各表中输入记录。

（5）增加、修改和删除字段。

项目四

数据的基本管理

——学生信息的更新与查询

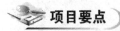 项目要点

（1）掌握数据的插入、删除和修改的各种方法。

（2）熟悉数据简单查询的方法，具备实现数据简单查询和数据维护的能力。

在本项目中，我们将在上一项目实现的"晓灵学生管理系统"数据库和各基本表的基础上，输入各相关数据。在输入的过程中，讲解数据的插入、删除与修改的各种方法。最后我们要对晓灵学生管理系统所涉及的数据进行查询或检索，因为在数据库中存储数据并不是最终目的，我们更关注对数据的查询和使用。

 ## 4.1 任务的提出

在郝老师的讲解和帮助下，晓灵在 SQL Server 2008 中顺利地创建了"晓灵学生管理系统"数据库和相关的数据表对象，接下来郝老师要求晓灵将学生、教师、课程等所有的信息输入到数据表中存储在计算机里，效果如图 4-1 所示。

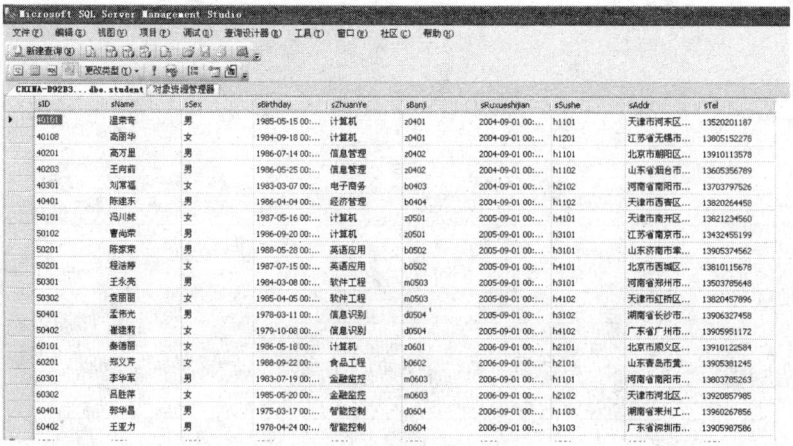

图 4-1　信息的输入

如何实现信息的输入呢？其实这就涉及对数据的管理操作——对数据的插入、更新、删除和查询的操作。如果说前面对数据库和表的创建是搭建了整个管理系统的骨架，那么对数据的操作

则是向整个骨架中填充丰富的内容，也是设计这个管理系统的目的所在。开发这个管理系统就是要让计算机帮助我们存储和管理大量的数据，同时在我们需要的时候快速地为我们查找出相关的数据，为以后的工作提供便利。

所以对于数据的管理操作是我们学习数据库的一个非常重要的内容，郝老师要求晓灵一定要多多练习，加深理解。晓灵在郝老师的帮助下通过认真的学习和大量的练习终于实现了对数据的基本操作。下面我们一起来学习数据操作的相关知识内容。

 # 4.2　向数据表中插入数据

表创建完成之后，只是一个空表。必须要将数据添加到新的表中才能对数据做其他的操作，所以数据的插入是表结构创建之后首先要做的事情。向表中插入数据有多种方法，如使用 SQL Server Management Studio、使用 INSERT 语句等。下面我们将一一做介绍。

4.2.1　使用 SQL Server Management Studio 向表中插入数据

使用 SQL Server Management Studio 向表中添加数据的方法比较简单，步骤如下：

（1）展开需要插入数据表的数据库，右键单击"表"节点，在弹出的菜单中选择"编辑前 200 行"，如图 4-2 所示。

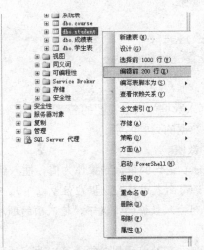

图 4-2　打开表

（2）向打开的表格中输入需要插入的数据，如图 4-3 所示。

图 4-3　输入数据

在向表格中输入数据时应注意如下事项：

● 对于标识列、允许为空的列、有默认值的列、计算列、能自动取值的列。如果我们不向上述这几种列中输入数据，系统能够自动为其输入一个合法的值。

● 除去上述几种列以外，其余的列我们必须向表中输入数据，否则系统在执行插入操作时会出现错误。

● 在输入数据时，要确保输入的数据符合数据类型和长度的要求。同时不能违反各种约束的要求，如主键、Check 约束等。否则系统会提示错误信息，拒绝数据的插入。

（3）全部数据输入完成之后，让鼠标指向下一行并单击工具栏中的红色【叹号】按钮，保存数据，之后关闭输入窗口即可。

>> 技巧：如果在保存新插入的记录之前，发现插入的数据有误，可以直接修改。按一下【Esc】键可以取消当前字段的输入。连续按两下【Esc】键可以取消插入记录。在 SQL Server 2008 中允许通过复制和粘贴来插入新的记录，但如果数据表中有标识列，标识列的内容不能被复制。

4.2.2 使用 T-SQL 语句向表中插入数据

可以使用 INSERT 语句向表中添加数据。有两种方法，一种是利用 VLAUES 关键字直接给表中的各列赋值，另外是使用 SELECT 关键字，把从其他表中或视图中选取的数据插入到表中。

1. INSERT 语句的语法

```
INSERT [INTO]
Table_or_view[(column_list)]
VALUES(data_values|select_statement )
```

2. 主要参数说明

➤ Table_or_view：需要插入数据的表或视图的名字。

➤ column_list：需要插入数据的列的名字。

➤ daba_values：要插入的数值。

➤ select_statement：把 select 语句的查询结果作为值，插入到表中。

>> 注意：使用 INSERT 语句向表中插入数据应注意以下几点：

● 在不具体指明是为哪一列输入数据的情况下，输入项的顺序和数据类型必须与表中列的顺序和数据类型相一致。

● 可以不给全部列赋值，但没有赋值的列必须是可以为空的列、有默认值的列、标识列等。

● 字符型和日期型值插入时要用单引号括起来。

3. 插入一行数据

当向表中插入一行完整的数据时，使用 VALUES 关键字来给出要添加的数据。INSERT 语句后可以不再给出表中各列的名字，但要求 VALUES 中给出的数据与用 CREATE TABLE 定义表时给定的列名顺序相同。

【任务 4.1】使用 INSERT 语句为"晓灵学生管理系统"数据库的学生表中添加一条记录。

```
INSERT INTO student
VALUES('40108','高丽华','女',1984-9-18,'计算机','z0401','2004-9-1','h1201',
'江苏省无锡市无名街号','13805152278')
```

>> 注意：

- insert…values 语句一次只能输入一行数据。
- 不能对标识列、计算列等进行赋值。
- 向表中插入数据时，不能违反完整性约束的要求。
- 使用 DEFAULT 选项，插入默认值。

在插入数据时，可以使用 DEFAULT 选项，向表中插入默认值。有两种形式，一种是：

```
INSERT INTO table_name
DEFAULT VALUES
```

该种形式可以为表中某一行的所有列都插入默认值，但是表中的所有列必须满足以下条件之一：具有标识属性、允许为空（NULL）、设置有默认值，否则会出现插入错误信息。另一种方法是：

```
INSERT INTO table_name
VALUES(DEFAULT)
```

该方法可以在 INSERT 语句中指定为某一列赋予默认值。

【任务 4.2】假设学生表中，性别列设置了默认值为"男"，那么使用 INSERT 语句向学生表中添加记录时，使用默认值填充到性别列中。

```
INSERT INTO student
VALUES('40201','高万里',default,1986-7-14,
'信息管理','z0402','2004-9-1','h1101',
'北京市朝阳区农展馆路号','13910113578')
```

5. 添加数据行中的部分列

如果表中的某些列可以取空值，当在向表中插入数据时，如果这些列的值暂时无法确定，可以不为该列提供数据。例如，学生表中家庭地址和联系电话两列可以取空值，如果我们还不知道某个学生的这些信息，那么在向表中插入数据时，所在系和联系电话这两列可以不输入数据，只提供其他几列的数据即可。

【任务 4.3】使用 INSERT 语句插入部分数据。

```
INSERT INTO student(sID,sname,ssex,sbirthday,szhuanye,
                    sbanji,sruxueshijian,ssushe)
VALUES('40203','王向前','男',1986-5-25,'信息管理',
                'z0402','2004-9-1','h1101')
```

>> 注意：如果只为表中部分列提供数据，那么需要在表名后面明确标识出提供数据的列的列名，其顺序要与 values 语句后数据的顺序一致。

6. 使用 INSERT…SELECT 语句向表中插入多行数据

INSERT 语句插入数据的特点是一次只能插入一行数据。可以将 SELECT 语句用在 INSERT 中，实现一次插入多行数据。语法结构如下：

```
INSERT table_name
SELECT column_list
FROM table_name
WHERE search_conditions
```

SELECT 语句将在后面的"数据查询"中做详细介绍，请大家参阅相关内容。在使用该语句时要注意如下几点：

（1）在使用 SELECT 语句时，被插入数据的表与 SELECT 查询的表可以相同也可以不同。

（2）要插入数据的表必须存在。

（3）要插入数据的表必须与 SELECT 的结果集兼容，即列的数量、列的顺序、列的数据类型等都必须要兼容。

4.3　更新数据表中的数据

在向表中输入完数据后，如果发现输入的数据有错误或数据需要更新，可以使用 SQL Server Management Studio 或 UPDATE 语句来实现。

4.3.1　使用 SQL Server Management Studio 更新表中的数据

（1）展开需要更新表的数据库，右键单击"表"节点，在弹出的菜单中选择"编辑前 200 行"选项，如图 4-2 所示。

（2）在打开的窗口中，用鼠标单击需要更改的值，输入新值即可。

>> **注意**：修改数据的方法与输入数据的方法一样，也需要注意数据的合法性。

4.3.2　使用 T-SQL 语句更新表中的数据

UPDATE 语句既可以一次修改一行数据，也可以修改多行数据，甚至可以一次修改表中全部数据行。UPDATE 语句使用 WHERE 子句指定要修改的行，使用 SET 子句给出新的数据。新的数据可以是常量，可以是表达式，也可以是 FROM 子句来自其他表的数据。

1. UPDATE 语句的语法

```
UPDATE 表名
SET {列名=表达式|NULL|DEFAULT }[,…n]
[WHERE 逻辑表达式]
```

2. 主要参数说明

➤ SET 子句指定要被修改的列及修改后的数据。

➤ 当没有 WHERE 子句指定修改条件时，表中所有行的指定列将被修改为 SET 子句给出的新数据。如果有 WHERE 条件，那么只有满足条件的行的列被修改为 SET 子句给出的新数据。

➤ 新数据可以是指定的常量或表达式。

例如：将学习成绩表中所有学生的考试成绩都加 5 分，用 UPDATE 语句来实现比使用 SQL Server Management Studio 要方便快捷得多。

【任务 4.4】使用 UPDATE 语句更新所有行的数据。

```
UPDATE grade
SET gradeNum=gradeNum+5
GO
```

如果只想更改某些行的代码，可以使用 WHERE 子句设置条件。例如：将学生信息表中学号为 040101 号学生的班级改为 z0402。

【任务 4.5】使用 UPDATE 语句更新部分数据。

```
UPDATE student
SET sBanji='z0402'
WHERE sID='040101'
```

 # 4.4 数据的删除

随着我们对数据的使用和修改，表中可能会存在着一些没用的数据，这些数据不但占据着存储空间还影响了对数据修改和查询的速度，所以应及时将这些无用的数据删除掉。同样，删除数据也可以使用 SQL Server Management Studio 和 T-SQL 语句来实现。

4.4.1 使用 SQL Server Management Studio 删除表中的数据

（1）展开需要删除表的数据库，右键单击"表"节点，在弹出的菜单中选择"编辑前 200 行"。

（2）在打开的窗口中，用鼠标右键单击需要删除的行，在弹出的菜单中选择"删除"命令。如图 4-4 所示。

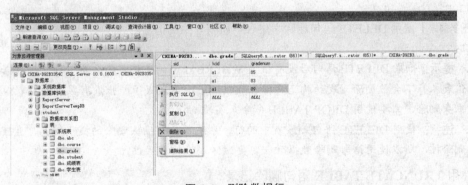

图 4-4 删除数据行

（3）选择删除命令后系统弹出确认对话框，提示该操作为永久删除，单击【是】按钮完成删除操作，如图 4-5 所示。

图 4-5 确认删除数据行

≫≫ 说明：如果要删除的某条记录中的主关键字列正在被其他表的外关键字列所引用，那么删除无法进行，系统会给出错误信息。此时需要先取消其他表中的外关键字约束，或者先删除其他表中的引用数据记录，然后再删除该数据记录。

在选择记录后，按【Delete】键也可以进行删除。一次可以删除多条记录，按住【Shift】或【Ctrl】键，可以选择多条记录。

4.4.2 使用 T-SQL 语句删除表中的数据

使用 DELETE 语句实现对表中已有数据行的删除,该语句可以一次从一个表中删除一行或多行数据。

1. DELETE 语句的语法

```
DELETE table_or_view
WHERE search_condition
```

2. 主要参数说明

➢ table_or_view:是从中删除数据的表或者视图的名称。

➢ search_condition:逻辑表达式。如果有 WHERE 条件那么表或视图中所有满足 WHERE 子句条件的记录都将被删除。如果 DELETE 语句中没有 WHERE 子句限制,表或者视图中的所有记录都将被删除。

【任务 4.6】使用 DELETE 语句删除学生表中学号"为 040101"的学生的信息。

```
DELETE student
WHERE sID='040101'
```

【任务 4.7】使用 DELETE 语句删除学生表中所有学生的信息。

```
DELETE student
```

≫ 提示:如果 DELETE 语句后没有设置 WHERE 子句的条件,那么表中的所有数据都会被删除,但表本身不会被删除,表结构还存储在数据库中,该表成了一张没有数据的空表。如果想要将表本身删除,需要使用 DROP TABLE 命令来实现。

≫ 注意:使用 DELETE 语句删除表中的行,系统不会有确认删除的提示信息,直接将数据从表中删除掉,所以使用语句删除数据时一定要确保删除的准确性。

3. 用 TRUNCATE TABLE 语句删除记录

在 T-SQL 语言中,还提供了一个 TRUNCATE TABLE 语句删除记录,它相当于"DELETE 表名",用于删除数据表中所有的记录。其语法代码为:

```
TRUNCATE TABLE
    [{database_name.[schema_name.]|schema_name.}]
      table_name
```

要完成任务 4.7,可以使用以下代码:

```
TRUNCATE TABLE student
```

TRUNCATE TABLE 与 DELETE 的不同:

➢ DELETE 每删除一条记录,都会将操作过程记录在事务日志文件中,而 TRUNCATE TABLE 语句却不会将操作过程记录在事务日志文件中,故 TRUNCATE TABLE 语句删除速度快,但删除后的数据不能用事务日志文件恢复。

➢ DELETE 语句在进行删除操作时,先将表中的各行锁定后才能删除记录,而 TRUNCATE TABLE 语句只锁定表和页。

➢ DELETE 语句删除完记录后,自动增长的字段(标识列)会以上次最后记录为开始点继续编号,而 TRUNCATE TABLE 语句删除后,会重新开始编号。

➤ 如果要删除记录的表是其他表外键指向的表，就不能用 TRUNCATE TABLE 语句来删除。

➤ DELETE 语句可以删除参与索引视图的表，而 TRUNCATE TABLE 语句不可以。

4.5 数据的简单查询

4.5.1 数据查询技术概述

数据的查询就是把数据库中存储的数据根据用户需求提取出来的过程，"查询"的含义就是从数据库中获取数据，查询功能是数据库最基本也是最重要的功能。对于 SQL Server 2008 数据库来说，查询数据使用的是 SELECT 语句。SELECT 语句按照用户给定的条件从 SQL Server 数据库中提取数据，并将这些数据通过一个或多个结果集返回给用户。SELECT 语句的结果集采用表的形式，与数据库对象的表类似，也是由行和列组成。

SELECT 语句的构成非常复杂，但大多数 SELECT 语句都需要包括以下几个成分来描述返回什么样的结果集。

● 结果集中要包含的列有哪些，即表中的哪些列要包含在结果集中。

● 结果集中的列位于哪个（些）表中，以及这些表之间的关系。

● 结果集中的数据要满足的条件是什么，即表中的行被包含在结果集中的条件是什么。

● 结果集是否需要分组、排序等。

SELECT 语句经常使用的关键字有 3 个，分别是 SELECT 关键字、FROM 关键字、 WHERE 关键字。SELECT 关键字确定结果集中要包含的列的信息，FROM 关键字指定结果集中的列是在哪个（些）表中，WHERE 关键字指定查询的条件。

4.5.2 查询工具介绍

SQL Server 2008 提供了 SQL Server Management Studio 工具实现对数据的查询，这种工具有图形化和 SELECT 语句两种查询方法。

4.5.2.1 使用 SQL Server Management Studio 的图形化方法进行查询

（1）打开 SQL Server Management Studio，在左边的树状列表中选择要查询数据的表所在的数据库文件夹。

（2）选择并打开表对象，右键单击表，在弹出的菜单中选择"选择前 1000 行"命令，如图 4-6 所示。查询结果如图 4-7 所示。

4.5.2.2 使用 SQL Server Management Studio 中的查询编辑器的方法

（1）打开 SQL Server Management Studio，启动查询编辑器，打开查询编辑器窗口，输入 T-SQL 代码。

（2）单击工具栏中的分析按钮，检查语句的语法是否正确。单击工具栏中的运行按钮，运行 SQL 查询命令。

（3）命令运行完毕，在查询窗口的下方显示查询结果。

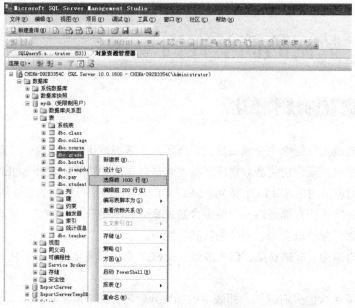

图 4-6　选择打开表—查询命令

图 4-7　查询结果

4.5.3　SELECT 语句的构成

1. SELECT 语句的语法

```
SELECT [ALL|DISTINCT] select_list
[INTO  [new_table_name]]
FROM {table_name|view_name}[,...n]
[WHERE clause]
[GROUP BY clause]
[HAVING clause]
[ORDER BY clause]
[COMPUTE clause]
```

2. 主要参数说明

- DISTINCT：表示在结果集中消除重复的行。
- select_list：查询列的列表。
- FROM：查询所基于的表或视图。
- WHERE：查询条件。
- GROUP BY：表示对数据进行分组。
- HAVING：表示分组后的筛选条件。
- ORDER BY：表示根据某个（些）列对结果集排序。
- COMPUTE：表示在结果集中生成汇总值。

4.5.4　选择数据列技术

通过前面的学习我们已经知道了，数据库中的数据以二维表的形式存储在数据表中，即数据表由行和列构成。那么在查询数据的时候我们就需要明确有哪些列和行的数据需要出现在查询结果集中。所以我们在学习数据查询技术的时候可以先将行和列分开来循序渐进由易到难地来学习，在本项目中我们先学习简单的列和行的过滤技术，在后面的项目中我们还会学习数据的分组汇总、多个表之间的连接以及嵌套查询等非常复杂的查询技术。我们首先来学习选择数据列的各项技术。

1. 选择数据列的基本操作

最基本的 SELECT 语法形式为：

```
SELECT select_list
FROM  table_name
```

其中 select_list 指定了结果集中要包含的列的名称，如果有多个列中间用逗号分开；table_name 为列所在的表的名字。

【任务 4.8】使用 SELECT 语句从学生表中查询学生的学号、姓名、性别等信息。

```
SELECT sID,sName,sSex
FROM student
```

查询结果如图 4-8 所示。

图 4-8　选择数据列的基本操作

如果需要查询学生表中所有列的信息，不必将所有列的名称都写出来，使用"*"代替即可。

【任务 4.9】使用通配符选择所有数据列。

```
SELECT *
FROM student
```

>> 注意：虽然"*"可以代表所有列，但尽量避免或不用该符号，因为它会大大增加查询所用的时间，降低查询效率。

2. 重新对列排序

在检索数据的时候，结果中列的顺序是由 Select 语句后列的顺序决定的。因此可以在结果集中对列的顺序进行重新的排序。列的顺序的改变，只是影响结果集中数据的显示，对于表中数据的存储顺序没有任何影响。

例如：原学生表中列的顺序如图 4-9 所示。

图 4-9　原始表中列的顺序

我们可以使用 SELECT 语句调整结果集中列的显示顺序，输入如下语句：

```
USE student
SELECT sName,sSex,sID,sBanji
FROM student
```

重新排序结果如图 4-10 所示。

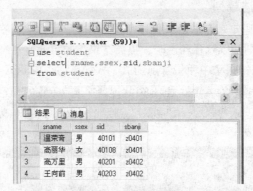

图 4-10　使用 SELECT 语句调整列的顺序

3. 在结果集中为列指定别名

在默认情况下，结果集中列的名称使用它在表定义时所设置的名称。而有时为了增加结果集的可读性，需要对列进行重新命令。有时结果集中的某些列不是表中存在的列，而是由表中的列通过计算得来的，这种列没有列名，需要我们给它起个新的名字。改变列名称的方法有两种，一种是使用"="，一种是使用"AS"关键字。

当使用"="时，其形式是"新列名=旧列名"

当使用"AS"关键字时，其形式是"旧列名 AS 新标题"

例如，我们在定义学生表时为列起的名字都是英文或拼音，如果我们想在结果集中将列的名字改为中文就可以使用该技术来实现。我们通过任务 4.10 来观察一下：

【任务 4.10】在结果集中为列重新命名。

    SELECT 学号=sID,姓名=sName,性别=sSex,出生日期=sBirthday
    FROM student

或

    SELECT sID AS 学号,sName AS 姓名,sSex AS 性别,sBirthday AS 出生日期
    FROM student

重新命名结果如图 4-11 所示。

图 4-11　改变结果集中的列名

4. 在结果集中添加注释列

我们可以在 SELECT 语句后增加用单引号括起来的文字串，这样在结果集中就会增加一个说明列，对结果集中的某个列加以解释和说明，提高结果集的可读性。

【任务 4.11】在学生表结果集中手机号前加上"移动电话"说明列。

```
SELECT sID,sName,sSex,sZhuanye,sAddr,'移动电话: ',sTel
FROM student
```

添加结果如图 4-12 所示。

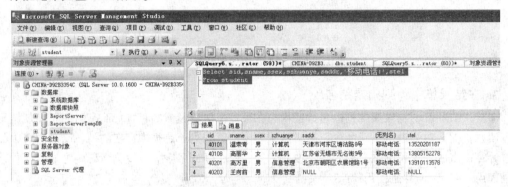

图 4-12　在结果集中增加注释列

>> 提示：由于注释列在原表中是没有的，所有该列在结果集中显示为"无列名"，请大家使用刚讲过的修改列名的方式试一试在结果集中为注释列添加一个列名。

4.5.5　选择数据行技术

在上一节中，都是对表中列的设置，结果集中所包含的是表中特定的列和所有行的信息。然而，在实际工作中大多数查询都不希望得到全表所有的行，而是满足一些特定条件的行，如成绩在 90 分以上的学生的信息，在某个时间以后的订单等，这就用到了 WHERE 子句，该子句指定了要检索的数据行需要满足的条件。该语句的语法如下：

```
SELECT select_list
FROM table_list
WHERE search_conditions
```

在 WHERE 子句中，search_conditions 表示选择查询结果的条件，包括比较、范围、列表、字符串匹配、合并及取反等，如表 4-1 所示。

表 4-1　查询过滤条件种类

过滤条件的种类	搜索条件
比较操作符	=, >, <, >=, <=, <>, !>, !<
字符串比较符	LIKE , NOT LIKE
逻辑操作符：搜索条件的组合	AND , OR
逻辑操作符：非	NOT

续表

过滤条件的种类	搜索条件
值的域	BETWEEN , NOT BETWEEN
值的列表	IN , NOT IN
未知的值	IS NULL , IS NOT NULL

1. 比较条件选择查询

WHERE 子句的语法允许在表的列名后和列值前使用比较运算符，可以使用的比较运算符的含义如表 4-2 所示。

表 4-2　比较运算符含义

操作符	含义
=	等于
>	大于
<	小于
>=	大于等于
<=	小于等于
<>	不等于
!>	不大于
!<	不小于

任务 4.12 是在学生成绩表中查询所有考试成绩不及格的学生的信息。

【任务 4.12】查询不及格学生的信息。

SELECT sID,kcID,gradeNum

FROM grade

WHERE gradeNum<60

查询结果如图 4-13 所示。

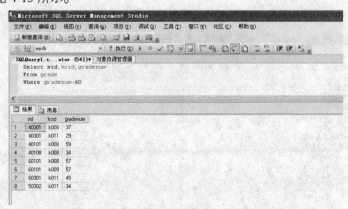

图 4-13　查询不及格学生的信息

【任务 4.13】在学生表中，查询学号为"040108"号学生的信息。

```
SELECT *
FROM student
WHERE sID='040108'
```

查询结果如图 4-14。

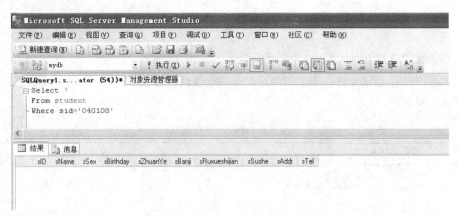

图 4-14　查询某个学生的信息

>> 提示：如果 WHERE 条件中引用列的数据类型为字符型，则条件表达式中的取值要用单引号引起来。在使用比较运算符时，表达式可以包含由算术运算符连接起来的常量、列名、函数或者嵌套的子查询语句。

>> 提示：WHERE 子句中引用的列可以不出现在结果集中，也就是说过滤条件所引用的列可以不在 SELECT 语句中出现。例如我们对任务 4.13 做一下修改，查找学号为"40101"的学生的信息，但是在结果集中只显示姓名、专业和班级，则输入如下语句：

```
SELECT sName,sZhuanye,sBanji
FROM student
WHERE sID='40101'
```

修改结果如图 4-15 所示。

图 4-15　查询学生部分信息

2. 范围条件选择查询

查询的条件可以设定在某个范围之内,使用 BETWEEN 关键字即可,使用 BETWEEN 关键字注意以下几点:

● 使用 BETWEEN 关键字指定查询范围时,包含范围内的边缘值。

● BETWEEN 搜索条件可以与使用 AND 和比较操作符组成的表达式(>=x AND <=y)相互替换,推荐使用 BETWEEN 关键字。但如果搜索条件中不能包含范围内的边缘值,那么只能使用 AND 和比较操作符组成的表达式(>x AND <y)来实现。

● 如果搜索条件是在某个范围以外,那么可以使用 NOT BETWEEN 来实现。同样要考虑边缘值的问题。

【任务 4.14】使用 BETWEEN 关键字查询数据,查询成绩表中成绩在 70~90 分之间的学生的学号、课程号和成绩(含 70 和 90 分)。

```
SELECT sID,kcID,gradeNum
FROM grade
WHERE gradenum BETWEEN 70 AND 90
```

查询结果如图 4-16 所示。

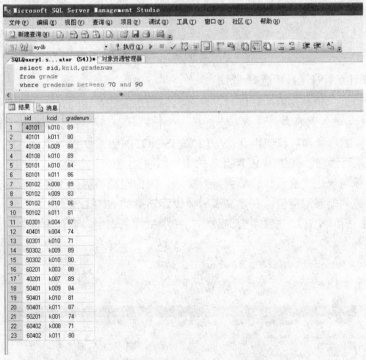

图 4-16　使用 BETWEEN 关键字查询数据

▷▷ 注意:在指定范围时,对于 char, varchar, detetime, smalldatetime 数据类型的数据一定要用单引号引起来。

3. 列表条件选择查询

如果想要查询的数据在一个指定的列表中,那么可以用 IN 关键字指定搜索条件。使用 IN 关键字要注意如下几点:

● 使用 IN 指定搜索条件与使用 OR 操作符连起来的一系列比较操作符设定搜索条件的结果是相同的，即 SQL Server 对它们的处理是一样的。

● 如果搜索条件是在某个列表范围之外，可以使用 NOT IN 关键字实现。

【任务 4.15】在学生表中，查询专业为"计算机"或"信息管理"的学生的信息，请用两种方法实现，并比较两段代码。

(1) SELECT* FROM student WHERE sZhuanye IN('计算机','信息管理')

(2) SELECT* FROM student WHERE sZhuanye='计算机' OR sZhuanye='信息管理'

查询结果如图 4-17 所示。

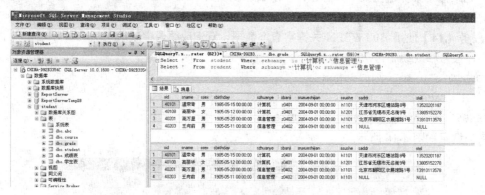

图 4-17　使用 IN 关键字查询数据

4. 基于未知值（NULL）选择查询

前面我们提到过，如果在输入数据时，没有为列指定值并且该列允许取空值的话，系统会将一个空值（NULL）填入到表中。注意：空值是一个特殊状态，不等同于 0 或空格。如果我们想基于空值作为条件进行查询可以使用 IS NULL 或 IS NOT NULL 关键字实现。IS NULL 可以检查表中某列的取值是否为空。在使用 IS NULL 关键字时要注意以下几点。

● 把空值和任何表达式进行比较都会导致失败，因为空值不等同于任何表达式。

● 如果希望某列能够取空值，在定义表时要设定该列的 NULL 属性。

【任务 4.16】使用 NULL 关键字查询数据，在学生信息表中，查询宿舍为空值的宿舍号的信息。

SELECT* FROM student WHERE sSushe IS NULL

查询结果如图 4-18 所示。

图 4-18　使用 NULL 关键字查询数据

5. 多条件选择查询

在 WHERE 子句中可以使用逻辑运算符连接多个查询条件,构成一个更复杂的条件查询。SQL Server 主要有三个逻辑运算符:

- AND:它连接两个条件,如果两个条件都成立,则组合起来的条件成立。
- OR:它连接两个条件,如果两个条件中有一个成立,则组合起来的条件成立。
- NOT:它引出一个条件,将该条件的值取反。

如果 WHERE 条件表达式中有多个逻辑操作符,那么它们运算的优先级是:先求 NOT 表达式的值,然后是 AND,最后是 OR。当操作符优先级相同时,求值的顺序是从左至右。如果需要改变优先级顺序,需要用圆括号实现:圆括号内的操作符优先级高于括号外的操作符优先级。

【任务 4.17】多条件查询,在学生表中,查询专业为"计算机",并且性别为"男"的学生的信息。

SELECT* FROM student WHERE sZhuanye='计算机'AND sSex='男'

查询结果如图 4-19 所示。

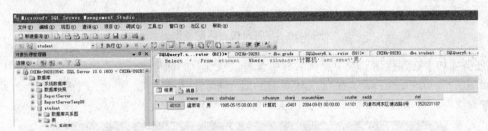

图 4-19 多条件查询

6. 字符串模糊匹配条件选择查询

在前面的例子中我们演示的都是精确过滤条件的设置方法,但是当 WHERE 子句的查询条件需要与字符串进行比较,且比较的值不是一个完整的列值而只是其中的一部分内容时就需要通过字符串模糊比较方法实现。使用 LIKE 关键字完成模糊判断。在查询条件的字符串中,可以使用表 4-3 中所列的四种通配符。

表 4-3 四种通配符

通配符	描　　述
%	0 个或多个字符
_（下划线）	任何单个字符
[]	在指定区域或集合内的任何单个字符
[^]	不在指定区域或集合内的任何单个字符

带有通配符的字符串必须用引号引起来,示例如下:

LIKE 'BR%':一个以 BR 开头的字符串,后面字符不限制。

LIKE 'Br%':一个以 Br 开头的字符串,后面字符不限制。

LIKE '%een':一个以 een 结尾的字符串,前面字符不限制。

LIKE '%en%':一个包含 en 的字符串,前面或后面的字符不限制。

LIKE '_en':一个以 en 结尾,但只包含 3 个字符的字符串。

LIKE　'[CK]%'：一个以 C 或 K 开头的字符串，后面的字符不限制。

LIKE　'[S-V]ing'：一个含有 4 个字符的字符串，第一位是 S~V 之间的任一字符，后 3 位是 ing。

LIKE　'M[^C]%'：一个以 M 开头，且第二个字符不是 C 的任意长度的字符串。

【任务 4.18】模糊条件查询，在学生表中查找家住在天津市的学生的信息。

SELECT* FROM student WHERE sAddr like '天津%'

查询结果如图 4-20 所示。

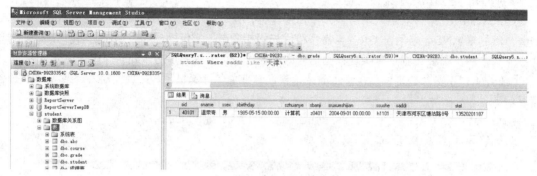

图 4-20　字符串模糊匹配查询

【任务 4.19】在课程信息表中查询名称中含有"原理"的课程的信息。

SELECT* FROM course WHERE kcName like '%原理%'

查询结果如图 4-21 所示。

图 4-21　模糊条件查询

7. 消除结果集中重复的行

如果结果集中有重复的值，那么可以使用 DISTINCT 关键字来消除重复的值。

【任务 4.20】查询学生表中专业的信息。

SELECT sZhuanye FROM student

结果如图 4-22 所示。

我们可以观察到，结果集中有很多重复的值，要想消除这些重复的值，在 Select 之后加上 DISTINCT 关键字即可。

【任务 4.21】消除任务 4.20 结果集中重复的行。

SELECT DISTINCT sZhuanye FROM student

结果如图 4-23 所示。

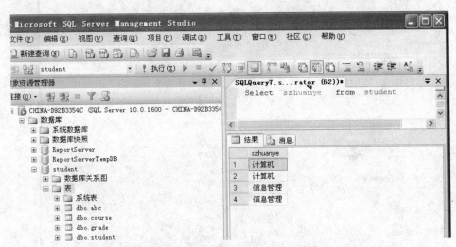

图 4-22　查询学生表中专业的信息

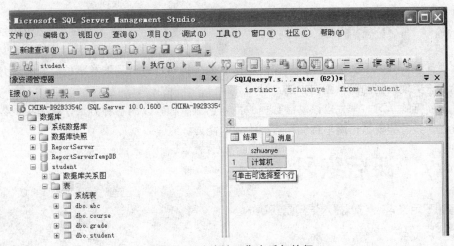

图 4-23　消除结果集中重复的行

>> 注意：DISTINCT 关键字写在 SELECT 之后、列名之前。如果 DISTINCT 后面有多个列，那么选择列表中所有列的组合值将决定其唯一性。

8. 对 FROM 子句中的表指定别名

在前面我们介绍过，可以为列重新命名。同样，也可以为 FROM 子句中的表重新命名。给表命名的方法有两种：一是：表名、AS、别名；二是：表名、别名。

例如：以下三个查询的含义完全相同：

```
SELECT  sID,sName,sSex FROM student
SELECT  S.sID,S.sName,S.sSex FROM student AS S
SELECT  S.sID,S.sName,S.sSex FROM student S
```

结果如图 4-24 所示。

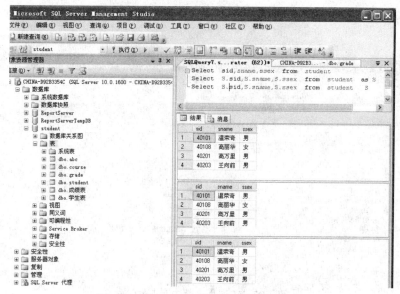

图 4-24   为 FROM 子句中的表重新命名

4.6   本项目小结

在本项目我们介绍了数据的插入、删除和修改的各种实现方法及注意事项。同时还介绍了通过查询设计器实现数据的简单查询方法。

通过本项目的学习，学生应该掌握数据的插入、删除和修改的各种方法，掌握实现数据简单查询的方法，具备实现数据简单查询和数据维护的能力。

4.7   课后练习

1. 有如下定义，（   ）插入语句是正确的。

```
CREATE TABLE student
(Studentid int not null,
 Name char(10)null,
 Age int not null,
 Sex char(1)not null,
 Dis char(10))
```

  A. INSERT INTO student VALUES（10, 'WW',19,'f'）

  B. INSERT INTO student（studentid,sex age） VALUES（10, 'm'19）

  C. INSERT INTO student（studentid,sex age） VALUES（10,19, 'f,null）

  D. INSERT INTO student SELECT 10, 'WW',19, 'M', 'test'

2. 在查询结果集中 friend 显示为好友，应该使用（   ）语句。

  A. SELECT friend FROM connection AS '好友'

  B. SELECT friend =' 好友' FROM connection

  C. SELECT* FROM connection WHERE friend='好友'

D. SELECT friend as '好友' FROM connection

3. 在查询数据时，关键字 BETWEEN 和 IN 的使用对象是什么？

4. 有一个汽车（car）数据库，数据库中包括两个表：

（1）销售记录表由销售编号、车主编号、车型、销售时间、金额、数量六个属性组成，可记为：销售记录（销售编号，车主编号，车型，销售时间，金额，数量），销售编号为关键字。

（2）"客户信息"表由车主编号、车主姓名、性别、家庭住址、手机五个属性组成，可记为：客户信息（车主编号，车主姓名，性别，家庭住址，手机），车主编号为关键字。

要求：按以下要求写出相应的 T-SQL 语句。

（1）向客户信息表中插入一条记录（'0006'，'何申'，'男'，'天津'，'无'）。

（2）将车主姓名为"张晓龙"的车主姓名改为"张大龙"。

（3）删除车主姓名为"张三"的记录。

（4）查询销售编号为 0001 和 0002 的记录信息。

（5）查出汽车销售数量大于 2 的记录，并消除重复记录。

（6）查找客户信息表中所有姓王且全名为三个字的车主姓名、性别和家庭地址。

 # 4.8　实验

实验目的：

（1）熟悉 SQL Server 2008 查询编辑器环境。

（2）掌握使用 T-SQL 语句向表中插入记录、更新记录、删除记录的方法。

（3）掌握基本的 SELECT 查询极其相关子句的使用。

实验内容：

（1）使用 INSERT 语句向 exam 数据库中的"用户信息表"（user_info）中插入表 4-4 所示记录并验证主键约束和默认值约束。

表 4-4　向"用户信息表"中插入的记录

用户编号	用户名	密码	所属部门	职务等级	是否管理员
1040	邱伟	1040	骨科	普通医生	0
1042	郝宏伟	1042	骨科	普通医生	0
1043	柴玉恒	1043	骨科	普通医生	0
1050	沈瑞麟	1050	眼科	主治医师	1

（2）使用 UPDATE 命令更新数据，验证外键约束。

（3）使用 DELETE 命令删除一条记录。

（4）查询用户信息表中用户名和密码均为"1042"的记录。

（5）查询"科目信息表"中所有的考试科目。

（6）在"成绩信息表"中查询考试成绩在 80～90 之间的考生姓名和所属部门。

（7）在"成绩信息表"中查询考生姓名中第二个字为"玉"字的考生姓名和考生编号。

项目五

数据的基本管理

——学生信息管理系统完整性设计

项目要点

（1）了解数据完整性的概念和分类，完整性和约束的关系。

（2）掌握约束的种类及其设置方法。

（3）熟练使用 SQL Server Management Studio 和 T-SQL 语句来设置默认值和规则。

在上一项目中，我们完成了对学生数据的更新与维护，借助于查询分析器实现了对数据的简单查询。我们在对数据进行更新与查询时不难发现其中的一些问题，如数据之间联系较弱、数据之间存在冗余。因而当进行更新和维护时往往会出现数据不一致的现象，使得数据更新变得困难。

在本项目中我们将解决这一问题，解决的方法是建立数据之间的关联关系，加强数据之间的联系。通过使用数据库管理系统提供的一些约束、规则等技术使数据之间建立一种联系，在更新时可以保证数据的合法性。

5.1 任务的提出

在上一项目中，我们对"学生管理信息系统"的数据库使用各种方法输入了基础数据并完成了简单查询。在更新数据和查询过程中，我们发现数据往往会出现一些不一致的现象，这使得数据库不能实现"数据合法"这一数据库系统的基本要求。数据库系统要实现数据永远合法，必须提供一些必要的手段和措施帮助用户实现这一目标，从而减少数据对用户更新和维护的难度。

例如在"学生管理信息系统"中有对学生考试成绩的管理，通常情况下考试成绩的取值范围在 0~100 之间，但如果不对输入的数据加以控制，那么很有可能输入的数值超出正确的取值范围。再有"学生管理信息系统"中很多的表与表之间存在着关联，如学生情况表和学习成绩表。学生情况表中存储的是学生的基本信息，学习成绩表中存储的是学生每门课程的考试成绩，凡是在学习成绩表中出现的学号都应该能够在学生信息表中找到其对应的学生的详细信息。如果在学习成绩表中有某个学生的成绩，而该学号无法在学生信息表中找到的话，那么这就出现了数据不一致的情况，我们无法获知是哪个学生取得了该成绩。这些问题的出现都是数据完整性设计的缺陷所造成的。

而保证数据的完整性就是指数据库中的数据在逻辑上的一致性，是保证数据库中的数据是信息而不是垃圾的重要手段，是现代数据库的一个典型特征。

5.2　数据完整性约束介绍

数据库规划的一项非常重要的步骤就是决定保证数据完整性的最好方法。数据的完整性就是指存储在数据库中数据的一致性和正确性。在 SQL server 中，根据数据完整性措施所作用的数据库对象和范围的不同，可以分为以下类型：

■ 实体完整性：实体完整性也称为行完整性，要求表中的所有行有一个唯一的标识符，这种标识符一般称为主键值。例如在学生信息表中学生的学号应该是唯一的，这样才能唯一的确定某一个学生。主键值是否能够修改或者表中的全部记录是否能够全部删除，这要依赖于主键表和其他表之间要求的完整性。

■ 域完整性：域完整性也称为列完整性，指定一个数据集对某个列是否有效和确定是否允许空值。域完整性通常是经过使用有效性检查来实现的，并且还可以通过限制数据类型、格式或者可能的取值范围来实现。例如：在学生成绩表中，成绩列的数据类型为 smallint，其取值范围从 -2^{15}（-32768）到 $2^{13}-1$（32767），很显然其取值范围远远超出了学生成绩允许的范围，在这种情况下单凭数据类型的约束已经满足不了完整性的要求，这就必须设置域完整性的要求，将成绩值控制在 $0\sim100$ 之间。再如，在学生信息表中性别列的取值范围只能为"男"或"女"，这样该列就不会输入其他无效的值。

■ 参照完整性：参照完整性保证在主键（在被参考表中）和外键之间的关系总是得到维护。如果在被参照表中的一行被一个外键参考，那么这一行既不能被删除，也不能修改主键值。

"学生管理信息系统"费用缴纳表结构如表 5-1 所示。

表 5-1　费用缴纳表结构

序号	字段名	字段类型	说明	备注
1	payStuID	char（6）	缴费学生学号	
2	payNum	smallmoney	缴纳金额，不能为空	
3	payLeibie	char（6）	缴费类别	学费、住宿费、其他
4	payRiqi	smalldatetime	缴纳日期	默认系统当前日期
5	payJingbanren	char（6）	经办人	教师工号，外键约束

表中的 payStuID 字段为学生学号，要参考学生信息表中的 sID 字段。如果在费用缴纳表中有某个学生的缴费信息，那么就不能在学生信息表中删除该学生的信息或单独更改该学生的学号。

有两种方式可以实现数据完整性，即公布数据完整性和过程数据完整性。使用公布数据完整性，可以定义标准规定数据必须作为对象定义的一部分，然后 SQL Server 2008 自动确保数据符合该标准。实现基本数据完整性的最好方式是使用公布数据完整性。通过使用约束、默认值和规则等实现公布完整性。使用过程数据完整性，可以编写用来定义数据必须满足的标准和强制该标准的脚本。必须限制将过程完整性用于更复杂的商业逻辑和例外中。通过使用触发器和存储过程等手段或使用其他编程工具实现过程完整性。

■ 用户定义完整性：用户定义的不属于其他任何完整性类别的特定业务规则称为用户定义完整性。所有完整性类别都支持用户定义完整性。

5.3 约束的设置

约束是通过限制列中数据、行中数据和表之间数据的取值从而保证数据完整性的非常有效和简便的方法。每一种数据完整性类型，例如域完整性、实体完整性和参考完整性，都由不同的约束类型来保障。

SQL SERVER 2008 提供了一些强制数据完整性的机制，它们是：

◇ 主键（PRIMARY KEY）约束

◇ 唯一性（UNIQUE）约束

◇ 外键（FOREIGN KEY）约束

◇ 检查（CHECK）约束

◇ 默认值 （DEFAULT）

◇ 是否可以为空值（NULL）

约束与完整性类型的联系如表 5-2 所示。

表 5-2　约束与完整性联系表

完整性类型	约束类型	描　　述
域完整性	DEFAULT（默认值）	在向表中插入数据时，如果某个列的值没有提供，那么将默认值插入到列中
	CHECK（检查）	指定一个列可以接受值的范围
实体完整性	PRIMARY KEY（主键）	每个行的唯一标识符，确保不能输入冗余的值，不允许提供空值
	UNIQUE（唯一性键）	防止出现冗余的值，允许提供空值
参照完整性	FOREIGN KEY（外键）	定义一列或几列，其值与本表或外表的值相匹配

5.3.1　主键（PRIMARY KEY）约束

一个表通常都有一列或几列的联合，它的值能够唯一地识别表中的每一行，这个列就称作表的主键或主码，主键可以用来强制表的实体完整性。主键约束要求表中的所有数据都是唯一的，并且要求定义为主关键字的列的取值不能重复。创建主键约束时会自动创建一个唯一簇索引。例如学生情况表中的学号列，成绩表中的学号列和课程编号列的组合，都可以作为相应表的主键。

在为表设置主键列时应注意以下几点：

◆ 主键列所输入的值必须是唯一的。

◆ 一个表上只能定义一个主键约束（这一个主键可以包含多个列）。

◆ 主键列的数据不能取空值。

◆ 如果主键是由多个列组成时，某一列上的数据可以出现重复，但是这是几个列的组合值必须是唯一的。

◆ 主键约束在指定的列上创建了唯一性索引。

1. 使用 SQL Server Management Studio 设置主键

（1）启动 SQL Server Management Studio，打开表设计器窗口，选中想要设置为主键的列。

（2）单击工具栏中的设置主键按钮 ，在列的左边出现主键标识即可，如图 5-1 所示。

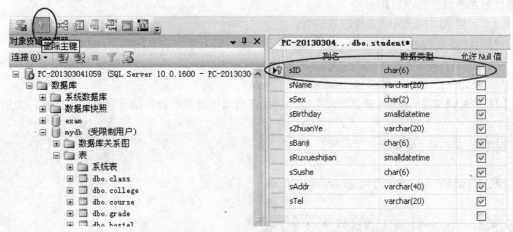

图 5-1 使用 SQL Server Management Studio 设置主键

>> 提示：如果主键包含多个列，可以在按住键盘 Shift 键的同时用鼠标单击要设置为主键的列即选中多列，然后再单击工具栏中的主键按钮即可。

2. 使用 T-SQL 语句创建表时创建主键约束

（1）创建单个列的主键约束，语法格式如下：

```
CREATE TABLE <表名>
(<列名> <列属性> [CONSTRAINT 约束名]  PRIMARY KEY)
```

（2）多个列组合的主键约束，语法格式如下：

```
CONSTRAINT <约束名>
PRIMARY KEY (列名1[,...列名n])
```

【任务 5.1】在定义表的同时设置主键，如设置学生信息表中学号列为主键。

```
CREATE TABLE student
(sID char(6)PRIMARK KEY,
sName varchar(20)
............
)
```

【任务 5.2】如果主键包含多列，例如设置学习成绩表中学号和课程号联合为主键，可以使用如下代码：

```
CREATE TABLE grade
(sID char(6),
kcID char(6),
gradeNum smallint
CONSTRAINT pk_num PRIMARY KEY(sID,kcID))
```

3. 在已经存在的表上添加主键约束

（1）使用 SQL Server Management Studio 添加约束。

在 SQL Server Management Studio 中，右击要添加约束的表，在弹出的快捷菜单中选择"修改"选项，利用表设计器添加约束。

（2）利用 ALTER TABLE 修改表语句。

使用 ALTER TABLE 语句不仅可以修改定义，而且可以添加和删除约束。它的语法格式如下：

```
ALTER TABLE <表名>
ADD CONSTRAINT 约束名 PRIMARY KEY (列名[,...n])
```

【**任务 5.3**】向已存在的表中添加主键，例如将教师信息表中教师编号列设置为主键，使用代码如下：

```
ALTER TABLE teacher
ADD
CONSTRAINT PK_NUM  PRIMARY KEY (tID)
```

5.3.2 唯一性（UNIQUE）约束

一个表中只能设置一个主键约束。那么对于非主键列，如果我们需要限制其取值的唯一性，可以通过在该列上设置唯一性约束来满足这一要求。唯一性约束的作用是保证在不是主键的列上不会出现重复的数据。

例如学生信息表中，已经将学号列设置为主键，如果这时还需要保证"联系电话"列的取值不能重复，就可以使用唯一性约束来实现。

虽然唯一性约束和主键约束都可以保证列取值的唯一性，但它们之间还是有区别的，表现为：

◆ 一个表上只能定义一个主键约束，但可以定义多个唯一性约束。

◆ 定义了唯一性约束的列上的数据可以为空值（有且只能有一个空值），而定义了主键约束的列上的数据不能为空值。

1. 使用 SQL Server Management Studio 设置唯一性约束

（1）打开 SQL Server Management Studio，打开设计表窗口，单击工具栏中的管理索引/键按钮 。或者在打设计器窗口中选择要建唯一性约束的列，然后单击右键，选择"索引/键"命令，如图 5-2 所示。

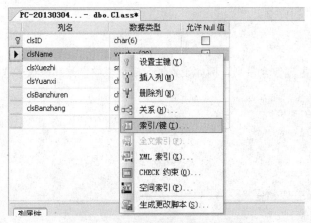

图 5-2　选择要设置唯一性约束的列

（2）在打开的属性窗口中，单击【添加】按钮，输入名称，在列名下拉列表中选择要设置唯一性约束的列，然后在"是唯一的"项中选择"是"，如图 5-3 所示。

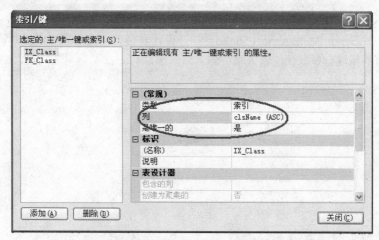

图 5-3　设置唯一性约束示意图

（3）选中【添加】按钮即可，然后再右边的常规列表中选择某个列是否"是唯一的"选项 。

2. 使用 T-SQL 语句设置唯一性约束

【任务 5.4】在定义表的同时设置唯一性约束键，如设置学生信息表中联系电话列为唯一性约束列，使用代码如下：

```
CREATE TABLE student
(sID char(6) PRIMARK KEY,
..........
sTel varchar(20) UNIQUE)
```

【任务 5.5】向已存在的表中添加主键，例如将院系信息表中院系名称列设置为唯一性约束列，使用代码如下：

```
ALTER table college
ADD
CONSTRAINT U_col_name UNIQUE(colName)
```

5.3.3　默认（DEFAULT）约束

数据库中每一行记录中的每一列都应该有一个值，当然这个值也可以是空值。但是有时向一个表中添加数据时不知道某列的值或该列的值当时还不能确定，这时可以将该列定义为允许接受空值或给该列定义一个默认值。默认值就是当向表中插入数据时，如果用户没有明确给出某一列的值，SQL Server 2008 自动为该列添加的值。

当使用默认约束时，应考虑下列因素：

◆ 该约束只应用于 INSERT 语句。

◆ 每一个列只能定义一个默认约束。

◆ 默认约束不能设置在具有标识属性的列上，因为具有标识属性的列可以自动取值，即使在这种列上设置了默认约束也没有什么实际效果。

例如，在学生信息表中，性别列可以定义一个默认约束为"男"，当向表中输入数据时，如果没有针对性别列输入数据，那么系统自动将"男"输入到该列中。

1. 使用 SQL Server Management Studio 设置默认约束

（1）打开 SQL Server Management Studio，打开设计表窗口，选中想要设置默认约束的列。

（2）在下面的属性窗口默认值输入框中输入默认值即可。

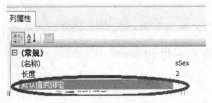

图 5-4 设置默认约束

2. 使用 T-SQL 语句设置默认约束

【任务 5.6】在定义表的同时设置默认约束，如设置学生信息表中性别列默认值为"男"，使用代码如下：

```
CREATE TABLE student
(sID  char(6) PRIMARK KEY,
…………
sSex char(2) DEFAULT '男',
………… )
```

【任务 5.7】向已存在的表中添加默认值，例如将教师信息表中教师性别列设置默认值为"男"，使用代码如下：

```
ALTER TABLE teacher
ADD
CONSTRAINT DEF_tsex DEFAULT '男' FOR(tSex)
```

5.3.4 检查（CHECK）约束

检查约束通过检查一个或多个列的输入值是否符合设定的检查条件来强制数据的完整性。在执行 INSERT 或 UPDATE 语句时，该约束验证数据。如果输入的值不符合检查条件，系统将拒绝接受数据的输入。

当使用检查约束时应考虑以下因素：

◆ 当执行 INSERT 语句或者 UPDATE 语句时，该约束验证数据。

◆ 该约束可以参考本表中的其他列。

◆ 该约束不能放在有标识属性的列上。

◆ 该约束不能包含子查询。

例如，可以指定成绩表中的成绩必须大于零小于 100，这样当插入表中的成绩为负数或大于 100 时，插入操作不能成功执行，从而保证了表中数据的正确性。

1. 使用 SQL Server Management Studio 设置检查约束

（1）打开 SQL Server Management Studio，打开设计表窗口，选中要设置检查约束的列，单击工具栏中的管理约束按钮◻（或者右键选择快捷菜单中的"CHECK 约束"选项）。

（2）在打开的"CHECK 约束"对话窗口中单击左下方的【添加】按钮，输入名称，在约束表达式窗口中输入约束表达式，如图 5-5 所示。

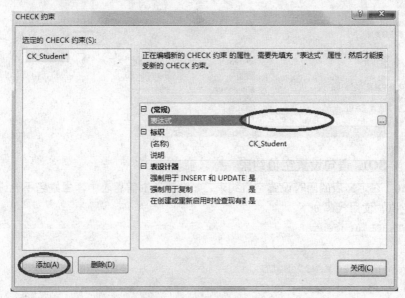

图 5-5 设置检查约束

2. 使用 T-SQL 语句设置检查约束

【任务 5.8】在定义表的同时设置检查约束，如设置学习成绩表中成绩列的取值范围为 0~100，使用代码如下：

```
CREATE TABLE grade
(............
gradeNum smallint CHECK(gradeNum>=0 and gradeNum<=100),
............ )
```

【任务 5.9】向已存在的表中添加检查约束，例如在学生信息表中设置学生性别列取值只能为"男"或"女"，使用代码如下：

```
ALTER TABLE student
ADD
CONSTRAINT CK_sSex CHECK(sSex='男' or sSex='女')
```

5.3.5 空值（NULL）约束

空值约束是指是否允许该字段值为空。空值（NULL）意味着数据尚未输入，它与 0 或长度为零的字符串" "的含义不同。如果表中的某一列必须有值才能使记录有意义，那么可以指明该列不允许取空值（NOT NULL）。例如，学生信息表中的学生姓名列就可以设置为不允许空值，因为记录一个学生的信息，至少应该知道这个学生的姓名。

1. 使用 SQL Server Management Studio 设置空值约束

（1）打开 SQL Server Management Studio，打开设计表窗口，在列定义的右边有允许空的设置。
（2）如果不允许为空将对勾去掉，如果允许取空值用鼠标单击出现对勾即可，如图 5-6 所示。

图 5-6 设置是否为空

2. 使用 T-SQL 语句设置空值约束

【任务 5.10】在定义表的同时设置空值约束，如设置学生信息表中学生姓名不允许为空，出生日期可以取空值，使用代码如下：

```
CREATE TABLE student
(…………
sName varchar（20） NOT NULL ,
sBirthday smalldatetime NULL,
…………  )
```

5.3.6 外键（FOREIGN KEY）约束

外键约束用于强制实现参考完整性。外键约束用来定义一个列，该列参考同一个表或另外一个表中主键约束列或唯一性约束列。

在使用外键约束时要考虑下列因素：

◆ 该约束提供了单列参考完整性和多列参考完整性。在 FOREIGN KEY 语句中的列的数量和数据类型必须和 REFERENCES 子句中的列的数量和数据类型匹配。

◆ 外键约束不自动创建索引。

◆ 当用户修改数据的时候，该用户必须有对外键约束所参考表的 SELECT 权限或 REFERENCES 权限。

◆ 当参考同一个表的列时，必须只使用 REFERENCES 子句，不必使用 FOREIGN KEY 子句。

例如，成绩表中的学号列与学生信息表中的学号列相关，该列是成绩表的外键。这样可以防止成绩表中出现不存在的学生学号信息。

1. 使用 SQL Server Management Studio 设置外键约束

（1）打开 SQL Server Management Studio，在"对象资源管理器"窗口中展开"数据库"myDB 中的"表"节点，右键单击"student 表"，选择"设计"命令。

（2）在表设计器中，将光标定位到需要设置的列如"sBanji"列所在的行，单击工具栏上的 按钮。

（3）在打开的"外键关系"对话窗口中单击【添加】按钮，在右侧的"表和列规范"选项中可以设置新的关系名，然后单击右侧 按钮，打开"表和列"对话框，如图 5-7。

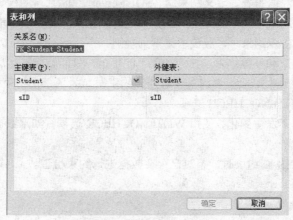

图 5-7 表和列对话框

（4）分别在主键表和外键表下拉列表框下选择好对应的主表和从表，然后分别在各自列选择框中选择好对应的主键和外键，如图 5-8 所示。

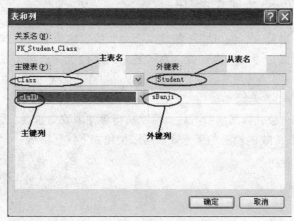

图 5-8 设置外键约束

选择完毕后单击【确定】按钮。

2. 使用 T-SQL 语句设置外键约束

【任务 5.11】在定义表的同时设置外键约束，如上题使用代码实现如下：

```
CREATE TABLE grade
(sID char(6) REFERENCES student(sID),
………… )
```

【任务 5.12】向已存在的表中添加外键约束，如上题使用代码实现如下：

```
ALTER TABLE grade
ADD
CONSTRAINT FK_SID FOREIGN KEY(sID) REFERENCES student(sID)
```

5.3.7 禁止对已有的数据验证约束

当在一个已经包含数据的表上定义约束时，SQL Server 2008 会自动检查这些数据是否满足约束条件。我们可以禁止约束检查已经存在的数据，这种禁止只能在向表中增加约束时才能提供。当禁止在已有的数据上检查约束时，应该考虑下列规则：

- 只能禁止检查约束和外键约束，其他约束不能禁止，只能删除，然后重新增加。
- 当在已有数据的表中增加检查约束或者外键约束时，为了禁止约束检查，应该在 ALTER TABLE 语句中包括 WITH NOCHECH 选项。
- 如果现有的数据不发生变化，使用 WITH NOCHECK 选项；如果数据被更新了，那么必须与 CHECK 约束一致。

【任务 5.13】在添加检查约束时，不对已存在数据进行约束检查。

```
ALTER TABLE student
WITH NOCHECK
ADD
CONSTRAINT CK_sSex CHECK(sSex ='男' or sSex='女')
```

5.3.8 禁止在加载数据时验证约束

对于检查约束和外键约束，也可以在加载数据时，禁止约束验证，以便修改或者增加表中数据时，不判断这些数据是否与约束冲突。为了避免约束检查的开销，在以下情况下使约束失效。

- 已经确保数据与约束一致。
- 想载入与约束不一致的数据。载入后，可以执行查询来改变数据，然后重新使约束有效。

【任务 5.14】使任务 5.13 的检查约束无效，可以使用如下代码实现

```
ALTER TABLE student
NOCHECK
CONSTRAINT CK_sSex
```

5.4 默认值对象的设置

默认值是一种数据库对象，可以被绑定到一个或多个列上，还可以被绑定到用户自己定义的数据类型上，可反复使用。当绑定到列或用户定义数据类型时，如果插入时没有明确提供值，默认值便指定一个值，并将其插入到对象所绑定的列中（或者在用户定义数据类型的情况下，插入到所有列中）。默认值是一个向后兼容的功能，它执行一些与使用 ALTER 或 CREATE TABLE 语句的 DEFAULT 关键字创建的默认值定义相同的功能。默认值定义是限制列数据的首选并且标准的方法，因为定义和表存储在一起，当除去表时，将自动除去默认

值定义。

默认约束与默认值对象的区别在于：

● 默认约束是在使用 ALTER 或 CREATE TABLE 语句创建表时使用 DEFAULT 关键字创建的，是与表定义在一起的，只能在特定表的列上生效。当删除表结构时，与之一起定义的默认约束也随之删除。

● 默认值对象是数据库的一种内部对象，是使用 CREATE　DEFAULT 语句定义的，是独立于表而单独存在的。

● 默认值对象定义完成之后必须绑定在表的列或用户自定义数据类型上才能生效。

● 默认值对象可以绑定在一张或多张表的多个列上，当不再需要默认值对象时，可以将其于表的绑定关系解除，但默认值对象仍然存在于数据库中。

● 使用 DROP DEFAULT 语句可以删除默认值对象。

5.4.1　创建默认值对象

在 SQL Server 2008 中，没有提供图形化的界面创建默认值，必须使用命令方式创建默认值。

语法格式为：

```
CREATE DEFAULT 默认值名
AS 常数表达式
```

默认值名称必须符合标识符的规则。可以选择是否指定默认值所有者名称。

常数表达式是指只包含常量值的表达式（不能包含任何列或其他数据库对象的名称）。可以使用任何常量、内置函数或数学表达式。字符和日期常量用单引号（''）引起来；货币、整数和浮点常量不需要使用引号。二进制数据必须以 0x 开头，货币数据必须以美元符号（$）开头。默认值必须与列数据类型兼容。

【任务 5.15】使用 CREATE DEFAULT 语句创建默认对象。

```
CREATE DEFAULT DEF_sex
AS '男'
```

5.4.2　绑定默认值对象

默认值对象创建成功之后，还要将其绑定到列或用户自定义数据类型上才能真正有效。

语法格式为：

```
sp_bindefault [@defname=]'默认值名' ,
[@objname=]'对象名'
```

参数说明：

➤ [@defname =] 是指创建的默认名称。

➤ 对象名是指要绑定默认值的表和列名称或用户定义的数据类型。

【任务 5.16】将任务 5.15 中创建的默认对象绑定在学生表的性别列上。

```
EXEC sp_bindefault 'def_sex', 'student.sSex'
GO
```

5.4.3 默认值对象的反绑定

默认值对象的反绑定就是将默认值对象与数据表中列的联系去掉，使得默认对象不再生效。但默认对象本身还存在于数据库中。

使用 sp_unbindefault 在当前数据库中为列或用户定义数据类型解除默认值绑定。

语法格式为：

sp_unbindefault [@objname=]'对象名'

[, [@futureonly=]'futureonly_flag']

对象名是要解除默认值绑定的表和列或者用户定义数据类型的名称。

【任务 5.17】将任务 5.16 绑定的默认对象解除，实现代码如下：

EXEC sp_unbindefault 'student.sSex'

5.4.4 默认值对象的删除

当默认值不再使用的时候，可以将其删除。如果默认值未被绑定在任何列或者用户自定义的数据类型上，那么默认值将会立即被删除。如果该默认值被绑定在列或者用户自定义的数据类型上，那么在删除默认之前，必须从所有的列或者用户定义的数据类型上解除该默认。

1. 使用 SQL Server Management Studio 删除默认值对象

使用 SQL Server Management Studio 删除默认值对象的方法比较简单，打开 SQL Server Management Studio，在"对象资源管理器"中，展开目标数据库中的"可编程性"节点，右键单击要删除的默认值对象，从快捷菜单中选择"删除"命令，然后弹出"删除对象"对话窗口，如图 5-12 所示。在该窗口中选择要删除的对象，最后单击【确定】按钮即可。

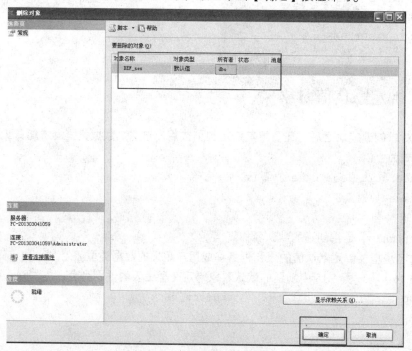

图 5-12　删除默认值对象

2. 使用 DROP DEFAULT 语句删除默认值对象

使用 DROP DEFAULT 从当前数据库中删除一个或多个用户定义的默认值。

语法格式为：

```
DROP DEFAULT  默认值名 [ ,...n ]
```

【任务 5.18】删除 def_sex 对象

```
DROP DEFAULT def_sex
```

 # 5.5　规则对象的设置

规则是一种数据库对象，它的作用与 CHECK 约束的部分功能相同，在向表的某个列插入或更新数据时，用它来限制输入的新值的取值范围。规则可以被绑定到一个或者多个列上，还可以被绑定到用户自定义的数据类型上。规则与 CHECK 约束的不同之处在于：

◇ CHECK 约束是用 CREATE TABLE 语句在创建表时指定的，而规则是一种独立的数据库对象。

◇ 在一个列上只能使用一个规则，但是可以有多个 CHECK 约束。

◇ 规则可以用在多个列上，还可以用在用户自定义的数据类型上，而 CHECK 约束只能用于它定义的列上。

5.5.1　创建规则

同默认值一样，在 SQL Server 2008 中，创建规则只能用命令方式来完成。

使用 CREATE RULE 语句创建规则的语法格式为：

```
CREATE RULE 规则名
 AS 条件表达式 参数
```

条件表达式是定义规则的条件，可以是 WHERE 子句中任何有效的表达式，并且可以包含诸如算术运算符、关系运算符和谓词（如 IN、LIKE、BETWEEN）之类的元素。规则不能引用列或其他数据库对象。可以包含不引用数据库对象的内置函数。

条件表达式包含一个变量，每个局部变量的前面都有一个 @ 符号。该表达式引用通过 UPDATE 或 INSERT 语句输入的值。在创建规则时，可以使用任何名称或符号表示值，但第一个字符必须是 @ 符号。

【任务 5.19】创建一个规则，该规则只允许取 0~100 之间的值。

```
CREATE RULE ch_chengji
AS
@range>=0 AND @range<=100
```

5.5.2　绑定规则

规则创建成功后，需要将其绑定在数据表的列上，当向数据表的列上绑定了规则后所有对列的插入或更新操作都要满足规则的要求，否则插入和更新操作将无法完成。

如果在列或数据类型上已经绑定了规则，那么当再次向它们绑定规则时，旧的规则会自动被新的规则所覆盖。

使用系统存储过程 sp_bindrule 可以将规则捆绑到列或用户自定义的数据类型上。

语法格式为：

```
sp_bindrule [@rulename=]'规则名' ,
    [@objname=]'对象名'
    [,[@futureonly=]'futureonly_flag']
```

对象名是要绑定规则的表和列或者用户定义数据类型的名称。

【任务 5.20】将新创建的 ch_chengji 规则对象绑定在学习成绩表的成绩列上。

```
EXEC sp_bindrule 'ch_chengji', 'grade.gradeNum'
```

5.5.3　规则的反绑定

规则对象的反绑定就是将规则对象与数据表中列的联系去掉，使得规则对象不再生效。但规则对象本身还存在于数据库中。

使用 sp_unbindrule 在当前数据库中为列或用户定义数据类型解除规则对象绑定。

语法格式为：

```
sp_unbindrule [@objname=]'对象名'
    [,[@futureonly=]'futureonly_flag']
```

对象名是要解除规则绑定的表和列或者用户定义数据类型的名称。

[@futureonly =]'futureonly_flag'仅用于解除用户定义数据类型规则的绑定。

【任务 5.21】将任务 5.20 绑定的规则对象解除。

```
EXEC sp_unbindrule  'grade.gradeNum'
```

5.5.4　规则对象的删除

当规则不再有用的时候，可以将其删除。如果规则未被绑定在任何列或者用户自定义的数据类型上，那么规则将会立即被删除。如果该规则被绑定在列或者用户自定义的数据类型上，那么在删除规则之前，必须从所有的列或者用户定义的数据类型上解除该规则。

1. 使用 SQL Server Management Studio 删除规则对象

同删除默认值方法一样，打开 SQL Server Management Studio，在该窗口的"对象资源管理器"中，展开目标数据库中的"可编程性"节点，找到要删除的规则对象，使用鼠标右键单击该对象，在弹出的快捷菜单中选择"删除"命令即可，如图 5-17 所示。

2. 使用 DROP　RULE 语句删除规则对象

使用 DROP RULE 从当前数据库中删除一个或多个用户定义的规则对象。

语法格式如下：

```
DROP RULE 规则名 [,...n ]
```

【任务 5.22】删除 ch_chengji 对象。

```
DROP RULE ch_chengji
```

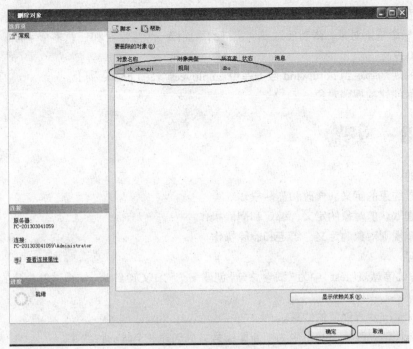

图 5-17　删除规则对象

💻 5.6　本项目小结

本项目介绍了数据库数据完整性的重要性和维护数据完整性的各种方法，如约束、规则和默认。同时也应该注意到还可以通过定义列的数据类型、使用触发器和存储过程来实现数据的完整性。

通过学习本项目，学生应了解数据完整性的概念和分类、完整性和约束的关系；掌握实现实体完整性、域完整性、参照完整性和用户定义的完整性的各种方法。

💻 5.7　课后练习

一、简答题

1. 在 SQL Server 2008 中保证数据库完整性的机制是什么？

2. 定义主键约束或外键约束来维护参照完整性时，被参照列上应有什么类型的约束才可以创建？

3. 试比较规则和检查约束的异同。

4. 主键约束和唯一性约束的区别是什么？

二、操作题

1. 修改 northwind 数据库中 employees 表，限制出生日期（birthdate）列的取值在 1900-1-1 日至当前日期之间。

2. 用创建默认约束和默认值对象来修改 northwind 数据库中 customers 表，将 contactname 列的默认取值设为 "unknown"。

删除前面创建的默认约束和默认值对象。

3. 定义一个规则对象，限制任意三个字符的后面跟一个连字符和任意多个字符，但最后一个字符必须在 0~9 之间。

将创建的规则绑定到 northwind 数据库中 employees 表的 phone 列上。

删除前面创建的规则对象。

 # 5.8 实验

实验目的：

（1）掌握约束的定义、修改和删除操作。

（2）掌握默认值对象的定义、绑定和删除操作。

（3）掌握规则对象的定义、绑定和删除操作。

实验内容：

（1）在考试信息表（test）中为"试卷总分"创建一个 CHECK 约束，使得试卷总分的值在 0~100 之间。

（2）删除上一步骤创建的约束。

（3）在新闻信息表（news）中为"新闻编号"列创建一个唯一性约束。

（4）创建一个为当前时间的默认值对象，并将其绑定到为考试成绩信息表（score）的"开始时间"列上。

（5）创建一个值为 0 的默认值对象，并将其绑定到考生信息表（testuser）的"是否参加考试"列上。

（6）删除在上一步骤上创建的默认值。

（7）定义一个规则对象，并将其绑定到新闻信息表（news）的"有效期"列上，让其不超过 5 天。

（8）定义一个规则对题库信息表（exam_database）的"是否选中"列进行检查，使其值只能为 1（选中）或 0（未选中），并将其绑定到题库信息表（exam_database）的"是否选中"列。

（9）删除上一步骤创建的规则。

实验步骤：

（1）启动 SQL Server Management Studio，打开查询编辑器窗口。

（2）使用命令方式创建约束，修改或删除约束。

（3）分别使用界面方式和命令方式创建默认值对象，并绑定到列上，再删除。

（4）分别使用界面方式和命令方式创建规则对象，并绑定到列上，再删除。

项目六

数据的高级管理

——学生数据的检索统计与汇总

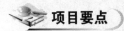 **项目要点**

（1）了解高级查询语句语法结构。

（2）掌握使用 GROUP BY 语句进行分组汇总功能。

（3）掌握使用 SELECT 语句进行详细汇总统计、子查询等高级检索功能。

（4）熟练应用连接来进行多个表的查询。

数据库检索速度的提高是数据库技术发展的重要标志之一。在数据库的发展过程中，数据检索曾经是一件非常困难的事情，直到使用了 SQL 语言之后，数据库的检索才变得相对简单。对于使用 SQL 语言操纵和管理数据的数据库，检索数据都要使用 SELECT 语句。使用 SELECT 语句，既可以完成简单的单表查询、联合查询，也可以完成复杂的连接查询、嵌套查询。本项目将介绍使用 SELECT 语句实现查询、汇总统计以及各种复杂查询的方法和应用技巧。

📖 6.1　任务的提出

经过一段时间的努力，"晓灵学生管理系统"的基本功能终于实现了，相关的数据也输入到了数据库中，为此晓灵很高兴。这不，晓灵已经迫不及待地叫上她的几个好朋友，一起来运行这自己亲自开发的第一个软件，一起来分享成功的快乐。大家都聚到了晓灵的计算机前，晓灵熟练地为大家演示着相关的内容，并使用新学到的 SELECT 查询语句为大家演示着查询数据的方法，大家都体会到了借助于计算机来管理和查询数据的方便与快捷。

这时，晓灵的好朋友学习委员莉莉提出了一个问题："晓灵，快替我查查上学期咱们班'计算机网络技术'课程平均分是多少呀？还有咱班每个同学总成绩的排名，咱班主任正等着要呢。"这下晓灵可犯了难，表中没有平均分和总成绩的数据信息啊，这怎么查呢。看晓灵有些犯难，莉莉安慰道："没关系，晓灵，咱们去问问郝老师，他一定有办法的。"

同学们一起来到了办公室，把刚才遇到的问题反映给了郝老师。听完大家的问题，郝老师脸上露出了欣慰的笑容，说："我很高兴大家都能积极动脑筋提问题，而且你们已经把学习当成了一种乐趣而主动地去钻研，大家有了这种学习的精神，什么难题都会迎刃而解的。正如大家说的这样，在实际情况中我们需要查询的数据可能不是表中的原始数据，需要对原有的数据进行计算，就好像莉莉需要的课程平均分。还有的数据分布在不同的表中，我们需要联合多个表实现数据的

查询。有时我们还需要在对数据进行简单查询的基础上对数据进行进一步的分组汇总和排序，以便提炼我们需要的内容，这都是对数据的复杂查询。下面我们就一起来看看数据联合及分组汇总的方法。"

 6.2 数据的排序

默认情况下，在查询结果集中，行的顺序与它们在表中的顺序相同。如果表中没有设置聚簇索引，那么表中行的顺序就是用户向表中输入时的顺序。但有时用户希望查询出的结果按照某种顺序显示，通过使用 ORDER BY 子句就可以实现对结果集中行的顺序进行重新排序。

（1）语句的语法如下：

```
SELECT select_list
FROM table_source
WHERE search_condition
ORDER BY order_expression [ASC|DESC]
```

（2）主要参数说明。

➤ order_expression：排序所依据的列名称。

➤ ASC：升序排列，如果 ORDER BY 语句后不明确标识则默认为升序。

➤ DESC：降序排列。

（3）实例。

【任务 6.1】查询学习成绩表中编号为"k008"课程的学生考试成绩，并将结果集按成绩降序排列。

```
SELECT sID,KcID,gradeNum
FROM grade
WHERE kcID='k008'
ORDER BY gradeNum DESC
```

查询结果如图 6-1 所示。

使用 ORDER BY 子句时注意以下几点：

● ORDER BY 子句中指定的列并不一定要出现在 SELECT 后的选择列表中。

● ORDER BY 子句中指定的列不能超过 8 060 字节。

● ORDER BY 子句后可以指定多个列，那么先按照最左边的列排序，如果列的取值相同，再按照第二列的值排序，依次类推。

● 可以为不同的列设置不同的排序方式。

【任务 6.2】查询学习成绩表中编号为"k008"课程的学生的学号和考试成绩，查询结果先按学号升序后按分数降序排列。

```
SELECT sID,kcID,gradeNum
FROM grade
WHERE kcID='k008'
ORDER BY sID ASC,gradeNum DESC
```

查询结果如图 6-2 所示。

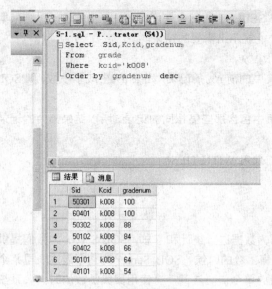

图 6-1　为结果集排序

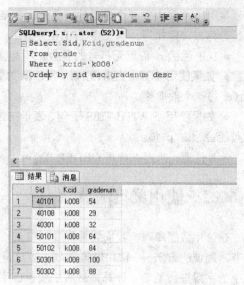

图 6-2　为结果集排序

 # 6.3　数据的分组和汇总

6.3.1　使用 TOP 关键字列出前 n 个记录

使用 TOP 关键字可以列出结果集中前 n 个或前 n%的记录。

（1）使用该关键字的部分语法为：

SELECT　[TOP n [PERCENT] [WITH TIES]]　<select_list>

（2）主要参数说明。

➤ TOP n：前 n 个。

➤ TOP n【PERCENT】：前 n%个。

➤ WITH TIES：包含值相等的记录。

（3）实例。

【任务 6.3】查询学习成绩表中编号为"k008"课程前 3 名学生的成绩。

```
SELECT TOP 3 sID,kcID,gradeNum
FROM grade
WHERE kcID='k008'
ORDER BY gradeNum DESC
```

查询结果如图 6-3 所示。

使用 TOP 关键字应注意如下事项：

● TOP n 关键字只是取结果集中前 n 条记录，其本身并没有将结果集进行排序的功能。所以如果需要

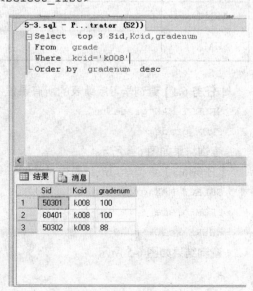

图 6-3　使用 TOP 关键字查询

查看某列 n 个最大或 n 个最小的行信息，需要在 SELECT 语句中使用 ORDER BY 子句对结果集进行升序或降序排序，再使用 TOP n 关键字，才能显示出需要的结果。

● TOP 后的 n 应取无符号的整数，不能使用小数。

● 如果使用 TOP n PERCENT，表示取结果集中的前 n%条记录，如果 n%生成了小数，则 SQL Server 将这个数取整。

● 如果使用了 WITH TIES 子句，表示结果集中包含那些值相同的记录，所以结果集中的记录数可能会超过 n 值。

>> 注意：只有在使用 ORDER BY 时，才能使用 WITH TIES。

6.3.2 使用聚集函数

在使用数据库时，我们经常需要对查询出来的数据进行统计和汇总，SQL Server 为我们提供了非常简便的方法——使用聚集函数。当执行聚集函数的时候，SQL Server 对整个表或表里某个组中的字段进行汇总、计算，然后生成相应字段的单个值。注意：当使用聚集函数的时候，系统只返回计算后的结果，是单个确定的值。如果想获得某种分组后的多个计算结果值，就需要联合使用 GROUP BY 子句了。

常用的聚集函数见表 6-1。

表 6-1 常用的聚集函数

函数名	描　　述
AVG（ ）	计算查询结果的平均值
COUNT（ ）	统计查询结果集中行的数目（不包含有空值的行）
COUNT（＊）	统计查询结果集中行的数目（包含有空值的行）
MAX（ ）	查找结果集中的最大值
MIN（ ）	查找结果集中的最小值
SUM（ ）	计算查询到数据值的总和

【任务 6.4】查询学习成绩表的所有课程中的最高分。

SELECT MAX(gradeNum)

FROM grade

查询结果如图 6-4 所示。

【任务 6.5】查询学习成绩表中"k009"号课程的最高分。

SELECT MAX(gradenum)

FROM grade

WHERE kcID='k009'

查询结果如图 6-5 所示。

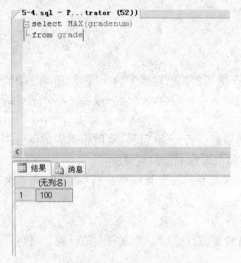

图 6-4 使用 max 聚集函数

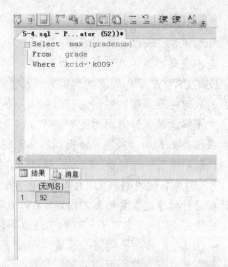

图 6-5 带有过滤条件的聚集函数的使用

【任务 6.6】查询学生信息表中学生的个数。

`SELECT COUNT(*) FROM student`

查询结果如图 6-6 所示。

使用聚集函数应注意以下事项：

● COUNT 函数是唯一一个能用于 text、ntext 或 image 数据类型的函数。

● MIN 和 MAX 函数不能用于数据类型为 bit 的字段。

● SUM 和 AVG 函数只能用于数据类型是 int、smallint、tinyint、decimal、numeric、float、real、money 和 smallmoney 的字段。

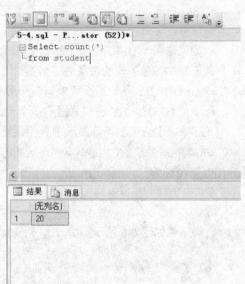

图 6-6 使用 COUNT（*）函数统计学生人数

≫》 思考题：请大家想一想，学习委员莉莉提出的问题：查查上学期咱们班"计算机网络技术"课程（课程编号为 k008）平均分是多少，可以解决了吗？

≫》 注意：SQL Server 中的函数，除了 COUNT（*）之外，其他函数都将忽略字段中的空值。

6.3.3 使用 GROUP BY 实现数据的分组汇总

在上节中我们介绍了使用聚集函数实现结果集数据的汇总，但这种汇总方式只能获得一个单个值。如果想生成多个汇总值，那么可以联合使用聚集函数和 GROUP BY 子句来实现。利用 GROUP BY 可以按一定的条件对查询到的结果进行分组，再对每一组中的数据进行聚集函数的计算，即可生成多个汇总值。

例如：在任务 6.4 中我们使用 MAX 函数得到了所有课程中的最高成绩，如果现在我们想查看每门课程的最高成绩，就可以使用 GROUP BY 子句实现。

【任务 6.7】查询学习成绩表中各门课程的最高分。

`SELECT kcID,MAX(gradeNum)`

FROM grade

GROUP BY kcID

查询结果如图 6-7 所示。

GROUP BY 子句后面的列是分组所依据的列，在程序的执行过程中，先根据 GROUP BY 子句后的列对结果集中的数据进行分组，列值相同的记录分在一组中。分组完成后，再分别对每一组应用聚集函数，计算出相应的结果。

在任务 6.7 中，系统先依据课程号对结果集中的数据进行分组，课程号值相同的记录分在一组中，然后对每一组进行 MAX 函数计算，最终求得每门课程的最高成绩。

▷▷ 注意：使用 GROUP BY 子句并不能实现对结果集中的记录按一定的顺序排序，如果需要对数据进行排序还需要用到 ORDER BY 子句。

在使用 GROUP BY 子句时要注意以下几点：

● GROUP BY 子句将按照该语句指定的字段对数据进行分组，并进行汇总计算，但是只生成一条汇总数据，并不返回细节信息。

● 所有在 GROUP BY 子句中出现的字段，都必须出现在 SELECT 语句的选择列表中。

● SELECT 语句中出现的字段，要么是聚集函数调用的列，要么出现在 GROUP BY 语句中，否则语句将无法运行。

● 如果使用 WHERE 子句，那么 WHERE 子句必须要写在 GROUP BY 语句前面。SQL Server 只对满足 WHERE 子句的记录进行分组汇总。

● GROUP BY 子句后面可以有多个分组字段。

● 如果 GROUP BY 子句后面有多个分组字段，那么分组的顺序是从右至左。

【任务 6.8】查询学习成绩表中各门课程及格学生的平均分。

SELECT kcID, AVG（gradeNum）AS 及格学生的平均成绩

FROM grade

WHERE gradeNum>=60

GROUP BY kcID

查询结果如图 6-8 所示。

图 6-7 使用 GROUP BY 语句实现数据的分组汇总

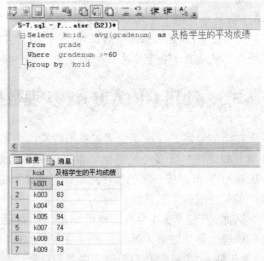

图 6-8 带条件过滤的分组查询

如果需要对分组计算后的数据再进行过滤，可以使用 HAVING 子句来实现。HAVING 子句可以在分组的同时，指定过滤条件。HAVING 子句必须用在 GROUP BY 子句之后。

【任务 6.9】在学习成绩表中查询所有课程平均成绩在 80 分以上的学生的信息。

```
SELECT SID, avg(gradeNum) as 平均成绩
FROM grade
GROUP BY sID
HAVING avg(gradeNum)>80
```

查询结果如图 6-9 所示。

在使用 HAVING 子句时应注意以下几点：

◆ 只在 GROUP BY 子句后使用 HAVING 才有意义，单独使用 HAVING 没有任何作用。

◆ HAVING 子句中可以设置多个条件，使用逻辑运算符 AND、OR、NOT 连接。

◆ 在 HAVING 子句中可以引用任何出现在 SELECT 列表中的字段。

>> 注意：HAVING 子句和 WHERE 的区别：WHERE 用在 FROM 语句的后面，只有满足 WHERE 条件的记录才能参与到分组计算中；HAVING 子句用在 GROUP BY 语句后面，是对分组计算后的结果进行筛选。WHERE 实现在分组之前，HAVING 实现在分组之后。HAVING 子句可以在条件中包含聚集函数，WHERE 子句的条件则不能包含。

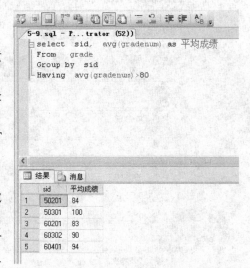

图 6-9 使用 HAVING 子句过滤分组结果

6.3.4 使用 COMPUTE 和 COMPUTE BY 子句

GROUP BY 子句能够对数据进行分组计算，但只能返回计算结果，不能查看细节信息，如果即想查看汇总结果又要查看细节信息就可以使用 COMPUTE 和 COMPUTE BY 子句实现。

>> 注意：COMPUTE 和 COMPUTE BY 子句不是标准的 SQL 语句。在进行程序开发时要注意可移植性。

【任务 6.10】在学习成绩表中查询"k008"号课程的学生考试成绩并生成平均成绩。

```
SELECT kcID,gradeNum
FROM grade
WHERE kcID='k008'
COMPUTE avg(gradeNum)
```

查询结果如图 6-10 所示。

COMPUTE BY 子句将生成细节记录和多个汇总值。该子句可以先按照 BY 后面的字段对记录进行分组，然后对每个分组进行汇总计算，并同时将分组细节和计算结果显示出来。

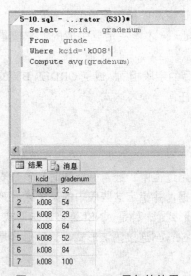

图 6-10 COMPUTE 子句的使用

【任务 6.11】在学习成绩表中查询每门课程的学生考试成绩并生成平均成绩。

```
SELECT kcID, gradeNum
FROM grade
ORDER BY kcID
COMPUTE AVG(gradeNum) BY kcID
```

查询结果如图 6-11 所示。

图 6-11　COMPUTE BY 子句的使用

使用 COMPUTE 和 COMPUTE BY 子句要注意以下几点：

● COMPUTE 子句中引用的列必须出现在该语句的 SELECT 列表中。

● 必须同时使用 ORDER BY 和 COMPTE BY 子句，这样记录才能被正确地分组显示。

● 要在 COMPUTE BY 子句后指定字段名，这样 SQL Server 才能决定要生成的汇总值是什么。

● 出现在 COMPTE BY 子句后的字段一定和 ORDER BY 后的字段相同，或是 ORDER BY 的字段的子集。它们的顺序（从左到右）也必须相同，不能略过任何一个表达式。

6.4　数据的多表连接查询

上面介绍的查询都是从一个表中检索数据，然而在实际使用过程中，经常需要同时从多个表中检索数据。表连接允许同时从两个或两个以上的表中检索数据，并指定这些表中的某个或者某些列作为连接条件。在 SQL Server 2008 中，可以使用两种语法形式：一种是 ANSI 连接语法形式，这种形式是在 FROM 子句中设置连接条件；另外一种是 SQL Server 连接语法形式，这种形式是在 WHERE 子句中设置连接条件。

ANSI 连接语法形式如下：

SELECT 表名.列名1[,… n]

FROM {表名1 [连接类型] JOIN 表名2 ON 连接条件} [,… n]

WHERE 查询条件

　　注意：在上面的语法中，关键字 JOIN 指定要连接的表，以及这些表的连接方式。关键字 ON 指定这些表共同拥有的字段。

SQL Server 连接语法形式如下：

SELECT 表名.列名1[,… n]

FROM 表名1[,… n]

WHERE {查询条件 AND|OR 连接条件|[,… n]}

连接的类型有 3 种：内连接、外连接和交叉连接。此外，在一个 SELECT 语句中，可以连接多于两个的表，也可以把一个表和它自身进行连接。

在使用连接的时候应注意以下事项：

◆ 在表的主键（primary key）和外键（foreign key）的基础上，指定连接的条件。

◆ 如果表中有由多个字段组成的主键，在连接表的时候，必须在 ON 子句中引用所有这些字段。

◆ 如果连接的表共同拥有某些字段，这些字段必须具有相同或类似的数据类型。

◆ 如果要连接的表中有些字段同名，则在引用这些字段的时候，必须同时指定表名。要使用下面的格式：表名.字段名。

◆ 尽量在连接中限制表的个数。

6.4.1　使用内连接

所谓内连接指的是多个表通过连接条件中共享的列的相等值进行的匹配连接（这些列是被连接的表中所共有的）。SQL Serve 将只返回满足连接条件的数据。使用内连接可以把两个单独的表的数据合并，并返回一个结果集。使用内连接的时候要注意以下事项：

◆ 内连接是 SQL Server 缺省的连接方式，可以把 INNER JOIN 简写成 JOIN。

◆ 在 SELECT 语句的选择列表中指定结果集中要显示的字段名。

◆ 使用 WHERE 语句可以限制结果集要返回的记录。

◆ 在连接的条件中不要指定空值，因为空值和其他值都不会相等。

【任务 6.12】查询参加"计算机网络技术"课程（k008）考试的学生的学号、姓名、班级和成绩。

```
SELECT s.sID,sName,sBanji,gradeNum
FROM student AS s INNER JOIN grade AS g ON s.sID=g.sID
WHERE g.kcID ='k008'
```

查询结果如图 6-12 所示。

在任务 6.12 中如果使用 SQL Server 语法形式，则代码如下：

```
SELECT s.sID,sName,sBanji,gradeNum
FROM student as s,grade as g
WHERE s.sID=g.sID and g.kcID='k008'
```

内连接查询还可以包含多张表，如我们对任务 6.12 加以改动，在结果集中追加显示"课程名"，见任务 6.13。

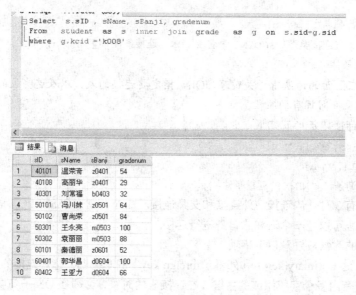

图 6-12　使用内连接查询多表数据

【任务 6.13】查询参加"计算机网络技术"课程（k008）考试的学生的学号、姓名、班级、课程名和成绩。

```
SELECT s.sID,sName,sBanji,kcName,gradeNum
FROM student AS s INNER JOIN grade AS g  ON s.sID=g.sID
INNER JOIN course AS c ON c.kcID=g.kcID
WHERE g.kcID='k008'
```

请同学们使用 SQL Server 语法形式写出任务 6.13 的查询语句。

6.4.2　使用外连接

在使用内连接进行数据查询时，只包含表中都满足连接条件的数据行，而外连接还可以将表中不满足连接的行显示出来。根据对表的限制情况，可以分为左外连接和右外连接。

左外连接和右外连接可以从两个表中返回符合连接条件的记录，同时也将返回左边或右边的表中不符合连接条件的记录，具体是哪个表由连接子句中 LEFT 或 RIGHT 关键字指定。在返回的结果集中，不满足连接条件的记录中将显示空值。当我们需要满足连接条件的记录，同时也需要其中一个表中不满足连接条件的记录时，可以使用左外连接或右外连接。使用外连接时要注意如下事项：

◆ 使用左（右）外连接时，SQL Server 只返回特定的记录。

◆ 左外连接可以显示第一个表(FROM 子句中左边的表)中所有的记录。如果我们颠倒 FROM 子句中表的顺序，则语句生成的结果集同使用右外连接的结果集相同。

◆ 右外连接可以显示第二个表(FROM 子句中右边的表)中所有的记录。如果我们颠倒 FROM 子句中表的顺序，则语句生成的结果集同使用左外连接的结果集相同。

◆ 外连接只能在两个表的连接中使用。

◆ 左外连接的语句是 LEFT OUTER JOIN，简写为 LEFT JOIN。

◆ 右外连接的语句是 RIGHT OUTER JOIN，简写为 RIGHT JOIN。

【任务 6.14】查询所有学生的学号、姓名、班级和所参加考试的课程编号及成绩。

`SELECT s.sID,sName,sBanji,kcID,gradeNum`

`FROM student AS s LEFT OUTER JOIN grade AS g ON s.sID=g.sID`

查询结果如图 6-14 所示。

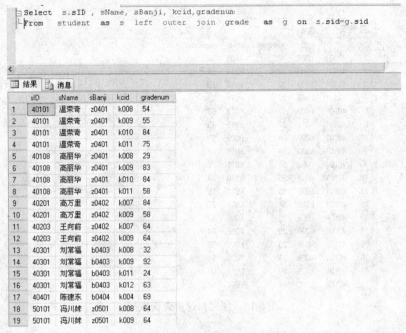

图 6-14　使用外连接查询多表数据

请同学们使用右外连接完成任务 6.14。

6.4.3　使用交叉连接

交叉连接将从被连接的表中返回所有可能的记录组合。使用交叉连接时，不要求连接的表一定拥有相同的字段。在一个规范化的数据库中，交叉连接是很少被使用的。使用交叉连接的目的是为数据库生成测试数据，或为清单及企业模板生成所有可能的组合数据。

6.4.4　使用自连接

自连接就是使用内连接或外连接把一个表中的行同该表中的另外一些行连接起来，主要用于查询比较相同的信息。使用自连接时要注意以下事项：

◆ 引用表的第二份拷贝时，必须使用表的别名。

◆ 当生成自连接时，表中的每一行都和自己比较一下，并生成重复的记录。使用 WHERE 子句可以消除这些重复的记录。

【任务 6.15】使用自连接的形式查询一次显示每个学生的两门课程成绩。

`SELECT a.sID,a.kcID,a.gradeNum,b.kcID,b.gradeNum`

`FROM grade AS a INNER JOIN grade AS b ON a.sID=b.sID`

`WHERE a.kcID<b.kcID`

查询结果如图 6-15 所示。

```
Select   a.sid,a.kcid,a.gradenum,b.kcid,b.gradenum
From     grade as a inner join grade as b on a.sid=b.sid
where    a.kcid < b.kcid
```

	sid	kcid	gradenum	kcid	gradenum
1	40301	k008	32	k009	92
2	40301	k008	32	k011	24
3	40301	k008	32	k012	63
4	40301	k009	92	k011	24
5	40301	k009	92	k012	63
6	40301	k011	24	k012	63
7	40101	k008	54	k009	55
8	40101	k008	54	k010	84
9	40101	k008	54	k011	75
10	40101	k009	55	k010	84
11	40101	k009	55	k011	75
12	40101	k010	84	k011	75
13	40108	k008	29	k009	83
14	40108	k008	29	k010	84
15	40108	k008	29	k011	58
16	40108	k009	83	k010	84
17	40108	k009	83	k011	58
18	40108	k010	84	k011	58

图 6-15 使用自连接查询数据

6.5 数据的嵌套查询

所谓嵌套查询，指的是在一个 SELECT 查询内再嵌入一个 SELECT 查询语句，我们将内嵌的查询也称为子查询，内层子查询可以作为 WHERE 子句的限制条件，或者作为新增列的值。

一般情况下，包含子查询的查询语句也可以被写作连接语句。查询语句不管是嵌套查询还是连接查询，其查询效率大体是一致的。但是嵌套查询在逻辑关系上比较好理解，因此使用嵌套查询可以将复杂的问题分解成多个子查询来实现，在语句的编写上优于连接查询。使用嵌套查询要注意以下事项：

◆ 子查询一定要用括号括起来。

◆ 只需要一个值或一系列的值，就可以用子查询代替一个表达式。可以用子查询返回一个含有多个字段的结果集，这个结果集可以替代一个表或完成一个连接语句的操作。

◆ 子查询不能查询包含数据类型是 text 或 image 的字段。

◆ 子查询中也可以再包含子查询，嵌套最多可以为 32 层。

◆ 子查询中不能包含 COMPUTE、COMPUTE BY 和 INTO 子句。

6.5.1 将子查询作为新增列引入

【任务 6.16】使用子查询，查询每个学生的平均分。

SELECT DISTINCT sID,平均分=

(SELECT avg(gradeNum) FROM grade b WHERE b.sID =a.sID)

FROM grade a

查询结果如图 6-16 所示。

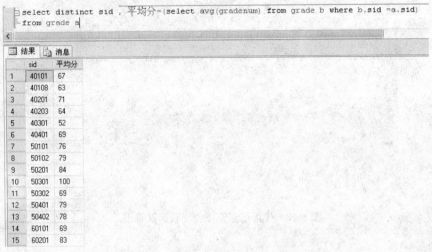

图 6-16 使用子查询作为新增列引入

6.5.2 将子查询作为比较运算符引入

【任务 6.17】使用平均分低于 70 的学生的学号。

SELECT DISTINCT sID

FROM grade a

WHERE (SELECT avg(gradeNum) FROM grade b WHERE b.sID=a.sID)<70

查询结果如图 6-17 所示。

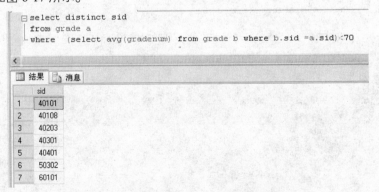

图 6-17 使用子查询作为比较运算符引入

此时子查询返回的是用于比较的单个列单个值，如果要使返回的是单个列多个值，必须在子查询前使用 ALL 或 ANY 关键字，ALL 表示比较子查询的所有值，ANY 表示比较子查询的任一值。

【任务 6.18】查询至少有一名学生成绩不及格的课程的授课教师，其中子查询用于查找有不及格学生的课程号。

```
SELECT DISTINCT kcJiaoshi
FROM course
WHERE kcID=ANY(SELECT kcID FROM grade WHERE gradeNum<60)
```
查询结果如图 6-18 所示。

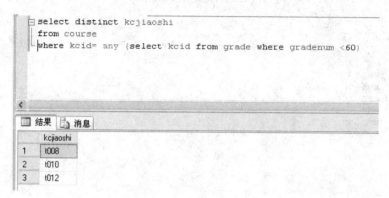

图 6-18　使用子查询作为比较运算符引入

6.5.3　将子查询作为关键字 IN 引入

【任务 6.19】查询无学生不及格的课程的授课教师，其中使用关键字 IN 引入子查询，求所有不及格学生的学生号。然后用 NOT IN 关键字对子查询结果取反。代码如下：

```
SELECT DISTINCT kcJiaoshi
FROM course
WHERE kcID NOT IN（SELECT kcID FROM grade WHERE gradeNum<60）
```
查询结果如图 6-19 所示。

```
select distinct kcjiaoshi
 from course
 where kcid not in (select kcid from grade where gradenum <60

结果  消息
  kcjiaoshi
1  t001
2  t002
3  t003
4  t004
5  t005
6  t007
7  t008
8  t013
9  t014
```

图 6-19　使用子查询作为关键字 IN 引入

6.5.4 将子查询作为聚合函数引入

【任务 6.20】查询平均分低于全体学生平均分的学生的学号，其中使用聚集函数 avg（）引入两个子查询，第一个求该生的平均分，第二个求全体学生的平均分。代码如下：

```
SELECT DISTINCT sID
FROM grade a
WHERE (SELECT avg(gradeNum) FROM grade b WHERE a.sID=b.sID)
        <(SELECT avg(gradeNum) FROM grade)
```

查询结果如图 6-20 所示。

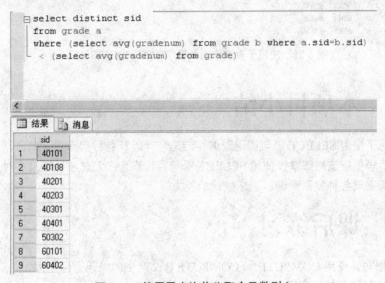

图 6-20   使用子查询作为聚合函数引入

6.5.5 将子查询作为关键字[NOT] EXISTS 引入

在 WHERE 子句中使用 EXISTS 关键字，表示判断子查询是否存在查询结果，如果有，WHERE 子句的条件为真，返回 TURE；否则条件为假，返回 FALSE。加上 NOT 则正好相反。

在前面的子查询中，子查询的 SELECT 子句只能指定一个列。而使用[NOT] EXISTS 关键字，不需在 SELECT 中指定列，这时因为此时 WHERE 子句中没有指定列，[NOT] EXISTS 关键字只是判断是否有符合条件的数据记录。

【任务 6.21】查询是否有至少一门不及格的学生，有则显示其学号和姓名。

```
SELECT DISTINCT sID,sName
FROM student s
WHERE EXISTS (SELECT* FROM grade g WHERE g.gradeNum<60 and g.sID=s.sID)
```

查询结果如图 6-21 所示。

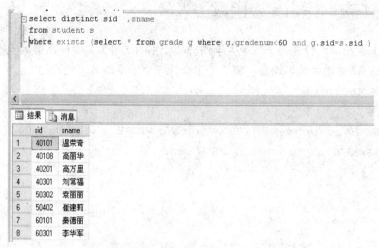

```
select distinct sid ,sname
from student s
where exists (select * from grade g where g.gradenum<60 and g.sid=s.sid )
```

	sid	sname
1	40101	温荣奇
2	40108	高丽华
3	40201	高万里
4	40301	刘常福
5	50302	袁丽丽
6	50402	崔建莉
7	60101	秦德丽
8	60301	李华军

图 6-21　使用子查询作为关键字[NOT] EXISTS 引入

 ## 6.6　本项目小结

本项目介绍了使用 SELECT 语句实现查询、汇总统计以及各种复杂查询的方法和技巧。通过本项目的学习，学生应该熟练掌握使用 SELECT 语句实现查询、汇总统计以及各种复杂查询的方法和技巧，具备完成各种复杂查询、汇总统计的能力。

 ## 6.7　课后练习

1. 查询数据时，使用 COMPUTE 和 COMPUTE BY 产生的结果有何不同？
2. 要使查询的结果按一定顺序显示，应使用什么子句？
3. 什么是 NULL 值，等价于 0 吗？
4. 在"晓灵学生管理系统"中进行以下查询：
（1）统计学生总人数。
（2）查询选修了数据库课程的学生的学号及成绩，查询结果按分数降序排列。
（3）计算选修了"操作系统"课程的学生的平均成绩。
（4）查询各课程号及相应的选课人数。
（5）查询每个学生的学号、姓名、选修的课程名及成绩。
（6）查询各专业女生的人数。
（7）汇总总分高于 100 分的学生记录，并按总分降序排列。

 ## 6.8　实验

实验目的：
（1）掌握复杂的 SELECT 查询，如多表查询、嵌套查询、连接和联合查询等。
（2）灵活应用 SELECT 语句对数据进行高级检索。

实验内容：

● 在考试成绩信息表（score）中按所属部门分组汇总学生的平均分，并按平均分的降序排列。

● 按用户编号对不及格的分数记录进行明细汇总。

● 在用户信息表（user_info）中查询在同一部门的考生及职务等级。

● 查询每个考试科目的最高分考生记录。

实验步骤：

（1）启动 SQL Server Management Studio，打开"查询编辑器"窗口。

（2）综合应用 SELECT 语句及相关子句进行高级查询。

项目七

数据库的高级使用
——视图和索引的应用

 项目要点

（1）了解视图的功能。
（2）掌握视图创建修改和删除的方法。
（3）熟悉视图查看的方法。
（4）了解索引的功能和种类。
（5）熟练应用 SQL Server Management Studio 和 T-SQL 语句对索引进行创建、修改和删除。

视图是用于创建动态表的静态定义，视图也是查看数据库表中数据的一种方法。视图中的数据是根据预定义的选择条件在一个或多个基本表或视图的基础上生成的。我们可以使用视图实现简化操作、定制数据和对权限的控制。而索引的应用是帮助我们从庞大的数据库中找到所需要的数据，SQL Server 数据库管理系统提供了类似书籍目录作用的索引技术。通过在数据库中对表建立索引，可以大大加快数据的检索速度。在数据查询时，如果表的数据量很大且没有建立索引，SQL Server 将从第一条记录开始，逐行扫描整个表，直到找到符合条件的数据行，这样系统在查询上的开销将很大，且效率会很低。如果建立索引，SQL Server 将根据索引的有序排列，通过高效的有序查找算法找到索引项，然后通过索引项直接定位数据，从而加快查找速度。

本项目将介绍实现和管理视图、索引的方法与技巧，以及使用视图和索引所带来的好处。

🖥 7.1　任务的提出

经过一段时间的学习和工作，"晓灵学生管理系统"数据库的雏形已经渐渐显露出来。晓灵在高兴之余也深深体会到，要想掌握一门知识，必须要在听课、看书的基础上进行反复的练习和实践，多动手，在实践中查找自己的漏洞和不足，然后再返回来从书中或老师那里寻找答案，遇到问题多问几个问什么。只有这样才能真正掌握和运用所学的内容。这不，晓灵又在利用业余时间翻看数据库相关的书呢。这次她又发现了新的内容 ——书中提到了视图和索引。"视图是一张虚表，其结构和数据表是一样的，也由行和列来构成……"，晓灵心里充满了疑问，"视图既然和数据表的结构是一样的，那它的功能是什么呢？是对表的一种补充吗？虚表是什么意思呢？"晓灵带着这些问题找到了郝老师。

"郝老师您好，我又来麻烦您了。"晓灵来到了郝老师的办公室，把上面的问题一股脑地倒给了郝老师。

"晓灵呀，你来得正好，我正要给你布置新任务呢，就是让你去创建视图和索引。"郝老师示意晓灵坐下，说道："咱们下面就要学习视图和索引的创建及使用了，视图确实是你说的那样，它是一张虚表。虚表意味着在视图中并没有实际的数据，数据库中只保存着视图的定义语句，可是视图的功能还是很大的。咱们先看看，在咱们的管理系统中设计了9张表格，学生、教师、课程、成绩等信息都分布在不同的表格中，表与表之间通过主外键进行联系。我们如果在这么多的表中去查询一些数据非常困难。而视图就给我们提供了一种重新整合数据的手段，我们可以通过创建视图来将我们经常需要查看的有联系的一些数据放在一起，这样我们再查阅的时候就好像是对一张表进行操作，这样是不是很方便呢？"

"对呀，郝老师，听您这样一说，我对视图有了初步的认识了。视图实际上是对原始数据表中数据的一次新的整合，将我们关心的数据聚集在一起对吗？"

"对了，就是这个意思。我们的管理系统还是一个小的数据库系统，如果以后我们开发一个非常庞大的数据库系统，可能需要定义十几张甚至几十张表，这样视图的使用就更加有意义了。除了聚集数据简化操作之外，视图还有实现数据查看的安全性、定制用户数据等很多用处。"

"谢谢郝老师的指导，那么索引有什么用呢？"晓灵通过郝老师的讲解对视图有了初步的认识，又迫不及待地问起了索引。

"索引可有着非常重要的功能啊，设置索引可以大大加快我们查询数据的速度呀"，郝老师笑着说："这样吧，晓灵，咱们别着急，从头开始一步一步地学习视图和索引的功能及使用方法，深入去领会它们在数据库中的作用。"

7.2　视图的基本概念

视图是一个虚拟表，其结构和数据是建立在对表的查询基础上的。和表一样，视图也是包括几个被定义的数据列和多个数据行，但就本质而言这些数据列和数据行来源于其所引用的基本表。所以视图不是真实存在数据的基本表而是一张虚表，视图所对应的数据并不真实地以视图结构存储在数据库中，而是存储在视图所引用的表中。

视图一经定义便存储在数据库中，但与其相对应的数据并没有像表那样又在数据库中再存储一份，通过视图看到的数据只是存放在基表中的数据。对视图的操作与对表的操作一样，可以对其进行查询、修改（有一定的限制）、删除。

当对通过视图看到的数据进行修改时，相应的基表的数据会随之发生变化，同样，若基表的数据发生变化，则这种变化也可以自动地反映到视图中。

视图有很多优点，主要表现在以下几点：

（1）视点集中。使用户只关心感兴趣的某些特定数据和他们所负责的特定任务。这样通过只允许用户看到视图中所定义的数据而不是视图引用表中的数据而提高了数据的安全性。

（2）简化操作。视图大大简化了用户对数据的操作。因为在定义视图时，若视图本身就是一个复杂查询的结果集，这样在每一次执行相同的查询时，不必重新写这些复杂的查询语句，只要一条简单的查询视图语句即可。可见视图向用户隐藏了表与表之间的复杂的连接操作。

（3）定制数据。视图能够实现让不同的用户以不同的方式看到不同或相同的数据集。因此，当有许多不同水平的用户共用同一数据库时，这显得极为重要。

（4）合并分割数据。在有些情况下，由于表中数据量太大，故在表的设计时常将表进行水平分割或垂直分割，但表的结构的变化将对应用程序产生不良的影响。如果使用视图就可以重新保持表原有的结构关系，从而使外模式保持不变，原有的应用程序仍可以通过视图来重载数据。

（5）安全性。视图可以作为一种实现安全机制的手段。通过视图用户只能查看和修改（注意是有限制的）他们所能看到数据。其他数据库或表不可见也不能访问。如果某一用户想要访问视图的结果集，必须要授予其访问权限才可以实现。视图所引用基本表与视图的权限设置互不影响。

7.3 创建视图

在创建视图之前，必须要注意以下几点：

● 只能在当前数据库中创建视图，尽管被引用的表或视图可以存在于其他的数据库内。但是如果使用分布式查询定义视图，则新视图所引用的表和视图可以存在于其他数据库中，甚至其他服务器上。

● 一个视图最多可以引用 1 024 列。

● 视图的命名必须符合 SQL Server 的标识符定义规则，视图的名称必须唯一，不能与表名相同。

● 可以在视图的基础上再创建视图。

● 不能将规则、默认对象绑定在视图上。

● 不能将触发器与视图关联。

● 定义视图的查询语句中不能包括 ORDER BY、COMPUTER、COMPUTER BY 等子句。

● 默认情况下，视图中的列继承它们在基表中的名字。

7.3.1 使用 SQL Server Management Studio 创建视图

在 SQL Server Management Studio 中创建视图是在视图设计器中完成的，方法如下：

（1）打开 SQL Server Management Studio，在"对象资源管理器"窗口展开数据库，用鼠标右键单击"视图"对象，选择"新建视图"命令，打开新建视图窗口，如图 7-1 所示。

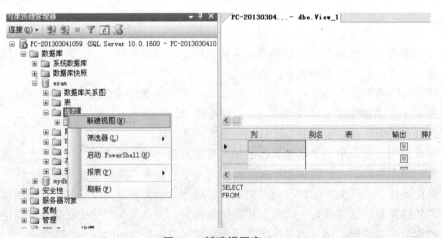

图 7-1 新建视图窗口

（2）在"添加表"对话框中选择我们要创建视图所用的表（如选择 student 和 grade 表）然后单击【添加】按钮，将我们选中的表添加到"视图设计器"中，单击【关闭】按钮退出到"视图设计器"中。

（5）在数据表中使用鼠标勾选需要在视图中引用的列，如图 7-2 所示。

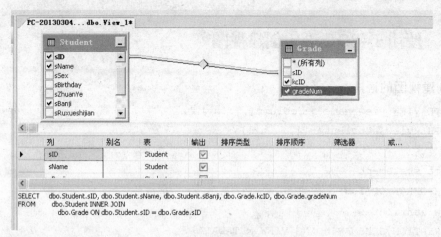

图 7-2　勾选列

（4）单击工具栏中的【运行】按钮，查看视图的运行效果。

（5）如果需要设置过滤条件可以在网格窗口的筛选器中设置（如成绩在 90 分以上的信息），如图 7-3 所示。

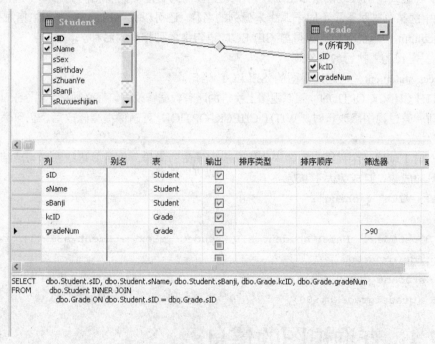

图 7-3　设置条件

（6）确认无误，单击工具栏中的【保存】按钮▣，然后输入创建视图的名称，最后单击【确定】按钮完成视图的创建，如图 7-4 所示。

图 7-4　为视图命名

7.3.2 使用 T-SQL 语句创建视图

1. 创建视图的语法

```
CREATE VIEW view_name [ ( column[,...n ] ) ]
[ WITH <view_attribute> [,...n ]]
AS
select_statement
[WITH CHECK OPTION]
<view_attribute>::=
{ENCRYPTION|SCHEMABINDING|VIEW_METADATA}
```

2. 主要参数说明

➤ view_name：是视图的名称。

➤ column：是视图中的列名。只有在下列情况下，才必须命名 CREATE VIEW 中的列：当列是从算术表达式、函数或常量派生的，两个或更多的列可能会具有相同的名称（通常是因为连接），视图中的某列被赋予了不同于派生来源列的名称。还可以在 SELECT 语句中指派列名。如果未指定 column，则视图列将获得与 SELECT 语句中的列相同的名称。

➤ AS：是视图要执行的操作。

➤ select_statement：是定义视图的 SELECT 语句。

➤ WITH CHECK OPTION：强制视图上执行的所有数据修改语句都必须符合由 select_statement 设置的准则。通过视图修改行时，WITH CHECK OPTION 可确保提交修改后，仍可通过视图看到修改的数据。

【任务 7.1】创建一个视图，包含学生信息表中学生的学号、姓名、班级和学习成绩表中该学生的课程号和成绩，且成绩大于 90。

```
CREATE VIEW v_chengji
AS
SELECT  student.sName, student.sID, student.sSex, student.sBanji, grade.kcID,
    grade.gradeNum
FROM  student CROSS JOIN grade
WHERE (grade.gradeNum>90)
```

7.4 查询视图的信息

7.4.1 查询视图基本信息

SQL Server 允许用户查看视图的一些信息，如视图的名称、视图的所用者、创建时间等，视图的信息存放在以下几个系统表中：

➤ Sysobjects；

➤ Syscolumns；

➤ Sysdepends；

➤ Syscomments。

可以通过查看上述几张表格来获得视图的基本信息。

1. 使用系统存储过程 sp_help 查看数据库对象的详细信息

格式：`sp_help` 数据库对象名称

【任务 7.2】查看视图 v_chengji 的详细信息。

在查询编辑器中执行如下的 T-SQL 语句。

```
sp_help v_chengji
```

执行结果如图 7-5 所示。

	Name	Owner	Type	Created_datetime
1	v_chengji	dbo	view	2013-06-06 15:56:00.840

	Column_name	Type	Computed	Length	Prec	Scale	Nullable	TrimTrailingBlanks	FixedLenNullInSource	Collation
1	sID	char	no	6			no	no	no	Chinese_PRC_CI_AS
2	sName	varchar	no	20			no	no	no	Chinese_PRC_CI_AS
3	sBanji	char	no	6			yes	no	yes	Chinese_PRC_CI_AS
4	kcID	char	no	6			no	no	no	Chinese_PRC_CI_AS
5	gradeNum	smallint	no	2	5	0	no	(n/a)	(n/a)	NULL

	Identity	Seed	Increment	Not For Replication
1	No identity column defined.	NULL	NULL	NULL

	RowGuidCol
1	No rowguidcol column defined.

图 7-5　查看 v_chengji 视图的详细信息

2. 使用存储过程 sp_helptext 查看视图文本

系统存储过程 sp_helptext 用于检索视图、触发器、存储过程的文本。

格式：`sp_helptext` 视图名（触发器、存储过程名）。

【任务 7.3】查看视图 v_chengji 的详细信息。

```
sp_helptext v_chengji
```

执行结果如图 7-6 所示。

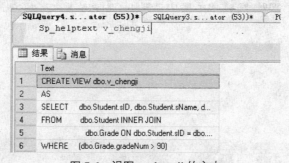

图 7-6　视图 v_chengji 的文本

7.4.2　查看视图与其他数据库对象之间的依赖关系

有时需要查看视图与其他数据库对象之间的依赖关系，比如视图在哪些表的基础上创建、有哪些数据库对象的定义引用了该视图等。

1. 使用 SQL Server Management Studio 查看依赖关系

（1）在 SQL Server Management Studio 中，展开"对象资源管理器"中数据库节点，单击视图所在的数据库"exam"。

（2）选择视图节点下面要查看的视图（如：v_chengji）目录，用鼠标右键单击，在弹出的快捷菜单中选"查看依赖关系"，打开"对象依赖关系"对话窗口，在该对话框中可以分别选查看该视图所依赖的数据库对象和依赖该视图的对象，如图 7-7 所示。

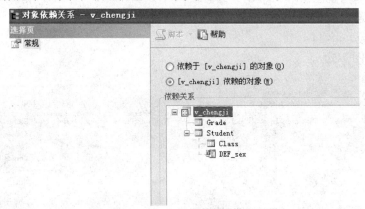

图 7-7　显示相关性

2. 使用系统存储过程 sp_depends 查看依赖关系

系统存储过程 sp_depends 可以返回系统表中存储的任何信息，该系统表能够指出该对象所依赖的对象。除视图外，这个系统存储过程可以在任何数据库对象上运行。

格式：sp_depends 数据库对象名称。

【任务 7.4】查看视图 v_chengji 所依赖的对象。

在查询编辑器窗口中执行如下 T-SQL 语句：

```
Sp_depends v_chengji
```

执行结果如图 7-8 所示。

图 7-8　视图 v_chengji 所依赖的对象

7.5　修改视图的定义

7.5.1　使用 SQL Server Management Studio 修改视图定义

■ 启动 SQL Server Management Studio,在"对象资源管理器"窗口,展开"数据库"下的"视图"节点,此时在右面的窗格中显示当前数据库的所有视图。

■ 右击要修改的视图节点(如视图 v_chengji),在弹出的快捷菜单中选择"设计"选项,打开如图 7-9 所示的视图设计器,在该设计器中完成对视图的修改。

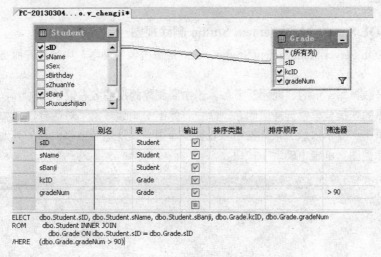

图 7-9　视图设计器

>> 注意: 如果在视图初期定义时设置了加密属性,那么我们无法看到视图的定义语句,只能将视图删除,进行重新定义。

7.5.2　使用 T–SQL 语句修改视图

使用 ALTER VIEW 语句对视图进行修改,语法如下:

```
ALTER VIEW view_name
[ WITH <view_attribute> [ ,...n ] ]
AS
select_statement
[ WITH CHECK OPTION ]
<view_attribute>:: =
{ ENCRYPTION | SCHEMABINDING | VIEW_METADATA }
```

参数的含义与创建视图的参数含义相同。实际上修改视图就是对视图进行了一次新的定义。

【任务 7.5】例如修改前面创建的视图,新增加一列"专业"。

```
ALTER VIEW V_chengji
```

```
AS
SELECT student.sName,student.sID,student.sSex,student.sZhuanye,
       student.sBanji,grade.kcID,grade.gradeNum
FROM  student CROSS JOIN grade
WHERE (grade.gradeNum>90)
```

7.5.3 删除视图

当不再需要视图或要清除视图的定义和与之关联的访问权限定义时，可以删除视图。当视图被删除后，该视图基表中存储的数据并不会受到影响。但是任何建立在视图之上的其他数据库对象的查询将会发生错误。

1. 使用 SQL Server Management Studio 删除视图

（1）启动 SQL Server Management Studio，在"对象资源管理器"中，展开服务器下的"数据库"节点。

（2）展开"数据库"下的"视图"节点，选中要删除的视图名右键单击。

（3）在弹出的快捷菜单中选择"删除"命令。弹出"删除对象"对话窗口，如图 7-10 所示。

（4）可以单击"显示依赖关系"按钮查看数据库中与该视图有依赖关系的其他数据库对象，如果确认要删除视图，单击【确定】按钮。

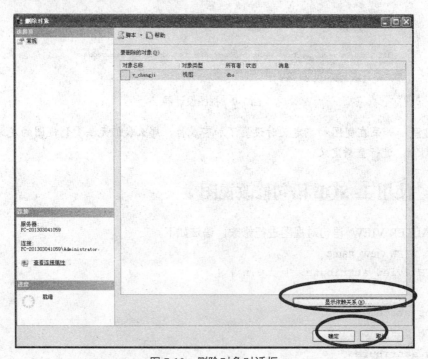

图 7-10 删除对象对话框

2. 使用 T-SQL 语句删除视图

使用 DROP VIEW 语句实现对视图的删除，语法为：

```
DROP VIEW {VIEW_name}[,...n]
```

在该语句中，一次可以删除多个视图。

【任务 7.6】将上面创建的 v_chengji 视图删除。

```
DROP VIEW v_chengji
```

7.6　索引的基本概念

在数据库的管理中，为了迅速地从庞大的数据库中找到所需要的数据，提供了类似书籍目录作用的索引技术。通过在数据库中对表建立索引，可以大大加快数据的检索速度。在数据查询时，如果表的数据量很大且没有建立索引，SQL Server 将从第一条记录开始，逐行扫描整个表，直到找到符合条件的数据行。这样，系统在查询上的开销将很大，且效率会很低。如果建立索引，SQL Server 将根据索引的有序排列，通过高效的有序查找算法找到索引项，然后通过索引项直接定位数据，从而加快查找速度。

在 Microsoft SQL Server 2008 系统中，可管理的最小空间是页，一个页是 8 KB 字节的物理空间。按照其存储内容的不同，页可分为数据页和索引页。当插入数据的时候，数据就按照插入的时间顺序被放置在数据页上。一般来说，放置数据的顺序与数据本身的逻辑关系之间是没有任何联系的。因此，从数据间的逻辑关系方面来看，数据是杂乱地堆在一起。数据的这种堆放方式称为堆。当一个数据页上的数据堆放满之后，数据就得堆放在另外一个数据页上，这时就称为页分解。随着页分解现象越来越多，查找数据就会变得越来越困难。解决这一问题就需要依靠索引。建立索引的实质就是将数据页中的数据所在的地址信息，作为数据存入索引页的叶节点上。在搜索数据时，根据叶节点的内容就可以快捷地找到相应的数据。

7.6.1　什么是索引

索引是一种树状结构，其中存储了关键字和指向包含关键字所在记录的数据页的指针。它是在通过数据库管理和使用数据时，为了提高数据的访问速度，缩短数据的查找时间而采用的一种数据库技术。索引是基本表的目录，通过这个目录就可以高效地找到需要的数据。一个基本表可以根据需要建立多个索引，以提供多种存取路径，加快数据查询速度。基本表文件和索引文件一起构成了数据库系统的内模式。

那么为什么要创建索引呢？这是因为，创建索引可以大大提高系统的性能。

（1）通过创建唯一性索引，可以保证每一行数据的唯一性。

（2）可以大大加快数据的检索速度，这也是使用索引的最主要原因。

（3）可以加速表和表之间的连接，特别是在实现数据的参考完整性方面特别有意义。

（4）在使用 ORDER BY 和 GROUP BY 子句进行数据检索时，可以显著减少查询中分组和排序的时间。

（5）使用索引可以在查询数据的过程中使用优化隐藏器，提高系统的性能。

也许有人要问：创建索引有如此多的优点，为什么不对表中的每一个属性列创建索引呢？虽然索引有许多优点，但为表中的每一个列都建立索引是非常不明智的做法，这是因为增加索引也有缺点。

（1）创建索引和维护索引要耗费时间。

（2）索引需要占用物理空间，除了数据表占物理空间之外，每一个索引还要占一定的物理空间，如果要建立聚簇索引，那么需要的空间就会更大。

（3）当对表中的数据进行增加、删除和修改的时候，索引也要动态地维护，这样就降低了数据的维护速度。

索引是依据属性列而建立的。因此，在创建索引的时候，应该考虑这些指导原则：

✓ 在经常需要查询的属性列上创建索引；

✓ 在主键上创建索引；

✓ 在经常用于连接运算的属性列上创建索引；

✓ 在经常需要根据范围进行查询的属性列上创建索引，因为索引已经排序，其指定的范围是连续的；

✓ 在经常需要排序的列上创建索引，因为索引已经排序，这样查询可以利用索引的排序，加快排序查询时间；

✓ 在常用于 WHERE 子句中的属性列上创建索引。

出于同样的考虑，某些属性列则不应创建索引。此时应考虑这些指导原则：

◆ 对于那些在查询中很少使用的属性列不应创建索引，这是因为索引的有无并不能提高查询速度，相反由于增加了索引，反而降低了系统的维护速度和增大了系统对存储空间的需求。

◆ 对于那些属性值较少的属性列不应创建索引，这是由于属性值较少，通过创建索引并不能明显提高查询速度；对于那些数据类型为 text、image 和 bit 的属性列不应创建索引。

◆ 当 UPDATE 性能远远大于 SELECT 性能时则不应创建索引。这是因为，UPDATE 的性能和 SELECT 的性能是互相矛盾的。当增加索引时，会提高 SELECT 的性能，但是会降低 UPDATE 性能。当减少索引时，会提高 UPDATE 性能，降低 SELECT 性能。因此当 UPDATE 性能远远大于 SELECT 性能时，不应创建索引。

7.6.2 索引的类型

根据索引的顺序与数据表的物理顺序是否相同，可以把索引分成两种基本类型：一种是数据表中数据的物理顺序与索引顺序相同的聚集索引；另一种是数据表中数据的物理顺序与索引顺序不相同的非聚集索引。

1. 聚集索引

聚集索引对表数据页中的数据进行排序，然后再重新存储到磁盘上，即索引信息与数据信息是混为一体的，它的叶节点中存储的是实际数据。由于聚集索引对表中的数据是经过排序的，因此通过聚集索引查找数据的速度很快。但由于聚集索引是将表的所有数据重新排列，它所需要的空间特别大，大概相当于表中数据所占空间的 120%。表的数据行只能以一种排序的方式存储在数据页上，所以一个表只能有一个聚集索引。聚集索引一般创建在表中经常搜索的列或按顺序访问的列上。创建聚集索引时应考虑以下几个因素：

➤ 每个表只能有一个聚集索引。

➤ 数据页中数据的物理顺序和索引页中行的物理顺序是一致的，创建任何非聚集索引之前要首先创建聚集索引，这是因为聚集索引将改变数据页中数据的物理顺序。

➤ 索引键值的唯一性使用 UNIQUE 关键字或由内部的唯一标识符明确维护。

➤ 在索引的创建过程中，SQL Server 临时使用当前数据库的磁盘空间，所以要保证有足够的空间创建聚集索引。

2. 非聚集索引

非聚集索引按照索引的字段排列数据，将排序的结果以数据的键值信息和地址信息为内容存储于索引页中。非聚集索引具有完全独立数据行的结构，使用非聚集索引不用将数据页中的数据按索引键值排序。索引页的叶结点中存储了索引键值信息和行定位器。其中行定位的结构和存储的内容取决于数据的存储方式。如果数据是以聚集索引的方式存储的，则行定位器中存储的是聚集索引的索引键；如果数据不是以聚集索引方式存储的，则行定位器中存储的是指向数据行的指针。非聚集索引是将行定位器按索引键值进行排序，排序的结果与数据在数据页中的物理顺序不一定相同。由于非聚集索引使用索引页存储，因此比聚集索引需要较少的存储空间。与聚集索引相比，非聚集索引是先在索引页中检索信息，然后根据行定位器再从数据页中检索物理数据，所以查询效率较低。由于一个表只能有一个聚集索引，当用户需要建立多个索引时，就需要考虑非聚集索引了。每个基本表可以建立 249 个非聚集索引。在下列情况下考虑使用非聚集索引：

➤ 含有大量唯一值的属性列。

➤ 返回的查询结果很少，甚至是单行结果集的检索。

➤ 经常使用 ORDER BY 子句。

3. 唯一索引

按照其实现的功能，有一类索引被称为"唯一索引"。它既可以采用聚集索引的结构，又可以采用非聚集索引的结构。其主要特征如下：

● 在同一个基本表或视图中，不允许任意两行数据具有相同的索引值；

● 遵循实体完整性的约束；

● 在创建主键约束和唯一性约束时，系统自动创建唯一索引。

唯一索引确保了索引键不包含重复的值。在创建唯一索引时，如果在该属性列存在重复，那么系统将返回错误信息。

4. 复合索引

它是由两个或两个以上的属性列组成的一种非聚集索引。其主要特征如下：

● 把两列或多列指定为索引；

● 对复合列作为一个单元进行搜索；

● 创建复合索引中的列序不一定要与基本表中的列序相同。

5. 其他索引

除了上述索引以外，还有包含性列索引、视图索引、全文索引和 XML 索引。视图索引将具体化（执行）视图，并将结果集永久存储在唯一的聚集索引中，其存储方法与带聚集索引的基本表的存储方法相同。创建聚集索引后，可以为视图添加非聚集索引。全文索引则是一种特殊类型的基于标记的功能性索引，由 Microsoft SQL Server 全文引擎（MSFTESQL）服务创建和维护。用于帮助在字符串数据中搜索复杂的词。而 XML 索引是数据类型列中的 XML 二进制大型对象（BLOB）的拆分和持久化的表示形式，可以对表中的每个 XML 列创建一个主 XML 索引和多个辅助 XML 索引。

7.7 实现索引

可以通过以下三种方法来实现索引：

● 通过主键约束或唯一性约束间接实现索引。

- 使用 SQL Server Management Studio 创建索引。
- 使用 T-SQL 语句创建索引。

7.7.1 间接实现索引

在创建基本表时，通过设置约束可以附带地自动创建索引。此方法所创建的索引将自动给定与约束名称相同的索引名称。

1. 建表时通过对列定义主键约束实现索引

在创建基本表时，如果定义了主键约束，那么系统会自动创建一个聚集索引。

例如在学生信息表中我们在学号列上设置了主键约束和 CLUSTERED 关键字。通过此方法间接实现索引名为 PK_student 的聚集索引，结果如图 7-11 所示。

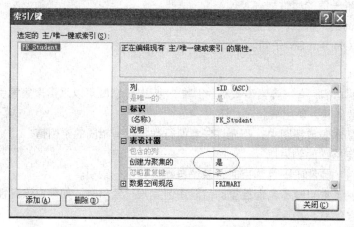

图 7-11　通过主键约束实现的聚集索引

2. 建表时通过对列定义唯一性约束实现索引

在创建基本表时，如果定义了唯一性约束，那么系统会附带自动创建唯一性非聚集索引。

例如在学生信息表中我们为学生姓名列上设置了唯一性约束。通过此方法间接实现索引名为 IX_student 的非聚集索引，结果如图 7-12 所示。

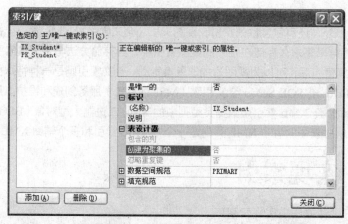

图 7-12　通过添加唯一性约束实现创建唯一性非聚集索引

3. 修改表时通过对列添加主键约束实现索引

当对一个已存在的表修改时，如果在某个属性列上添加主键约束，那么系统会附带自动创建唯一性索引。

例如在 teacher 表中，在教师编号（tID）属性列上添加主键约束 PK_ teacher_id。通过此方法间接实现索引名为 PK_teacher_id 的索引。

```
ALTER TABLE teacher WITH NOCHECK
ADD CONSTRAINT PK_teacher_id PRIMARY KEY（tID）
```

4. 修改表时通过对列添加唯一性约束实现索引

当对一个已存在的表进行修改时，如果在某个属性列上添加唯一性约束，那么系统会附带自动创建唯一性索引。

7.7.2 使用 SQL Server Management Studio 创建索引

（1）打开 SQL Server Management Studio，展开指定的服务器和数据库，选择要创建索引的基本表，用鼠标右键单击该表，选择"新建索引"命令，如图 7-13 所示。

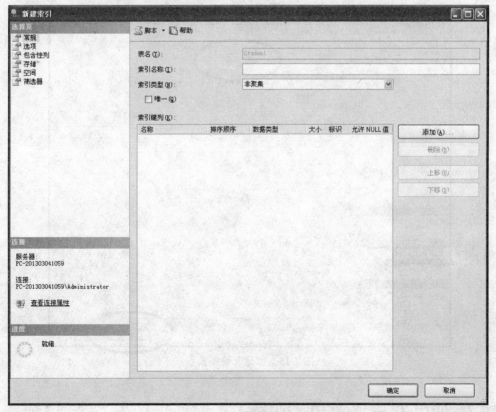

图 7-13 新建索引窗口

（2）在该窗口中输入索引名称，选择索引类型，然后单击【添加】按钮，选择索引所在的列，如图 7-14 所示。

图 7-14　索引选择列窗口

（3）在"新建索引"窗口中，单击【确定】按钮，结果如图 7-15 所示。

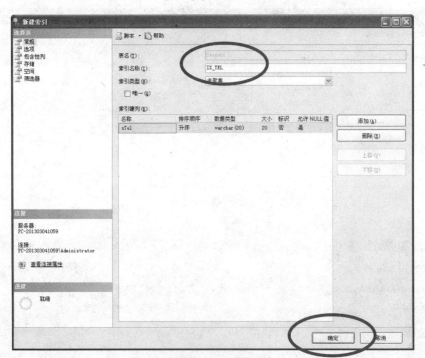

图 7-15　创建非聚集索引

7.7.3　使用 T-SQL 语句实现索引

（1）使用 CREATE INDEX 语句可以创建各种类型的索引，其语法格式如下：

```
CREATE [UNIQUE] [CLUSTERED|NONCLUSTERED] INDEX index_name
  ON <table_name|view_name> (column [ASC|DESC] [,...n])
```

```
[ON filegroup_name|default]
```

（2）其中各参数说明如下：

➤ UNIQUE:为表或视图创建唯一索引。

➤ CLUSTERED:为表或视图创建聚集索引。

➤ NONCLUSTERED:为表或视图创建非聚集索引，系统默认创建的索引为非聚集索引。

➤ index_name:索引的名称。索引名称在表或视图中必须唯一，但在数据库中不必唯一。索引名必须遵循标识符命名规则。

➤ table_name:要为其建立索引的基本表的名称。

➤ view_name:要为其建立索引的视图的名称。必须使用 SCHEMABINDING 定义视图，才能为视图创建索引。并且必须先为视图创建唯一的聚集索引，才能为该视图创建非聚集索引。

➤ column:索引所基于的一或多个数据列。指定两个或多个列名，可为指定列的组合值创建组合索引。在 table_name 或 view_name 后的括号中列出组合索引中要包括的列（按排序优先级排列）。一个组合索引键中最多可组合 16 列。组合索引键中的所有列必须在同一个表或视图中，且其数据类型的长度之和不能超过 900 字节。

➤ ASC | DESC:确定特定索引列的排序方向为升序或降序。默认值为 ASC。

（3）实例。

【任务 7.7】将课程信息表中课程编号列创建为聚集索引。

```
CREATE CLUSTERED INDEX IX_course
    ON course ( kcID )
```

【任务 7.8】为班级信息表中的班级名称列创建唯一的非聚集索引。该索引将强制插入该数据列中的数据具有唯一性，保证了班级名称不重名。

```
CREATE UNIQUE INDEX AK_class
    ON class ( clsName )
```

【任务 7.9】在学习成绩表的学号和课程号两列上创建非聚集组合索引。

```
CREATE NONCLUSTERED INDEX IX_grade
    ON grade ( sID,kcID )
```

7.8　删除索引

当不再需要一个索引时，可以将其从数据库中删除，以回收它当前使用的磁盘空间。这样数据库中的任何对象都可以使用此回收的空间。必须先删除主键约束或唯一性约束，才能删除约束使用的索引。通过修改索引（如修改索引使用的填充因子），实质上可以删除并重新创建主键约束或唯一性约束使用的索引，而无须删除并重新创建约束。删除视图或表时，将自动删除为永久性和临时性视图或表创建的索引。

重新生成索引（而不是删除再重新创建索引）还有助于重新创建聚集索引。这是因为如果数据已经排序，则重新生成索引的过程无需按索引列对数据排序。

1. 使用 SQL Server Management Studio 删除独立于约束的索引

具体步骤：

（1）在"对象资源管理器"窗口中展开"表"节点。

（2）展开要使用的表，然后展开"索引"节点。

（3）右击要删除的索引名称，在弹出的快捷菜单中选择"删除"选项。

（4）在"删除对象"窗口中单击【确定】按钮。

2. 使用 DROP INDEX 语句删除独立于约束的索引

删除索引的语法格式：

```
DROP INDEX table.index|view.index [,...n]
```

其中 table | view 用于指定索引列所在的表或视图；index 用于指定要删除的索引名称。需要注意的是 DROP INDEX 命令不能删除由 CREATE TABLE 或 ALTEX TABLE 命令创建的主键约束或唯一性约束，也不能删除系统表中的索引。

【任务 7.10】删除任务 7.7 创建的索引。

```
DROP INDEX course.IX_course
```

≫ 说明：表在创建主键约束时自动创建的索引，无法利用 DROP INDEX 语句删除。

7.9 本项目小结

本项目介绍了视图和索引的概念，创建和管理视图和索引的方法和技巧。通过对本项目的学习，学生应了解使用数据库对象视图与索引的意义和特点；掌握使用 SQL Server Management Studio 和 T-SQL 语句实现创建视图和索引的方法与技巧；能够熟练地对视图和索引进行管理。

7.10 课后练习

1. 使用视图和索引各有什么好处？

2. 视图的内容可以包括什么？

3. 视图与查询，视图与表之间各有什么区别？

4. 什么情况下使用索引好？

5. 索引的种类有哪些？

6. 有一个汽车（car）数据库，数据库中包括两个表：

（1）销售记录表由销售编号、车主编号、车型、销售时间、金额、数量六个属性组成，可记为：销售记录（销售编号，车主编号，车型，销售时间，金额，数量），销售编号为关键字。

（2）"客户信息"表由车主编号、车主姓名、性别、家庭住址、手机五个属性组成，可记为：客户信息（车主编号，车主姓名，性别，家庭住址，手机），车主编号为关键字。

要求：按以下要求写出相应的 T-SQL 语句。

1）在销售记录表中创建视图，来查询汽车的销售数量前三名的情况。

2）创建视图，查询车主家庭是北京的销售记录。

3）为客户信息表创建一个唯一聚集索引。依据字段"车主编号"进行排序。

4）为销售记录表创建一个复合索引，依据字段"销售编号""车主编号"进行排序。

7.11 实验

实验目的：

（1）掌握视图的创建、修改和删除。

（2）掌握使用视图来访问数据。

（3）掌握使用 SQL Server Management Studio 和 T-SQL 语句创建索引。

（4）掌握使用 SQL Server Management Studio 和 T-SQL 语句删除索引。

实验内容：

（1）分别用界面方式和命令方式创建以下视图。

在 exam 数据库中使用考试信息表（test）和考生信息表（testuser）创建视图，查询每个考试科目考生的总人数。

（2）通过视图修改数据。

使用命令方式利用 exam 数据库中的题库信息表（exam_database）创建视图，通过该视图将"是否选中"的值为 1 的改成 0，值为 0 的改成 1。

（3）删除上面步骤创建的视图。

（4）分别使用界面方式和命令方式为科目信息表（subject）中的科目编号创建一个聚集索引。

（5）分别使用界面方式和命令方式为 exam 数据库中的新闻信息表（news）创建一个复合索引，索引字段为新闻编号和新闻类型。

（6）删除上面步骤创建的索引。

实验步骤：

（1）启动 SQL Server Management Studio。

（2）使用界面方式和 CREATE VIEW 命令方式创建两个视图，实现对数据的查询和修改。

（3）使用界面方式和 DROP VIEW 命令方式删除视图。

（4）使用界面方式和 CREATE INDEX 命令方式创建两个索引。

（5）使用界面方式和 DROP INDEX 命令方式删除索引。

项目八

T-SQL 编程语言

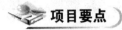 **项目要点**

（1）了解什么是 T-SQL 语言。
（2）掌握 T-SQL 语言的功能和组成。
（3）熟练使用常用的 T-SQL 语句对数据库进行操作。

8.1 任务的提出

一天，一脸愁容的晓灵又来到了郝老师的办公室。

郝老师："晓灵呀！又是什么事把你给愁成这样啦？经过这一段时间的学习，你的数据库知识水平及专业技能突飞猛进啊！"

晓灵："郝老师，您就别拿我开玩笑了，我都快愁死了。确实通过前几个项目的学习，我学会了在 SQL Server 2008 数据库系统中创建和管理数据库、基本表、索引和视图等数据库对象，也能够完成数据的查询与数据更新任务。但是现在我还是愁啊！"

郝老师："那你现在还愁些什么啊？给我说说，看我能不能给你解决一下。"

晓灵："对于前面的那些数据库操作，单独完成哪一个任务，我都没有问题。但现在的问题是，如果需要对执行的结果进行判断或根据某些数据值的不同，需要采取不同的处理方法，这些我就不会了。"

郝老师："噢，这个问题呀！解决这个问题并不难，你不要太着急了。其实这个问题的核心就是需要对执行 SQL 语句的流程进行控制。你以前不是学习过 C 语言吗？有 C 语言的流程控制语言做基础，解决这个问题不在话下。"

"解决 SQL 语句的流程控制问题，需要学习 T-SQL 语言的编程技术。其内容通常来说包括常量和变量的使用、程序流程的控制、函数的调用、游标的使用等几个方面。"郝老师接着说："通过学习 T-SQL 语言的编程技术，我们还可以通过使用一组 SQL 语句的方式来完成一系列完整、复杂的任务。这样一来就简化了编程的复杂性，提高了程序代码的重用性，降低了程序的开发成本，从而提高开发效率。"

郝老师又说："其实通过学习 T-SQL 语言的编程技术，还可以为将来我们学习存储过程和触发器奠定基础。"

对于 T-SQL 语言的编程技术，通常来说包括常量和变量的使用、程序流程的控制、函数的调用等几个方面，下面我们就来一一介绍。

8.2 T-SQL 语言基础

8.2.1 T-SQL 语言介绍

结构化查询语言（Structured Query Language，缩写为 SQL）是一种在关系型数据库系统中使用的语言。SQL 最早是在 20 世纪 70 年代由 IBM 公司开发出来的，作为 IBM 关系数据库原型 System R 的原型关系语言，主要用于关系数据库中的信息检索。

Transact-SQL（简称 T-SQL）语言是 SQL Server 使用的一种数据库查询和编程语言，是结构化查询语言 SQL 的增强版本，增加了一些非标准的 SQL 语句，使其功能更强大。使用 T-SQL 语句可建立、修改、查询和管理关系数据库，也可以把 T-SQL 语句嵌入到某种高级程序设计语言（如 VB、VC、DELPHI）中使用，T-SQL 语言功能强大，简单易学。

T-SQL 语言的基本成分是语句，由一个或多个语句可以构成一个批处理，由一个或多个批处理可以构成一个查询脚本（以 sql 作为文件扩展名）并保存到磁盘文件中，供以后需要时使用。

在编写和执行 T-SQL 语句时，将会使用到下列语句：

（1）数据定义语言（DDL）语句：用于对数据库以及数据库对象进行创建、修改和删除等操作，主要包括 CREATE、ALTER 和 DROP 语句。针对不同的数据库对象，其语法格式不同。例如：创建数据库是 CREATE DATABASE 语句，创建表是 CREATE TABLE 语句。

（2）数据操作语言（DML）语句：用于查询和修改数据库中的数据，包括 SELECT、INSERT、UPDATE 和 DELETE 语句。

（3）数据控制语言（DCL）语句：用于安全管理，改变数据库用户或角色的相关权限。包括 GRANT、REVOKE 和 DENY 语句。

8.2.2 标识符

数据库对象的名称即为一种标识符，就像是一个人的姓名一样。对象的标识符是在定义对象时创建的，然后就可以通过标识符来引用该对象。SQL Server 的标识符分为标准标识符和分隔标识符两大类。

8.2.2.1 标准标识符

标准标识符也称为常规标识符，它包含 1 ~ 128 个字符，以字母（a ~ z 或 A ~ Z）、下划线（ _ ）、@或#开头，后续字符可以是 ASCII 字符、Unicode 字符、符号（ _、$、@或#），但不能全为下划线（ _ ）、@ 或 #。

以符号开始的标识符是具有特殊用途的：

（1）以@开头的标识符代表局部变量或参数；

（2）以@@开头的标识符代表全局变量；

（3）以#开头的标识符代表临时表或存储过程；

（4）以##开头的标识符代表全局临时对象。

>> 注意

标准标识符不能是 T-SQL 的保留关键字。标准标识符中是不允许嵌入空格或其他特殊符号的。

8.2.2.2 分割标识符

分隔标识符是包含在双引号（""）或中括号（[]）内的标准标识符或不符合标准标识符规则的标识符。

对于不符合标准标识符规则的，比如对象或对象名称的一部分使用了保留关键字的，或者标识符中包含嵌入空格的，都必须使用分隔标识符。

【任务 8.1】本例列出一些合法和不合法的标识符。

以下是合法的标识符：

Table1、TABLE1、table1、stu_proc、_abc、@varname、#proc、##temptb。

以下是不合法的标识符：

Table 1、@@@、SELECT、TABLE。

【任务 8.2】假如某公司数据库中有一张北京分公司所有员工的信息表，表名为 Empoyees In Beijing，现要查询 Empoyees In Beijing 表中的所有员工信息，则查询语句应为：

```
SELECT* FROM'Empoyees In Beijing'
```

或者为

```
SELECT* FROM [Empoyees In Beijing]
```

≫ 提示：不提倡使用分隔标识符，推荐采用"见名知义"的原则命名标识符。必要的时候利用下划线、数字加以区分各对象，以使得对象的名称清晰易读，也在一定程度上减少与保留关键字发生冲突的可能。

8.2.3 变量

变量是由用户定义并可赋值的实体。变量有全局变量和局部变量两种。全局变量由系统定义并进行维护，变量名称由两个@@符号开始，在使用时可以直接引用。而局部变量则是用 DECLARE 语句进行声明并且由用户或进程通过 SET 语句或 SELECT 语句进行赋值，它只能用在声明该变量的过程体内，名字由一个@符号开始。

8.2.3.1 局部变量

局部变量的声明和赋值格式为：

```
DECLARE @Local_variable datatype[,@Local_variable datatype …]
SET @Local_variable=表达式
SELECT @Local_variable=表达式|SELECT 子句
```

≫ 说明：

DECLARE 语句用于声明变量，参数@Local_variable 为所定义的变量名，datatype 为所定义变量的数据类型。

SET 语句和 SELECT 语句均可用于给变量@Local_variable 赋值。

【任务 8.3】请定义两个变量，分别为@var_1 和@var_2，在对它们赋值后输出其值。

```
DECLARE @var_1 char(20),@var_2 int /*定义变量*/
SET @var_1='Hello!' /*为变量@var_1 赋值*/
SELECT @var_2=10 /*为变量@var_2 赋值*/
SELECT @var_1,@var_2 /*输出变量的内容*/
```

8.2.3.2　全局变量

全局变量是由系统提供的，用于存储一些系统信息。只可以使用全局变量，不可以自定义全局变量。

【任务 8.4】查看 SELECT 后的记录集里的记录数，并查看 SQL Server 2008 自启动以来的连接数，通过调用全局变量实现。

```
SELECT* FROM 雇员
PRINT '一共查询了'+ CAST(@@ROWCOUNT AS varchar(5))+'条记录'
SELECT 'SQL Server 2008 自启动以来尝试的连接数：'+CAST(@@CONNECTIONS AS
varcahr(10))
```

其运行的结果是，@@ROWCOUNT 记录了上次运行 T-SQL 所影响的记录数，@@CONNECTIONS 记录的是 SQLServer 自上次启动以来尝试的连接数，无论连接是成功还是失败。

8.2.4　常量

常量是表示特定数据值的符号，其值在程序运行过程中不变。常量的格式取决于它所表示的值的数据类型。常量包括字符型常量、整型常量、实型常量、日期型常量、货币型常量等。

字符型常量是用单引号引起来的字符串，如'平均值' 'This is a Test' ' abcde'等。

》》注意：单引号一定要用半角的，在 T-SQL 语言中只能识别半角字符。

整型常量即整数常数，比如 12、28、–200 等。

实型常量即带小数点的常数，比如 1.153、–23.52、1.386E+5 等。

日期型常量是日期常数，比如 6/2/75、Jan 1 1900 或 May 1 1999 等。

货币型常量实际上也是数值性的数据，但是我们应该在前面加上美元符号 $ ，比如$1.2。

8.2.5　运算符

运算符是一种符号，用来指定要在一个或多个表达式中执行的操作。Microsoft SQL Server 2008 使用的运算符有算术运算符、赋值运算符、位运算符、比较运算符、逻辑运算符、字符串连接运算符和一元运算符。

8.2.5.1　算术运算符

算术运算符的作用是在两个表达式上执行数学运算。算术运算符包括加（＋）、减（－）、乘（＊）、除（／）和取模（％）。参与运算的两个表达式其数据类型一般情况下应该是数值型数据，但加（＋）和减（－）运算符也可用于对 datetime 及 smalldatetime 数据类型的值执行数学运算。

8.2.5.2　赋值运算符

T-SQL 有一个赋值运算符，即等号（＝）。它的作用是将其左边的变量设置成符号右边的值。

8.2.5.3　位运算符

位运算符在两个表达式之间执行按位操作。这两个表达式适用的数据类型可以是整型或与整型兼容的数据类型（比如字符型等），但不能为 image。表 8-1 中列出了位运算符及其运算规则。

表 8-1　位运算符及其运算规则

运算符	运算规则
&（按位与运算）	两个位均为 1 时，结果为 1，否则为 0
|（按位或运算）	只要有一个位为 1，结果为 1，否则为 0
^（按位异或运算）	两个位值不同时，结果为 1,否则为 0

8.2.5.4　比较运算符

比较运算符又称关系运算符，常用于测试两个表达式的值之间的关系，通常多出现在条件表达式中。比较运算符计算结果为布尔数据类型，它们根据测试条件的输出结果返回一个逻辑值 TRUE 或 FALSE。

在 SQL Server 中可以在变量之间、列之间或同一类型的表达式之间进行比较。其常用的比较运算符有相等（=）、大于（>）、小于（<）、大于等于（>=）、小于等于（<=）和不等于（<>）。

8.2.5.5　一元运算符

一元运算符只对一个表达式执行操作，这个表达式可以是数字数据类型分类中的任何一种数据类型。一元运算符及其含义见表 8-2。

表 8-2　一元运算符及其含义

运算符	含　义
+（正）	数值为正
–（负）	数值为负
~（按位反）	返回数字的补数

8.2.5.6　逻辑运算符

逻辑运算符用于对某个条件进行测试。与比较运算符一样，逻辑运算符运算的结果也返回一个值为 TRUE 或 FALSE 的逻辑值。表 8-3 中列出了逻辑运算符及其运算规则。

表 8-3　逻辑运算符及其运算规则

运算符	运算规则
AND	如果两个表达式值都为 TRUE，则运算结果为 TRUE
OR	如果两个表达式中有一个值为 TRUE，则运算结果为 TRUE
NOT	对表达式的值取反

运算符	运算规则
ALL	如果每个操作数的值都为 TRUE，则运算结果为 TRUE
SOME （ANY）	在对一系列的操作数的比较运算中只要有一个值为 TRUE，则结果为 TRUE
BETWEEN … and …	如果操作数的值在指定的范围内，则运算结果为 TRUE；如果操作数的值为 NULL，则运算结果为 UNKNOWN
EXISTS	如果子查询包含一些记录，则为 TRUE
IN	如果操作数是表达式列表中的某一个，则运算结果为 TRUE
LIKE	如果操作数与一种模式相匹配，则为 TRUE

>>> 注意：在 SQL 中规定 ANY 是 SOME 的同义词，早期的标准用 ANY，现在有些系统仍未改为 SOME。

8.2.5.7　字符串连接运算符

字符串表达式中的运算符（+）称为字符串连接运算符，其作用是可以将两个或多个字符或二进制字符串、列或字符串和列名的组合连接到一个表达式中，而字符串的其他操作则通过字符串函数实现。

8.2.5.8　运算符的优先级别

当一个复杂的表达式有多个运算符时，运算符优先性决定执行运算的先后次序。运算顺序的不同会影响到表达式返回的值。在 SQL Server 中各种运算符有下面这些优先等级。在较低等级的运算符之前先对较高等级的运算符进行求值。运算优先级按以下 1~9 顺序依次降低。

1. ~（按位取反）

2. *（乘）、/（除）、%（模）

3. +（正）、-（负）、+（加）、（+ 串联）、-（减）、&（按位与）

4. =, >, <, >=, <=, <>, !=, !>, !< 比较运算符

5. ^（按位异或）、|（按位或）

6. NOT

7. AND

8. ALL、SOME、BETWEEN、IN、LIKE、OR

9. =（赋值）

当一个表达式中的两个运算符有相同的运算符优先等级时，则基于它们在表达式中的位置来对其从左到右进行求值。需要注意的是，在表达式中可以使用括号替代所定义的运算符的优先性。

8.2.6　表达式

使用运算符来连接的式子，称为表达式。表达式是符号和运算符的组合，通过运算符连接运

算量构成表达式，用来计算以获得单个数据值。表达式可以是由单个常量、变量、字段或标量函数构成的简单表达式，也可以是通过运算符连接起来的两个或更多简单表达式所组成的复杂表达式。表达式运算结果的类型由表达式中的元素来决定。

8.3 T–SQL 函数

在 T-SQL 语句中，用户或进程可以通过使用函数来获得系统信息、执行数学计算、实现对数据的统计、实现数据的类型转换等。T-SQL 编程语言提供三种类型的函数：行集函数、聚合函数和标量函数。

8.3.1 行集函数

返回值可以像表一样使用的函数，称为行集函数。常见的行集函数如表 8-5 所示。

表 8-5 SQL-Server 行集函数

函数名	功 能
CONTAINSTABLE	对一个表的所有列或指定列进行搜索，返回一个与指定查询内容相匹配的具有任意数据行的表。CONTAINSTABLE 可以在 SELECT 语句的 FROM 子句中直接引用
FREETEXTTABLE	在一个表的所有列或指定列中搜索一个自由文本格式的字符串，并返回与该字符串匹配的数据行。在调用 FREETEXTTABL 函数时，需要对指定表进行全文索引。所以 FREETEXTTABLE 函数所执行的功能又称作自由式全文查询
OPENDATASOURCE	不使用链接的服务器名，而通过提供特殊的连接信息打开数据源
OPENQUERY	在给定的链接服务器（一个 OLE DB 数据源）上直接执行指定的查询
OPENROWSET	此函数在执行时需要包含访问 OLE DB 数据源中的远程数据所需的全部连接信息。当访问链接服务器中的表时，这种方法是一种替代方法，并且是一种使用 OLE DB 连接并访问远程数据的一次性、特殊的方法
OPENXML	通过 XML 文档提供行集视图

由于行集函数使用得较少，故在此只做简单介绍。如有兴趣进一步了解相关函数的用法可参考相关书籍（或 SQL Server 联机丛书）。

8.3.2 聚合函数

聚合函数常用于 SELECT 语句查询行的统计信息，常与 GROUP BY 语句一起使用。在 SQL Server 中，常用的聚合函数以及参数、功能如表 8-6 所示。

表 8-6 常用的聚合函数

函数名称	参 数	功 能
AVG	[ALL|DISTINCT|expr]	返回表达式的平均值
COUNT	[ALL|DISTINCT|expr]	返回在某个表达式中，数据值的大小。如果搭配 DISTINCT 关键词使用，将会自动删除重复的数值
COUNT	(*)	计算所有的行数（包括空值行），不能使用 DISTINCT 关键词
MAX	expr	返回表达式中的最大值
MIN	expr	返回表达式中的最小值
SUM	[ALL|DISTINCT|expr]	返回表达式所有数值的总和

8.3.3 标量函数

标量函数操作某一单一的值，并返回一个单一的值。只要是能够使用表达式的地方，就可以使用标量函数。标量函数有很多，表 8-5 按类分组列出标量函数。

表 8-5 标量函数

函数分类	功 能
配置函数	返回当前配置信息
游标函数	返回游标信息
日期和时间函数	对日期和时间输入值执行操作，返回一个字符串、数字或日期和时间值
数学函数	对作为函数参数提供的输入值执行计算，返回一个数字值
元数据函数	返回有关数据库和数据库对象的信息
安全函数	返回有关用户和角色的信息
字符串函数	对字符串（char 或 varchar）输入值执行操作，返回一个字符串或数字值
系统函数	执行操作并返回有关 SQL Server 中的值、对象和设置的信息
系统统计函数	返回系统的统计信息
文本和图像函数	对文本或图像输入值或列执行操作，返回有关这些值的信息

8.3.3.1 字符串函数

字符串函数可以实现字符串的转换、查找等操作。在 SQL Server 中提供的主要字符串函数如表 8-6 所示。

表 8-6 字符串函数

函数名称	参 数	功 能
+	expr_expr	字符串连接
ASCII	char_expr	返回 ASCII 的数值
CHAR	interger_expr	返回 ASCII 的字符
CHARINDEX	"pattern" , expr	取得 Pattern 的起始位置
DIFFERENCE	char_expr1 , char_expr2	字符串比较
LTRIM	char_expr	删除字符串左方的空格
LOWER	char_expr	将字符串的内容全部转换成小写字母
PATINDEX	"%pattern" , expr	取得 Pattern 的起始位置
REPLICATE	char_expr,integer_expr	根据指定的数值,产生重复的字符串内容
RIGHT	char_expr,interger_expr	返回字符串右边指定的字符内容
REVERSE	char_expr	反向表达式
RTRIM	char_expr	去除字符串右边的空格
SOUNDEX	char_expr	返回一个四位程序代码,用以比较两个字符串的相似性
SPACE	interger_expr	产生指定数量的空格
STUFF	char_expr1,start,length,char_expr2	在 char_expr 字符串中,从 start 开始,长度为 length 的字符串,以 char_expr2 取代
SUBSTRING	expr,start,length	返回 expr 字符串中,从 start 开始,长度为 length 的字符串
STR	float[,length[,decimal]]	将数值转换为字符串的函数。length 为总长度,decimal 是小数点之后的长度
UPPER	char_expr	将字符串中全部的字符转换为大写字母

【任务 8.5】利用系统提供的字符串函数(SUBSTRING)查询 2003 年入学的所有学生的学号、姓名和所在班级等信息。

分析:根据学号编制的规律,可知学生学号的第 2 位和第 3 位所记载的信息即为该学生的入学年份,所以使用函数 SUBSTRING(sID, 2, 2)即可求出该学生的入学年份。

要完成这个任务,可以在查询编辑器中执行以下 T-SQL 语句:

```
USE myDB
GO
SELECT sID,sName,sBanji
FROM student
WHERE SUBSTRING(sID,2,2)='03'
```

上述 T-SQL 语句的执行结果如图 8-1 所示。

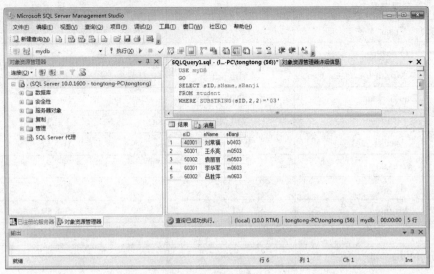

图 8-1　任务 8.5 的执行结果

8.3.3.2　日期与时间函数

日期与时间函数用于处理 datetime 和 smalldatetime 类型的数据，常用的日期和时间函数如表 8-7 所示。

表 8-7　日期与时间函数

函数名称	参　数	功　能
DATEDIFF	datepart,date1,date2	以 datepart 指定的方式，返回 date2 与 date1 两个日期之间的值
DATEADD	datepart,number,date	以 datepart 指定的方式，返回 date，加上 number 之后的日期
DATEPART	datepart,date	返回日期 date 中，datepart 指定部分所对应的整数值
DATENAME	datepart,date	返回日期 date 中，datepart 指定部分所对应的字符串名称
DAY	Date	返回代表指定日期天的整数。
GETDATE	（ ）	返回系统目前的日期与时间
GETUTCDATE	（ ）	返回表示当前 UTC 时间的 datetime 值。
MONTH	date	返回代表指定日期月份的整数。
YEAR	date	返回代表指定日期年份的整数。

>> 说明：UTC 时间是指世界时间坐标或格林尼治标准时间。

在日期与时间函数中，与参数 datepart 相关的"字段名称""缩写"以及"数值范围"的情况如图 8-8 所示。

表 8-8　日期与时间函数相关列表

字段名称	缩　写	数值范围
Year	Yy , yyyy	1 753 ~ 9 999
Quarter	Qq , q	1 ~ 4
Month	Mm , m	1 ~ 12
Day of year	Dy , y	1 ~ 366
Day	Dd , d	1 ~ 31
Week	Wk , ww	0 ~ 51
Weekday	Dw	1 ~ 7
Hour	Hh	0 ~ 23
Minute	Mi , n	0 ~ 59
Second	Ss , s	0 ~ 59
Millisecond	Ms	0 ~ 999

【任务 8.6】利用系统提供的日期函数（YEAR），查询学生的学号、姓名、年龄和性别等信息。

分析：在学生信息表（student）中只有学生的出生日期而不存在学生的年龄数据。要想查询学生的年龄，可以使用系统当前的年份数据与学生的出生日期中的年份数据之差来求得学生的年龄数据。即 YEAR（GETDATE（））−YEAR（sBirthday）可求出该学生的年龄。

要实现这一任务，可以在查询编辑器中执行以下 T-SQL 语句：

```
USE myDB
GO
SELECT sID 学号,sName 姓名,YEAR(GETDATE())-YEAR(sBirthday) 年龄,sSex 性别
FROM student
```

上述 T-SQL 语句的执行结果如图 8-2 所示。

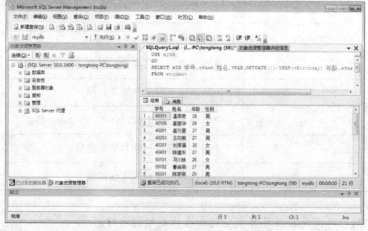

图 8-2　任务 8.6 的执行结果

8.3.3.3 系统函数

在 SQL Server 中，可以使用系统函数来获取 SQL Server 服务器和数据库的特殊信息，常用的系统函数如表 8-9 所示。

表 8-9 系统函数

函数名称	参 数	功能说明
COL_NAME	"table_id", "col_id"	返回指定的表以及数据行识别码所对应的数据行名称
COL_LENGTH	"table_name" , "col_name"	返回指定的数据行长度
DB_ID	["database_name"]	返回数据库的 ID 识别码
DB_NAME	["database_name"]	返回数据库的名称
DATALENGTH	"expr"	返回任意数据类型表达式的实际长度
GETANSINULL	["database_name"]	返回数据库 NULL 的默认值
HOST_ID	（ ）	返回主机的 ID 识别码
HOST_NAME	（ ）	返回主机的名称
IDENT_INCR	"table or view"	返回指定的表或视图中，标识行的增量值
IDENT_SEED	"table or view"	返回指定的表或视图中，标识行的初始值
ISDATE	"variable or col_name"	检查变量或数据行是否具有有效的日期格式。如果具有有效的日期格式，则返回值为"1"；如果不具有有效的日期格式，则返回值为"0"
ISNULL	"expr,value"	用指定的值代替表达式中的 NULL 值
INDEX_COL	"table_name",index_id,key_id	返回作为索引的数据行名称
ISNUMERIC	"variable or col_name"	检查变量或数据行是否具有有效的数字格式，如果具有有效的数字格式，则返回值为"1"；如果不具有有效的数字格式，则返回值为"0"
NULLIF	expr1,expr2	如果两个表达式在比较之后是"相等"的情况，则返回 NULL
OBJECT_ID	"object_name"	返回数据库对象的名称
OBJECT_NAME	"object_id"	返回数据库对象的 ID 识别码
SUSER_ID	["server_user_name"]	返回在服务器中用户的账号名称
SUSER_NAME	["server_user_id"]	返回在服务器中用户的 ID 识别码
USER_NAME	["user_id"]	返回用户的 ID 识别码
USER_ID	["user_name"]	返回用户的账号名称
STATS_DATE	table_id,index_id	返回最后一次修改索引的日期

【任务 8.7】利用系统函数（DB_NAME 和 SUSER_NAME）返回当前使用的数据库名称，及当前登录的标识名。

要实现这一任务，需要在查询编辑器中执行以下 T-SQL 语句：

```
USE MYDB
GO
SELECT 数据库名称=DB_NAME(),当前登录的标识=SUSER_NAME()
```

上述 T-SQL 语句的执行结果如图 8-3 所示。

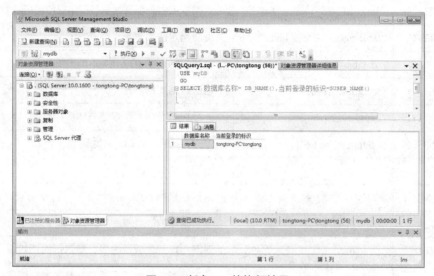

图 8-3　任务 8.7 的执行结果

8.3.3.4　数学函数

运用数学函数可以实现各种数学运算，如三角运算、指数运算和对数运算等。在 SQL Server 中所提供的主要数学函数如表 8-10 所示。

表 8-10　数学函数

函数名称	参　数	功能说明
ABS	numeric_expr	返回 numeric_expr 的绝对值
ASIN、ACOS、ATAN	float_expr	返回 float_expr 浮点数值的反正弦、反余弦、反正切
SIN、COS、TAN	float_expr	返回 float_expr 的正弦、余弦、正切
CEILING	numeric_expr	返回大于或等于指定数值的最小整数
EXP	float_expr	返回 float_expr 数值的指数
DEGREES	numeric_expr	把 numeric_expr 弧度转换为角度
FLOOR	numeric_expr	返回小于或等于指定数值的最大整数
POWER	numeric_expr	返回指定数值次的幂值
LOG	float_expr	返回 float_expr 的自然对数

函数名称	参　　数	功能说明
SQRT	float_expr	返回 flot_expr 的平方根
RAND	[seed]	返回介于 0 到 1 之间的随机数
PI	( )	圆周率 π 值，3.141 592 653 589 793
ROUND	numeric_expr,length	将 numeric_expr 以指定的长度（length）进行四舍五入的运算
SIGN	numeric_expr	依据 numeric_expr 的数值，判断是否为"正""负"以及"零"，并且返回"1""－1"以及"0"
LOG10	float_expr	返回 float_expr 以 10 为底的自然对数
RANIANS	numeric_expr	把 numeric_expr 角度转换为 s 弧度

 # 8.4　T–SQL 语句

8.4.1　批处理

批处理是包含一个或多个 T-SQL 语句的集合，由应用程序一次性地发送到 SQL Server 服务器解释并执行。使用 GO 和 EXECUTE 命令可以将批处理发送给 SQL Server。

8.4.1.1　GO 命令

GO 命令本身不属于 T-SQL 语句，它只是作为一个批处理的结束标志。SQL Server 实用工具将 GO 命令解释为应将当前的 T-SQL 批处理语句发送给 SQL Server 的信号。需要注意的是，在 GO 命令行里不能包含任何的 T-SQL 语句，但可以使用注释。

8.4.1.2　EXEC 命令

EXEC 命令用于执行用户定义的函数以及存储过程。使用 EXEC 命令，可以传递参数，也可以返回状态值。在 T-SQL 批处理内部，EXEC 命令也能够控制字符串的执行。

如果 EXECUTE 语句是批处理中的第一句，则可以省略 EXECUTE 关键字（可简写成 EXEC）。如果 EXECUTE 语句不是批处理中的第一条语句，则需要 EXECUTE 关键字。

>> 注意：虽然批处理的执行效率高，但在建立一个批处理时要遵循以下规则：

● CREATE DEFAULT、CREATE PROCEDURE、CREATE RULE、CREATE TRIGGER 和 CREATE VIEW 语句不能在批处理中与其他语句组合使用。批处理必须以 CREATE 语句开始。所有跟在该批处理后的其他语句将被解释为第一个 CREATE 语句定义的一部分。

● 将默认值和规则绑定到表字段或用户自定义数据类型上之后，不能立即在同一个批处理中使用它们。

● 不能在同一个批处理中修改表中的字段，然后引用新的字段。

● 定义一个 CHECK 约束之后，不能在同一个批处理中立即使用这个约束。

● 用户定义的局部变量的作用范围仅局限于一个批处理内，并且在 GO 命令后不能再引用这个变量。

8.4.2 注释语句

注释是程序代码中不执行的文本字符串，它起到解释说明代码或暂时禁用正在进行诊断调试的部分语句和批处理的作用。注释能使得程序代码更易于维护和被其他用户所理解，使代码变得清晰易懂。SQL Server 支持两种形式的注释语句，即行内注释和块注释。

8.4.2.1 行注释

行注释和语法格式为：--注释文字

两个连字符（--）从开始到一行的末尾均为注释。两个连字符只能注释一行。如注释多行，则每个注释行的开始都要使用两个连字符。如果注释文字内容太多，很显然这种方法比麻烦，为方便起见，可以考虑使用块注释。

8.4.2.2 块注释

块注释和语法格式为：/* 注释文字 */

注释文本起始处的 "/*" 和结束处的 "*/" 符号之间的所有字符都是注释语句。这样实现包含多行注释就变得简单了。

 >> 注意：虽然块注释语句可以注释多行，但整个注释不能跨越批处理，只能在一个批处理内。

8.4.3 流程控制语句

流程控制语句用于控制 SQL 语句、语句块或存储过程的执行过程，T-SQL 支持流程控制语句。

8.4.3.1 BEGIN...END 语句

BEGIN...END 语句可以将一系列的 T-SQL 语句定义成一个 SQL 语句组（或语句块，即 sql_statement_block），BEGIN 和 END 是定义 T-SQL 语句组的关键字。其语法格式如下：

```
BEGIN
    {sql_statement|statement_block}
END
```

参数说明：

{sql_statement | statement_block}：是任何有效的 T-SQL 语句或以语句块定义的语句组。

8.4.3.2 IF...ELSE 语句

在执行 T-SQL 语句时强加条件检查。如果条件满足（即条件表达式返回 TRUE）时，则在 IF 关键字及其条件之后执行相应的 T-SQL 语句或语句组。可选的 ELSE 关键字引入了备用 T-SQL 语句，当不满足 IF 条件（条件表达式返回 FALSE）时，就执行备用 T-SQL 语句。

IF...ELSE 语法格式如下：

```
IF <Boolean_expression>
    {sql_statement|statement_block}
[ ELSE
    {sql_statement|statement_block}]
```

各参数说明如下：

Boolean_expression：是返回 TRUE 或 FALSE 的表达式。如果布尔表达式中含有 SELECT 语句，必须用圆括号将 SELECT 语句括起来。

{sql_statement | statement_block}：T-SQL 语句或用语句块定义的语句分组。除非使用语句块，否则 IF 或 ELSE 条件只能影响一个 T-SQL 语句。若要定义语句块，则需要使用 BEGIN 和 END 关键字。

>> 提示：IF...ELSE 结构可以用在批处理、存储过程（经常使用这种结构测试是否存在着某个参数）以及特殊查询中，并且 IF...ELSE 结构允许嵌套。

【任务 8.8】在数据库 myDB 中的课程信息表（course）中如果有离散数学课程，则输出"有离散数学这门课程"，否则输出"没有离散数学这门课程"。

为完成这一任务，可以在查询编辑器中执行下列 T-SQL 语句：

```
USE myDB
GO
IF EXISTS (SELECT kcName FROM course WHERE kcName='离散数学')
    PRINT '有离散数学这门课程'
ELSE
    PRINT '没有离散数学这门课程'
```

执行的结果如图 8-4 所示。

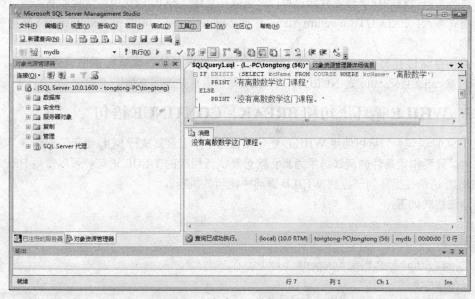

图 8-4　任务 8.8 的执行结果

199

8.4.3.3 无条件转向语句（GOTO）

GOTO 语句是将执行流跳转到标签处，而跳过 GOTO 之后的 T-SQL 语句，在标签处继续处理。GOTO 语句和标签可在过程、批处理或语句块中的任何位置使用，并且 GOTO 语句可以嵌套使用。

GOTO 语句的语法格式如下：

定义标签：

```
label:
```

改变执行：

```
GOTO label
```

参数说明：

label：若有 GOTO 语句指向此标签，则其为处理的起点。标签必须符合标识符规则。不论是否使用 GOTO 语句，标签均可作为注释方法使用。

>> 说明：GOTO 可用在条件控制流语句、语句块或过程中，但不可跳转到批处理之外的标签处。GOTO 分支可跳转到定义在 GOTO 之前或之后的标签处。另外，GOTO 语句应尽可能少使用，否则程序的流程会很乱，程序的可读性降低。

8.4.3.4 RETURN 语句

RETURN 语句用于无条件终止查询、存储过程或批处理，其后面的语句将不再执行，RETURN 语句的语法格式如下：

```
RETURN [integer_expression]
```

参数说明：

integer_expression：是返回的整型值。存储过程可以给调用过程或应用程序返回整型值。

在执行当前过程的批处理或存储过程内，可以在后续 T-SQL 语句中包含返回状态值，但必须以下列格式输入：EXECUTE @return_status = procedure_name，其中 procedure_name 是指存储过程的名称。

当用于存储过程时，RETURN 不能返回空值。如果存储过程试图返回空值（例如，使用 RETURN @status 且@status 是 NULL），将生成警告信息并返回 0 值。

8.4.3.5 WHILE 循环语句和 BREAK、CONTINUE 语句

在 T-SQL 语句中，可以使用 WHILE 语句设置循环体（重复执行 SQL 语句或语句块）需要的执行条件。只要指定条件的测试结果为真，就重复执行相应的 T-SQL 语句。可以使用 BREAK 和 CONTINUE 语句在循环内部控制 WHILE 循环中语句的执行。

其语法格式如下：

```
WHILE Boolean_expression
BEGIN
    {sql_statement|statement_block}
    [BREAK]
    {sql_statementstatement_block}
    [CONTINUE]
END
```

各参数说明：

Boolean_expression：返回 TRUE 或 FALSE 的表达式。如果布尔表达式中含有 SELECT 语句，必须用圆括号将 SELECT 语句括起来。

{sql_statement | statement_block}：T-SQL 语句或用语句块定义的语句分组。

BREAK：导致从最内层的 WHILE 循环中退出。将执行出现在 END 关键字后面的任何语句，END 关键字为循环结束标记。

CONTINUE：使程序跳过循环体内 CONTINUE 语句以后的 SQL 语句，而立即执行下一次循环。

　说明：如果嵌套了两个或多个 WHILE 循环，内层的 BREAK 将导致退出到下一个外层循环。首先运行内层循环结束之后的所有语句，然后下一个外层循环重新开始执行。

【任务 8.9】在学生成绩表（grade）中在没有学生成绩高于 95 分的情况下，将所有学生的成绩提高 5%，反复执行直到存在全部学生的成绩超过 95 分时为止。

为完成这一任务，可以在查询编辑器中执行以下 T-SQL 语句：

```
USE myDB
GO
WHILE NOT EXISTS (SELECT gradeNum FROM grade WHERE gradeNum>95)
  BEGIN
    IF (SELECT MAX(gradeNum) FROM grade)<95
      UPDATE grade
      SET gradeNum=gradeNum*1.05
    ELSE
      BREAK
  END
SELECT * FROM grade
```

上述 T-SQL 语句的执行结果如图 8-5 所示。

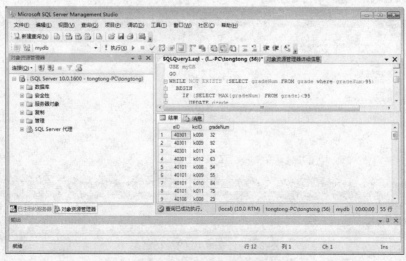

图 8-5　任务 8.9 的执行结果

8.4.3.6 WAITFOR 语句

在 T-SQL 语句中可以使用 WAITFOR 语句来挂起执行联接，使查询或操作在某一时刻或在一段时间间隔后继续执行，其语法格式如下：

WAITFOR {DELAY 'time'|TIME 'time'}

各参数说明：

DELAY：指示 SQL Server 一直等到指定的时间过去，最长可达 24 小时。

'time'：要等待的时间。可以按 datetime 数据可接受的格式指定 time，也可以用局部变量指定此参数，但不能指定日期。因此，在 datetime 值中不允许有日期部分。

TIME：指示 SQL Server 等待到指定时间。

>> 注意：执行 WAITFOR 语句后，在到达指定的时间之前或指定的事件出现之前，将无法使用与 SQL Server 的连接。

【任务 8.10】先查询 student 表中的学生姓名，等待 10 秒后再查询学生的姓名和所学专业。

为完成这一任务，可以在查询编辑器中执行以下 T-SQL 语句：

```
USE myDB
GO
SELECT top 2 sName FROM student
GO
--设置延迟显示时间
WAITFOR DELAY '00: 00: 10'
SELECT top 2 sName,sZhuanye FROM student
GO
```

上述 T-SQL 语句的执行结果如图 8-6 所示。

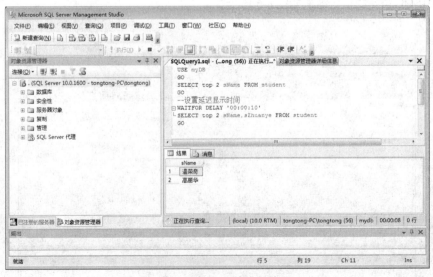

图 8-6　任务 8.10 的执行结果

8.5　本项目小结

本项目介绍了 T-SQL 语言的编程基础、系统函数、流程控制语句等内容。

通过本项目的学习，学生应该了解到在 SQL Server 中使用 T-SQL 语句进行程序设计时，通常是使用提交一个或多个 T-SQL 语句来完成相应的任务。也正是基于此，我们可以在宿主语言中应用 T-SQL 语句实现对数据的查询与更新；而对于查询结果或欲更新的对象的精确控制则依赖于游标的使用；对于多用户对数据库系统的并发操作则需要事务和锁的应用来加以解决。学生要想实现对数据库管理系统的高级应用，就必须掌握 T-SQL 编程技术，熟练掌握用户自定义函数、游标的应用方法与技巧。

8.6　课后练习

一、填空题

1. T-SQL 中的变量分为全局变量和局部变量。全局变量由_____定义并维护；而局部变量由_____声明和赋值。

2. 表达式是_____和_____的组合。

二、选择题

1. 已经声明了一个字符型的局部变量@n，在下列语句中，能对该变量正确赋值的是（　　　　）。

A. @n='HELLO'　　　　　　　　　　　B. SELECT @n='HELLO'

C. SET @n=HELLO　　　　　　　　　　D. SELECT @n=HELLO

2. 一个脚本有如下代码：

```
   CREATE TABLE stud_info                ----第一条语句
   ( 学号 char(6) not null PRIMARY KEY,
      姓名 char(8) NOT NULL,
      性别 char(2) NOT NULL,
      专业 varchar(20) NOT NULL)
SELECT * FROM stud_info                  ----第二条语句
CREATE RULE RU_sex                       ----第三条语句
AS @sex='男' OR' @sex='女'
sp_bindrule RU_sex,'stud_info.性别'       ----第四条语句
```

在执行该脚本的过程中下面哪些是必需的？　（　　　　）

A. "第二条语句"语句前加 GO 语句　　　　B. "第三条语句"语句前加 GO 语句

C. "第四条语句"语句前加 GO 语句　　　　D. 可以正确执行

三、简答题

1. 什么叫批处理？批处理的结束标志是什么？建立批处理要注意什么事项？

2. 简述局部变量的声明和赋值方法。

3. 使用游标要遵循什么顺序？

4. 将 SQL Server 服务器的名称放在局部变量@srv 中，并输出显示在屏幕上。

四、程序设计题

1. 用 T-SQL 语句进行程序设计：在 myDB 数据库中，测试 students 表中是否有"张三"这个

学生，如果有，则显示该学生信息，否则显示"在数据库中无此人信息！"

2. 在 myDB 数据库中，查询"SQL Server 程序设计"这门课程的成绩并按成绩折算等级：低于 60 分的为"不及格"，大于等于 60 分而小于 70 分的为"及格"，大于等于 70 分而小于 80 分的为"中等"，大于等于 80 分而小于 90 分的为"良好"，90 分及以上的为"优秀"，其他情况判定为"无成绩"。

3. 使用游标从学生信息数据库中查询学生的信息。

4. 使用游标修改 myDB 数据库中的数据，查找 sID 是"Z0401"的学生，修改该生的"k008"号课程成绩，加上 5 分。

5. 在 myDB 数据库中，编写函数显示数据表 student 指定出生日期的学生信息。

6. 在 Sale 数据库中，编写函数时对数据表 sell 进行统计并生成指定月份销售统计表，该表包含有两列：日期 dateTime，日销售额 money。

 ## 8.7 实验

实验目的：

（1）掌握局部变量、用户自定义函数与流程控制语句在程序中的应用。

（2）掌握游标的定义和使用方法。

实验内容：

（1）在 exam 数据库中编写程序：输入题号，按此题号在 exam 数据库中的题库信息表（exam_database）中查找相应的试题，并将其删除。

（2）在 exam 数据库中编写程序：检查发布的新闻是否过期（即超过 5 天），如果过期则显示"过期"，否则显示"有效"。

（3）在 exam 数据中，编写一个自定义函数统计某次指定考试科目成绩统计表，该表能显示考试时间。

（4）使用游标取出 exam 数据库的考生信息表（testuser）的考生考号（userid）和是否参加考试等信息（havetest）。

实验步骤：

（1）启动 SQL Server Managenment Studio。

（2）创建局部变量进行编程。

（3）应用流程控制语句进行编程。

（4）编写一个自定义函数。

（5）应用游标读取数据信息。

项目九

存储过程和触发器

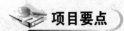 项目要点

（1）了解存储过程的功能和特点。
（2）掌握存储过程定义和修改的方法。
（3）掌握存储过程调用和使用的方法。

在 SQL Server 数据库管理系统中，存储过程具有很重要的作用，存储过程是一组预先写好的能实现某种功能的 T-SQL 语句的集合。它提供了一种高效、便捷和安全的访问数据库的方法，经常被用来查询和更新数据。而触发器就其本质而言也是一种存储过程。它只是在满足一定条件时就可以触发完成预制好的各种动作，可以帮助我们更好地维护数据库中数据的完整性，实现对数据的管理。

在本项目中我们要介绍存储过程与触发器的概念、特点和作用，介绍创建和管理存储过程与触发器的方法与技巧。

9.1　任务的提出

一天，晓灵又来到了郝老师的办公室。

晓灵："郝老师，'晓灵学生管理系统'的数据库基本设计完成了。在这个过程中得到了您的大力支持！太感谢您了！"

郝老师："这没什么，我应该做的。"

晓灵："郝老师，还有个问题向您请教一下。就是在使用'晓灵学生管理系统'的过程中，对于那些不太熟悉 T-SQL 语句的用户，我们应该如何帮助他们使用系统的查询功能。再有针对用户的误操作，我们能不能让 SQL Server 数据库系统实现自动纠错？"

郝老师："我明白你的意思。也就是说，对于那些不太会使用 T-SQL 语句的用户，通过使用某种帮助也可以完成相应的任务。"

晓灵："太对了，我就是想说这些。那我应该如何解决这个问题呢？"

郝老师："解决这个问题的实质就是使用存储过程和触发器。当然使用存储过程和触发器并不是仅能完成上述功能。为了能够更好地说明存储过程和触发器的方法及原理，我们来举例说明。"

下面首先看一个存储过程应用的实例。在介绍存储过程之后，再看触发器的应用。

【实例】在"晓灵学生管理系统"中，需要提供对学生成绩进行查询的功能。在查询时，需要提供欲查询的学生姓名和课程名称。我们知道如果掌握了 T-SQL 语句中的 SELECT 语句，要实现这一功能并不难。但问题是，并不是所有的人都会使用 SELECT 语句。要想让每一个系统用户都

能实现查询，必须要提出一个新的解决方案。

分析：要想解决这个问题，我们可以把欲执行的 T-SQL 语句做成一个相对固定的语句组，用户想查询学生的成绩只要执行这个 T-SQL 语句组就可以了。且如果每一次查询都需要通过网络提交该 T-SQL 查询语句，那么势必造成一个相同的 SQL 语句在网络中频繁传输，对网络的压力是非常大的，而且这样直接传输数据也不安全，还会造成应用系统性能的下降。根据 SQL Server 2008 中所提供的存储过程的特点，建议采用存储过程方式予以解决。

解决办法：在数据库服务器端创建一个带输入输出参数的存储过程，由查询操作提交学生姓名和课程名称，在服务器端调用存储过程去实现查询并返回查询结果。这样就降低了用户的操作难度，同时也减少了网络传输的数据量，提高了系统性能。并且在多次查询时，直接调用该存储过程的编译结果去查询速度则更快。

下面我们就介绍存储过程。

9.2　存储过程简介

9.2.1　存储过程的概念

存储过程（Stored Procedure ）是一组为了完成特定功能、可以接受和返回用户参数的 T-SQL 语句预编译集合，经编译后存储在数据库中。用户通过指定存储过程的名字并给出参数（如果该存储过程带有参数）来执行它。存储过程在第一次执行时进行语法检查和编译，执行后它的执行计划就驻留在高速缓存中，用于后续调用。存储过程可以接受和输出参数、返回执行存储过程的状态值，还可以嵌套调用。用户可以像使用函数一样重复调用这些存储过程，实现它所定义的操作。

9.2.2　存储过程的分类

在 SQL Server 2008 中存储过程分为三类：

● 系统提供的存储过程。

系统存储过程一般以 "sp_" 为前缀的，是由 SQL Server 2008 自己创建、管理和使用的一种特殊的存储过程，不要对其进行修改或删除。

● 用户自定义的存储过程。

用户自定义存储过程是由用户创建并能完成某一特定功能（如查询用户所需的数据信息）而编写的存储过程。可以输入参数、向客户端返回表格或结果、消息等，也可以返回输出参数。在 SQL Server 2008 中，用户自定义存储过程又分为 T-SQL 存储过程和 CLR 存储过程两种。T-SQL 存储过程保存 T-SQL 语句的集合，可以接受和返回用户提供的参数。CLR 存储过程是针对微软的 .NET Framework 公共语言运行时（CLR）方法的引用，可以接受和返回用户提供的参数。

本项目所涉及的存储过程主要是指用户自定义 T-SQL 存储过程。

● 扩展存储过程

扩展存储过程通常是以 "xp_" 为前缀。扩展存储过程允许使用其他编辑语言（例如 C#等）创建自己的外部存储过程，其内容并不存储在 SQL Server 2008 中，而是以 DLL 形式单独存在。但可能在以后的版本中该内容会被废除，不建议使用。

9.2.3 存储过程的优点

存储过程具有如下优点：

（1）执行速度快，改善系统性能。存储过程在服务器端运行，可以利用服务器强大的计算能力和速度，执行速度快。而且存储过程是预编译的，第一次执行后的存储过程会驻留在高速缓存中，以后直接调用，执行速度很快，如果某个操作需要大量的 T-SQL 语句或重复执行，那么使用存储过程比直接使用 T-SQL 语句执行得更快。

（2）减少网络流量。用户可以通过发送一条执行存储过程的语句实现一个复杂的操作，而不需要在网络发送上百条 T-SQL 语句，这样可以减少在服务器和客户端之间传递语句的数量，减轻服务器的负担。

（3）增强代码的重用性和共享性。存储过程在被创建后，可以在程序中被多次调用，而不必重新编写。所有的客户端都可以使用相同的存储过程来确保数据访问和修改的一致性。而且存储过程可以独立于应用程序而进行修改，大大提高了程序的可移植性。

（4）提供了安全机制。如果存储过程支持用户需要执行的所有业务功能，SQL Serve 可以不授予用户直接访问表、视图的权限，而是授权用户执行该存储过程，这样，可以防止把数据库中表的细节暴露给用户，保证表中数据的安全性。

9.3 创建存储过程

在 SQL Server 2008 中，可以使用 SQL Server Management Studio 和 T-SQL 语句来创建。在创建存储过程时，要确定存储过程的三个组成部分：

- 输入参数和输出参数。
- 在存储过程中执行的 T-SQL 语句。
- 返回的状态值，指明执行存储过程是成功还是失败。

9.3.1 在 SQL Server Management Studio 中创建存储过程

【任务 9.1】在"学生管理系统"数据库中，创建存储过程实现对学生成绩进行查询。要求在查询时提供欲查询的学生姓名和课程名称，存储过程根据用户提供的信息对数据进行查询。

按照下述步骤用 SQL Server Management Studio 创建一个能够解决这一问题的存储过程：

（1）启动 SQL Server Management Studio，登录到要使用的服务器，在"对象资源管理器"窗格中，选择本地数据库实例→"数据库"→"myDB"→"可编程性"→"存储过程"选项，如图 9-1 所示。

（2）右击"存储过程"选项，在弹出的快捷菜单中选择"新建存储过程"选项。

（3）出现图 9-2 所示的创建存储过程的查询编辑器窗格，其中已经加入了创建存储过程的代码。

（4）单击菜单栏上的"查询"→"指定模板参数的值"选项，弹出图 9-3 所示的对话框，其中 Author（作者）、Create Date（创建时间）、Description（说明）为可选项，内容可以为空。Procedure_Name 为存储过程名，@Param1 为第一个输入参数名，Datetype_For_Param1 为第一个输入参数的类型，Default_Value_For_Param1 为第一个输入参数的默认值。后面为第二个输入参数

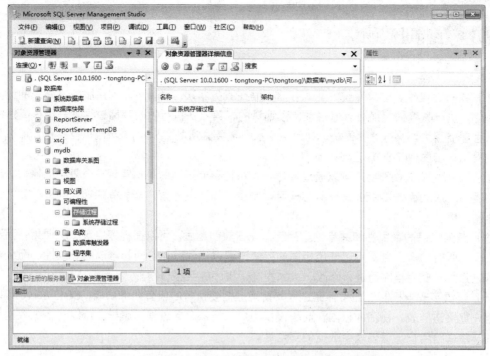

图 9-1　SQL Server Management Studio 中的存储过程选项

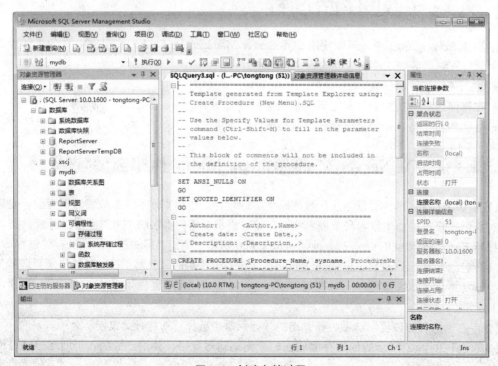

图 9-2　创建存储过程

的相关设置，这里不再赘述。在本例中，将存储过程名设置为 proc_Q_stugrade，第一个参数名为
@stuname，类型为 char（20），第二个参数名为@kcname，类型为 char（20），其他内容设置为空。
设置结果如图 9-4 所示。

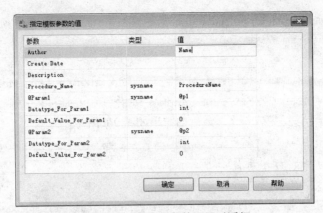

图 9-3　指定模板参数设置对话框

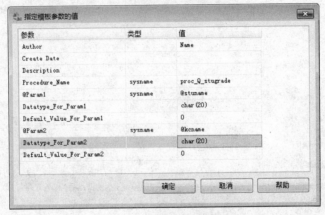

图 9-4　参数设置结果

（5）设置完毕，单击【确定】按钮，返回到创建存储过程的查询编辑器窗格，如图 9-5 所示，此时代码已改变。

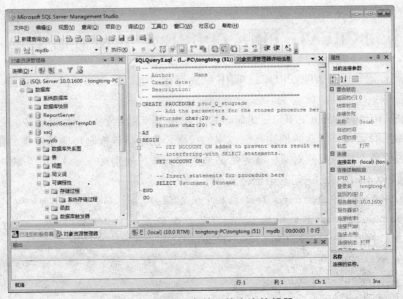

图 9-5　设置了参数后的查询编辑器

（6）在"Insert statements for procedure here"下输入 T-SQL 代码，在本例中输入：

```
SELECT gradeNum
FROM grade
WHERE sID=(SELECT sID FROM student WHERE sName=@stuname) AND
     kcID=(SELECT kcID FROM course WHERE kcName=@kcname)
```

（7）单击【执行】按钮完成操作，最后的结果如图 9-6 所示。

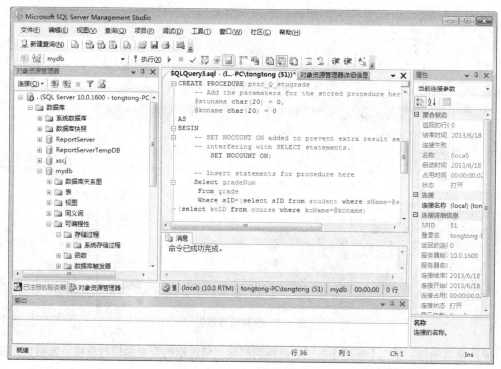

图 9-6　设计完的存储过程

9.3.2　使用 CREATE PROCEDURE 语句创建存储过程

使用 T-SQL 语句 CREATE PROCEDURE 创建存储过程。在创建存储过程之前，应该考虑到以下几个方面：

- 不能将 CREATE PROCEDURE 语句与其他 SQL 语句组合到单个批处理中。
- 数据库所有者具有默认的创建存储过程的权限，它可将该权限传递给其他的用户。
- 存储过程是一种数据库对象，其名称必须遵守标识符规则。

CREATE PROCEDURE 语句的语法格式如下：

```
CREATE PROC [EDURE]procedure_name [;number]
    [{@parameter data_type} [VARYING][=default][OUTPUT]][,...n]
    [WITH {RECOMPILE|ENCRYPTION|RECOMPILE,ENCRYPTION}]
    [FOR REPLICATION]
AS sql_statement [...n]
```

各参数的解释说明如下：

➤ procedure_name：新建存储过程的名称。要创建局部临时过程，可以在 procedure_name 前面加一个编号符（#procedure_name），要创建全局临时过程，可以在 procedure_name 前面加两个编号符（##procedure_name）。完整的名称（包括#或##）不能超过 128 个字符。

➤ ；number：是可选的整数，用来对同名的过程分组，以便用一条 DROP PROCEDURE 语句即可将同组的过程一起除去。

➤ @parameter：存储过程的参数。在 CREATE PROCEDURE 语句中可以声明一个或多个参数。用户必须在执行过程时提供每个所声明参数的值（除非定义了该参数的默认值）。存储过程最多可以有 1 024 个参数。若参数的形式以@parameter=value 出现，则参数的次序可以不同，否则用户给出的参数值必须与参数列表中参数的顺序保持一致。若某一参数以@parameter=value 形式给出，那么其他参数也必须以该形式给出。

➤ data_type：参数的数据类型。

➤ VARYING：指定作为输出参数支持的结果集（由存储过程动态构造，内容可以变化）。仅适用于游标参数。

➤ default：参数的默认值。

➤ OUTPUT：表明参数是返回参数。

➤ n：是表示此过程可以包含多条 T-SQL 语句的占位符。

➤ {RECOMPILE | ENCRYPTION | RECOMPILE, ENCRYPTION}：RECOMPILE 表明 SQL Server 不会缓存该存储过程的执行计划，该过程将在运行时重新编译。ENCRYPTION 表明 SQL Server 加密了 syscomments 表，该表的 text 字段是包含有 CREATE PROCEDURE 语句的存储过程文本，使用该关键字无法通过查看 syscomments 表来查看存储过程内容。

➤ FOR REPLICATION：指定不能在订阅服务器上执行为复制创建的存储过程。使用 FOR REPLICATION 选项创建的存储过程可用作存储过程筛选，且只能在复制过程中执行。本选项不能和 WITH RECOMPILE 选项一起使用。

➤ AS：指定过程要执行的操作。

➤ sql_statement：过程中要包含的任意数目和类型的 T-SQL 语句。

【任务 9.2】使用存储过程解决任务 9.1 中的问题。

解决任务 9.1 中的问题，可以在查询编辑器中执行下列 SQL 语句，运行结果如图 9-7 所示。

```
USE myDB --打开数据库
--检查欲创建的存储是否存在，如果存在则删除
IF EXISTS (SELECT name FROM sysobjects
WHERE name='proc_Q_stuGrade' AND type='P')
    DROP PROCEDURE proc_Q_stuGrade
GO
--创建存储过程 proc_Q_stuGrade
CREATE PROC proc_Q_stuGrade
@stuName char(20),
@kcname char(20)
AS
IF (@stuName is null)
    PRINT '请输入学生姓名！'
ELSE
```

```
IF (@kcname is null)
  PRINT '请输入课程名称！'
ELSE
  SELECT gradeNum
  FROM grade
  WHERE sID=(select sID FROM student WHERE sName=@stuName)AND
      kcID=(SELECT kcID FROM course WHERE kcName=@kcname)
GO
```

从上面的两种创建存储过程方法，我们可以看到，使用 SQL Server Management Studio 创建存储过程，归根到底与直接使用 T-SQL 语句创建存储过程没有太大的区别，只是有些参数可以使用模板来添加而已，所以如果要设计一个功能合理的存储过程，还是需要熟练掌握 CREATE PROCDURE 语句。

图 9-7　使用 T-SQL 语句在查询编辑器中创建存储过程

 ## 9.4　执行存储过程

当需要执行存储过程时，需要使用 T-SQL 语句中的 EXECUTE 语句。如果存储过程是批处理中的第一条语句，那么不使用 EXECUTE 关键字也可以执行该存储过程。

其语法格式如下：

```
[[EXEC [UTE]]
  { [@return_status=]
      {procedure_name[;number]|@procedure_name_var}
  [[@parameter=]{value|@variable[OUTPUT]|[DEFAULT]][,...n]
```

```
[WITH RECOMPILE]}
```

各参数说明如下：

@return_status：是一个可选的整型变量，保存存储过程的返回状态。这个变量在用于 EXECUTE 语句前，必须在批处理、存储过程或函数中声明过。在用于唤醒调用标量值用户定义函数时，@return_status 变量可以是任何标量数据类型。

procedure_name：是拟执行（或调用）的存储过程的名称。

@procedure_name_var：是局部定义变量名，代表存储过程名称。

其他参数的说明，请参考 CREATE PROCEDURE 语句的语法说明。

【任务 9.3】 请通过调用存储过程 proc_Q_stuGrade 来查询"刘常福"同学的"商务网站建设"这门课的成绩。

```
USE myDB
GO
--执行存储过程，查询"刘常福"同学的"商务网站建设"这门课的成绩
EXEC proc_Q_stuGrade '刘常福','商务网站建设'
```

上述 T-SQL 语句执行结果如图 9-8 所示。

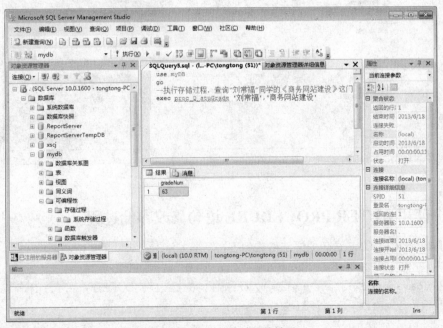

图 9-8　执行存储过程的结果

🖥 9.5　管理存储过程

9.5.1　修改存储过程

如果需要修改存储过程中的语句或参数，可以采用删除该存储过程然后再重新创建的方法，也可以采用直接修改存储过程的定义文本和过程代码的方法。需要注意的是，如果是先删除再重

新创建存储过程，那么所有与该存储过程相关联的权限设置都将丢失。而直接修改存储过程的定义文本和过程代码，为该存储过程定义的权限信息将会被保留。

9.5.1.1 使用 SQL Server Management Studio 修改存储过程

在 SQL Server Management Studio 中，首先找到要修改的存储过程。然后用鼠标右键单击所要修改的存储过程，在弹出菜单中选择"修改"命令。在图 9-9 所示的修改存储过程的查询编辑器窗格中对存储过程代码进行修改。

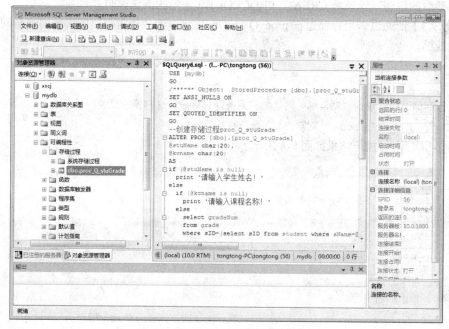

图 9-9　修改存储过程

9.5.1.2 使用 ALTER PROCEDURE 语句修改存储过程

ALTER PROCEDURE 语句的语法格式如下：

```
ALTER PROC [EDURE]procedure_name [;number]
    [{@parameter data_type}  [VARYING][=default][OUTPUT]][,...n]
[WITH {RECOMPILE|ENCRYPTION|RECOMPILE,ENCRYPTION}]
[FOR REPLICATION]
AS
    sql_statement [...n]
```

各参数的说明，请参考 CREATE PROCEDURE 语句的语法说明。

【任务 9.4】由于任务 9.3 中的存储过程文本可以使用存储过程 sp_helptext 进行查看，出于对代码安全性的考虑，请将任务 9.3 中创建的存储过程进行加密处理。

分析：只要将该存储过程加密即可解决这个问题。

代码如下：

```
USE myDB --打开数据库
GO
```

```
--修改存储过程 proc_Q_stuGrade
ALTER PROC proc_Q_stuGrade
@stuName char(20),
@kcname char(20)
WITH encryption
AS
IF (@stuName is null)
  PRINT '请输入学生姓名！'
ELSE
  IF (@kcname is null)
    PRINT '请输入课程名称！'
  ELSE
    SELECT gradeNum
    FROM grade
    WHERE sID=(SELECT sID FROM student WHERE sName=@stuName)AND kcID=(SELECT
      kcID FROM course WHERE kcName=@kcname)
GO
```

9.5.2 重命名存储过程

存储过程也可以被重新命名。新的名称必须遵守标识符规则。要重命名的存储过程必须位于当前数据库中，并且要拥有相应的权限。

9.5.2.1 使用 SQL Server Management Studio 重命名

在 SQL Server Management Studio 中，首先找到要修改的存储过程。然后用鼠标右键单击所要重命名的存储过程，在弹出菜单中选择"重命名"命令，就可以重新命名该存储过程，如图 9-10 所示。

图 9-10   使用 SQL Server Management Studio 对存储过程重命名

9.5.2.2　使用系统存储过程 sp_rename 进行重命名

使用系统存储过程 sp_rename 可以重命名存储过程。其语法格式如下：

```
sp_rename [@objname=]'object_name' ,
    [@newname=]'new_name'
    [,[@objtype=]'object_type']
```

各参数说明如下：

[@objname=]'object_name'：是存储过程或触发器的当前名称。

[@newname=]'new_name'：是指定存储过程或触发器的新名称。

[@objtype=]'object_type'：是要重命名的对象的类型。对象类型为存储过程或触发器时，其值为 OBJECT。

需要注意的是：只能修改当前数据库中的存储过程或触发器。

【任务 9.5】请使用存储过程将任务 9.3 中创建的存储过程 proc_Q_stuGrade 重新命名为 proc_Q_stuGrade_new。

在查询编辑器中执行下列 T-SQL 语句：

```
USE myDB
GO
EXEC sp_rename 'proc_Q_stuGrade',
'proc_Q_stuGrade_new','OBJECT'
```

9.5.3　删除存储过程

9.5.3.1　使用 SQL Server Management Studio 删除存储过程

删除存储过程的操作步骤如下：

（1）用鼠标右键单击待删除存储过程，在弹出菜单中选择"删除"命令，或单击要删除的存储过程，接着按下【Delete】键，弹出如图 9-11 所示的"删除对象"窗口。

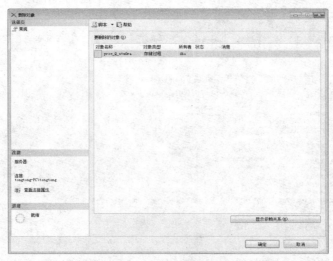

图 9-11　"删除对象"窗口

（2）可以单击【显示依赖关系】按钮，查看当前存储过程与其他对象的依赖关系，如图 9-12 所示。

图 9-12　依赖关系显示窗口

（3）确定无误后，单击【确定】按钮，即完成删除存储过程。

9.5.3.2　使用 DROP PROCEDURE 命令删除存储过程

使用 T-SQL 语句中的 DROP 命令可以将一个或多个存储过程或存储过程组从当前数据库中删除，其语法格式如下：

```
DROP PROCEDURE {procedure} [,...n]
```

参数说明如下：

procedure：是要删除的存储过程或存储过程组的名称。

【任务 9.6】请使用存储过程将任务 9.5 中重命名的存储过程从数据库中删除。

解决这一任务，可以在查询分析器中执行下列 T-SQL 语句：

```
USE myDB
GO
DROP PROCEDURE proc_Q_stuGrade_new
```

 # 9.6　查看存储过程

查看存储过程通常包括以下几个方面：

- 查看用于创建存储过程的 T-SQL 语句。
- 获得有关存储过程的信息（如存储过程的所有者、创建时间及其参数）。
- 列出指定存储过程所使用的对象及使用指定存储过程的过程。

9.6.1　使用 SQL Server Management Studio 查看存储过程

（1）在 SQL Server Management Studio 中，首先找到要查看的存储过程，然后用鼠标右键单击所要查看的存储过程，打开弹出菜单。

（2）如要查看存储过程的源代码，可在弹出菜单中选择"修改"命令，即可在查询编辑器中查看该存储过程的定义文本。

（3）如要查看存储过程的相关性在弹出菜单中选择"查看依赖关系"命令即可。

（4）如要查看存储过程的其他内容，可在弹出菜单中选择"属性"命令，打开如图 9-13 所示属性窗口。

图 9-13 "存储过程属性"窗口

9.6.2 使用语句查看存储过程

9.6.2.1 查看存储过程定义

使用系统存储过程 sp_helptext，可以查看未加密的存储过程的文本。其语法格式如下：

```
sp_helptext [@objname=]'name'
```

参数说明如下：

[@objname=]'name'：存储过程的名称，将显示该存储过程的定义文本。该存储过程必须在当前数据库中。

【任务 9.7】请使用存储过程显示存储过程 proc_Q_stuGrade 的定义文本。

```
USE myDB
GO
EXEC sp_helptext 'proc_Q_stuGrade'
```

查询结果如图 9-14 所示。

图 9-14 存储过程查询结果

9.6.2.2 查看存储过程依赖关系

使用系统存储过程 sp_depends，可以显示有关数据库对象相关性的信息（例如依赖表或视图的视图和过程，以及视图或过程所依赖的表和视图），但不包括对当前数据库以外对象的引用。其语法如下：

```
sp_depends[@objname=]'object'
```

参数说明如下：

[@objname=]'object'：被检查相关性的数据库对象。对象可以是表、视图、存储过程或触发器。

【任务 9.8】请使用系统存储过程显示存储过程 proc_Q_stuGrade 相关性的信息。

解决这一任务，可以在查询分析器中执行下列 T-SQL 语句：

```
USE myDB
GO
EXEC sp_depends 'proc_Q_stuGrade'
```

结果如图 9-15 所示。

图 9-15 查看存储过程依赖关系

9.6.2.3 查看存储过程其他相关信息

使用系统存储过程 sp_help 可以查看当前数据库中存储过程的信息（如存储过程的所有者、创建时间及其参数），其语法格式如下：

```
sp_help [[@objname=]name]
```

参数说明如下：

[@objname=]name：是 sysobjects 中的存储过程的名称。

当没有指定 name 时，sp_help 列出当前数据库中所有对象的名称、所有者和对象类型。

【任务 9.9】请使用存储过程显示存储过程 proc_Q_stuGrade 的信息。

解决这一任务，可以在查询分析器中执行下列 T-SQL 语句：

```
USE myDB
GO
EXEC sp_help 'proc_Q_stuGrade'
```

结果如图 9-16 所示。

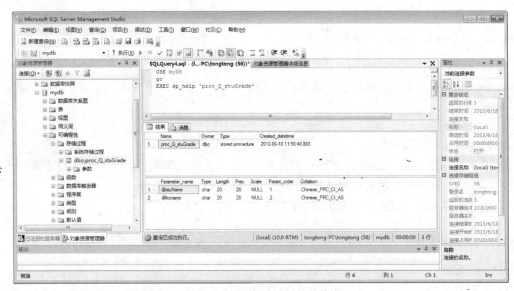

图 9-16　查看存储过程其他信息

🖥 9.7　触发器简介

触发器实际上就是一种特殊类型的存储过程，它是在执行某些特定的 T-SQL 语句时自动执行的一种存储过程。

9.7.1　触发器的概念及作用

触发器（Trigger）是一个能由系统自动执行对数据库进行修改的语句。通常由三个部分组成：

（1）事件。事件是指对数据库的插入、删除和修改等操作，触发器在这些事件发生时，将开始工作。

（2）条件。触发器将测试条件是否成立。如果条件成立，就执行相应的动作，否则什么也不做。

（3）动作。如果触发器测试满足预设的条件，那么就由数据库管理系统（DBMS）执行这些动作（即对数据库的操作）。这些动作能使触发器事件不发生，即撤销事件，如删除刚插入的元组等。这些动作也可以是一系列对数据库的操作，甚至可以是与触发事件本身无关的其他操作。

触发器就本质来说，是一种特殊类型的存储过程。它在指定表中的数据发生变化时自动生效。在表中的数据进行更新时，可以随时调用触发器以响应 INSERT、UPDATE 或 DELETE 语句。触发器还可以查询其他表，并可以包含复杂的 T-SQL 语句，它不同于我们前面介绍过的存储过程。触发器主要是通过事件进行触发而被执行的，而存储过程则是在需要的时候通过存储过程名直接调用的。

触发器的主要作用就是其能够实现由主键约束、外键约束所不能实现的复杂约束。除此之外，触发器还有以下功能：

● 强化约束：触发器能够实现比 CHECK 语句更为复杂的约束。

● 跟踪变化：触发器可以侦测数据库内的操作，从而不允许数据库中发生未经许可的更新和变化。

● 级联运行：触发器可以侦测数据库内的操作，并自动地级联影响整个数据库的各项内容。例如，某个表上的触发器中包含有对另外一个表的数据操作（如删除、更新和插入），而该操作又导致该表上的触发器被触发。

● 存储过程的调用：为了响应数据库更新，触发器可以调用一个或多个存储过程，甚至可以通过外部过程的调用而在 DBMS 本身之外进行操作。

由此可见，触发器可以解决高级形式的业务规则或复杂行为限制以及实现定制记录等问题。例如，触发器能够找出某一表在数据修前后状态发生的差异，并根据这种差异执行一定的处理。此外一个表的同一类型（INSERT、UPDATE、DELETE）的多个触发器能够对同一种数据操作采取多种不同的处理。

总体而言，触发器性能通常比较低。当运行触发器时，系统处理的大部分时间花费在参照其他表的这一处理上，因为这些表既不在内存中也不在数据库设备上，而删除表和插入表总是位于内存中，可见触发器所参照的其他表的位置决定了操作要花费的时间长短。

9.7.2　触发器的种类和分类

在 SQL Server 2008 中，触发器可以分为两大类：DML 触发器和 DDL 触发器。

1. DML 触发器

DML 触发器是在数据库服务器中发生数据操作语言（Data Manipulation Language）事件时执行的存储过程。DML 触发器分为两个类型：AFTER 触发器和 INSTEAD OF 触发器。

● AFTER 触发器：该类型触发器要求只有执行某一操作（INSERT、UPDATE、DELETE）之后，触发器才能被触发，且只能在表上定义。可以为针对表的同一操作定义多个触发器。对于 AFTER 触发器，可以定义哪一个触发器被最先触发，哪一个被最后触发，通常使用系统过程 sp_settriggerorder 来完成此任务。

● INSTEAD OF 触发器：表示拒绝执行其所定义的操作（INSERT、UPDATE 和 DELETE）而仅是执行触发器本身。既可在表上定义 INSTEAD OF 触发器，也可以在视图上定义 INSTEAD OF 触发器，但对同一操作只能定义一个 INSTEAD OF 触发器。

2. DDL 触发器

DDL 触发器是在响应数据定义语言（Data Definition Language）事件时执行的存储过程。DDL 触发器一般用于执行数据库中的管理任务，例如审核和规范数据库操作、防止数据库表结构被修改等。

9.7.3 触发器的工作原理

在触发器执行时，将生成两个临时表（逻辑表），即 inserted 表和 deleted 表。这两个临时表由系统进行管理，存储在内存中，并且不允许用户直接对其修改。这两个表的结构总是与被触发器作用的表的结构相同，它们可以被用于触发器条件的测试。在执行 INSERT 语句时，插入到表中的新记录也同时插入到 inserted 表中。在执行 UPDATE 语句时，系统首先删除原有记录，并将原有记录插入到 deleted 表中，而新插入的记录也同时插入到 inserted 表中。在执行 DELETE 语句时，删除表中数据的同时，也将该数据插入到 deleted 表中。也就是说，触发器会自动记录所要更新数据的新值和原值，根据对新值和原值的测试来决定是否执行触发器中预设的动作。当触发器工作完成时，临时性的 inserted 表和 deleted 数据表会自动消失。

9.8 创建触发器

在 SQL Server 2008 中可以使用以下两种方法创建触发器：
● 使用 SQL Server Management Studio 创建触发器。
● 使用 T-SQL 语句创建触发器。
下面就分别进行介绍。

9.8.1 使用 SQL Server Management Studio 创建触发器

【任务 9.11】使用 SQL Server Management Studio 创建一个简单的触发器，实现在学生信息表（student）中当学生姓名被修改时，返回一个提示信息。

具体操作步骤如下：

（1）启动 SQL Server Management Studio，登录到指定的服务器上。

（2）在图 9-17 所示的"对象资源管理器"窗格中选择"数据库"选项，定位到"myDB"→"表"→"dbo.student"选项，并找到"触发器"选项。

（3）右击"触发器"选项，在弹出的快捷菜单中选择"新建触发器"选项，此时会自动弹出查询编辑器窗格。在查询编辑器窗格的编辑区里，SQL Server 2008 已经自动写入了一些建立触发器相关的 SQL 语句。修改该代码，将从"CREATE"开始到"GO"结束的代码改写为自己编写的内容，如图 9-18 所示。

（4）单击工具栏中【分析】按钮 ✓，检查输入的 T-SQL

图 9-17 定位到触发器

语句是否有语法错误。如果没有语法错误，则在下面的"结果"窗格中显示"命令已成功完成"。如果有语法错误，则进行修改，直到没有语法错误为止。

（5）单击【执行】按钮，生成触发器。

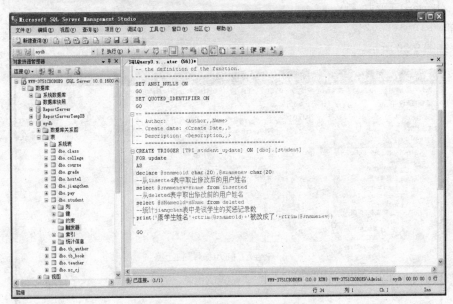

图 9-18　触发器代码设置窗口

（6）关闭查询编辑器窗格，刷新"触发器"选项，可以看到刚才建立的触发器，如图 9-19 所示。

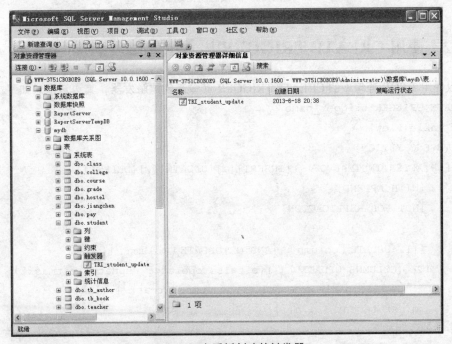

图 9-19　查看新创建的触发器

当创建成功后，可以在查询编辑器中执行下列 T-SQL 语句进行测试。

```
USE myDB
GO
UPDATE student
SET sName='王亚力_新'
WHERE sID='60402'
```

结果如图 9-20 所示。

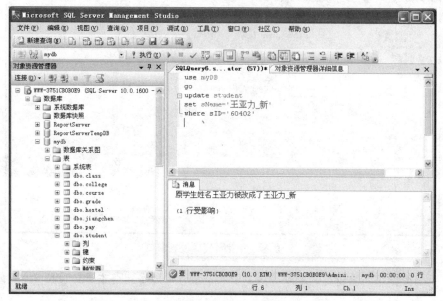

图 9-20   测试触发器功能

9.8.2   使用 CREATE TRIGGER 语句创建触发器

可以使用 T-SQL 语句中的 CREATE TRIGGER 命令来创建触发器，其语法格式如下：

```
CREATE TRIGGER trigger_name
ON {table|view}
[WITH ENCRYPTION]
{{{FOR|AFTER|INSTEAD OF} {[INSERT][,][UPDATE][,][DELETE]}
    [WITH APPEND]
    [NOT FOR REPLICATION]
    AS
    [{IF UPDATE (column) [{AND|OR}UPDATE (column)][...n]
    |IF (COLUMNS_UPDATED ( ){bitwise_operator} updated_bitmask )
          {comparison_operator} column_bitmask [...n]}}
    sql_statement [...n]}}
```

各参数的说明如下：

trigger_name：是触发器的名称。

table|view：是在其上执行触发器的表或视图，有时称为触发器表或触发器视图。

WITH ENCRYPTION：加密 syscomments 表中包含 CREATE TRIGGER 语句文本的条目。

AFTER：表示只有在执行了指定的操作（INSERT、DELETE 或 UPDATE）之后触发器才被激活，执行触发器中的 SQL 语句。若使用关键字 FOR，则表示为 AFTER 触发器，且该类型触发器仅能在表上创建。

INSTEAD OF：当为表或视图定义了针对某一操作（INSERT、DELETE 或 UPDATE）的 ISTEAD OF 类型触发器且执行了相应的操作时，尽管触发器被触发，但相应的操作并不被执行，运行的仅是触发器 SQL 语句本身。

指定执行触发器而不是执行触发 SQL 语句，从而替代触发语句的操作。在表或视图上，每个 INSERT、UPDATE 或 DELETE 语句最多可以定义一个 INSTEAD OF 触发器。然而，可以在每个具有 INSTEAD OF 触发器的视图上定义视图。

INSTEAD OF 触发器不能在 WITH CHECK OPTION 的可更新视图上定义。

{[DELETE][,][INSERT][,][UPDATE]}：是指定在表或视图上执行哪些数据修改语句时将激活触发器的关键字，必须至少指定一个选项。

WITH APPEND：指定应该添加现有类型的其他触发器。WITH APPEND 不能与 INSTEAD OF 触发器一起使用。

NOT FOR REPLICATION：表示当复制进程更改触发器所涉及的表时，不执行该触发器。

AS：是触发器要执行的操作。

sql_statement：是触发器的条件和操作。

n：是表示触发器中可以包含多条 T-SQL 语句的占位符。

IF UPDATE (column)：测试在指定的列上进行的 INSERT 或 UPDATE 操作，不能用于 DELETE 操作。可以指定多列。因为在 ON 子句中指定了表名，所以在 IF UPDATE 子句中的列名前不要包含表名。

column：是要测试 INSERT 或 UPDATE 操作的列名。该列可以是 SQL Server 支持的任何数据类型。但是，计算列不能用于该环境中。

IF (COLUMNS_UPDATED())：测试是否插入或更新了提及的列，仅用于 INSERT 或 UPDATE 触发器中。

COLUMNS_UPDATED 函数以从左到右的顺序返回位，最左边的为最不重要的位。

bitwise_operator：是用于比较运算的位运算符。

updated_bitmask：是整型位掩码，表示实际更新或插入的列。

comparison_operator：是比较运算符。使用等号（＝）检查 updated_bitmask 中指定的所有列是否都实际进行了更新。使用大于号（＞）检查 updated_bitmask 中指定的任一列或某些列是否已更新。

column_bitmask：是要检查的列的整型位掩码，用来检查是否已更新或插入了这些列。

【任务 9.12】编写触发器实现系统自动统计相应学生的处分记录并进行系统提示。

在查询编辑器中执行下列 T-SQL 语句：

```
CREATE TRIGGER [TRI_jiangcheng_ins]ON [dbo].[jiangcheng]
FOR INSERT
AS
DECLARE @countNum int,@jcRen char(6),@sName varchar(20)
--从 inserted 表中取出所要添加的奖惩记录中学生的学号
SELECT @jcRen=jcRen FROM inserted
--从 student 表中取出该学生的姓名
```

SELECT @sName=sName FROM student WHERE sID=@jcRen

--统计 jiangcheng 表中是该学生的奖惩记录数

SELECT @countNum=count(*)FROM jiangcheng WHERE jcRen=@jcRen AND jcLeibie='处分'

--对统计的结果进行判断

IF @countNum>0

  PRINT(@sName+'同学已存在 '+str(@countNum)+' 条处分记录,请加强对该学生的教育!')

上述 T-SQL 语句执行的结果如图 9-21 所示。

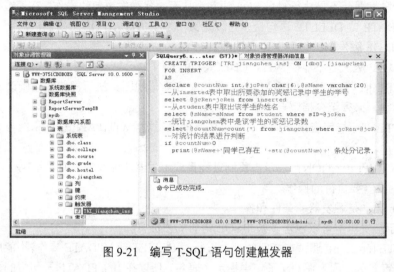

图 9-21　编写 T-SQL 语句创建触发器

在创建成功后,可以执行下列语句进行测试:

INSERT INTO jiangcheng (jcRen,jcLeibie,jcNeirong,jcShijian,jcWenjian)

VALUES('40108','处分','旷课达 72 学时给予记过处分,时间自 2006 年 9 月起至 2007 年 9 月止。

　　','2008-04-20','院学 2008 第 10 号文件')

测试结果如图 9-22 所示。

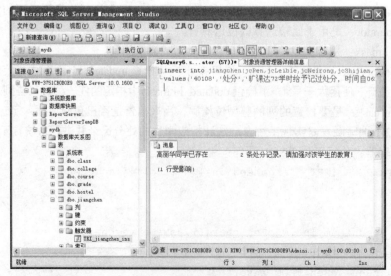

图 9-22　测试触发器结果

9.9 修改触发器

9.9.1 使用 SQL Server Management Studio 修改触发器

通过 SQL Server Management Studio 修改触发器与创建触发器的过程非常相似,在"对象资源管理器"中选择要修改的触发器,右键单击打开快捷菜单选择"修改"命令。在打开的查询编辑器中对代码进行修改。修改完触发器后要使用【分析】按钮对语法进行检查。最后单击【执行】重新生成触发器即可。

9.9.2 使用 ALTER TRIGGER 语句修改触发器

可以使用 T-SQL 语句 ALTER TRIGGER 修改触发器,其语法格式为:

```
ALTER TRIGGER trigger_name
ON (table|view)
[WITH ENCRYPTION]
{{(FOR|AFTER|INSTEAD OF){[DELETE][,][INSERT][,][UPDATE]}
    [NOT FOR REPLICATION]
    AS
    sql_statement [...n]}
|{(FOR|AFTER|INSTEAD OF){[INSERT][,][UPDATE]}
  [NOT FOR REPLICATION]
    AS
    {IF UPDATE (column)[{AND|OR} UPDATE(column)][...n]
    |IF (COLUMNS_UPDATED(){bitwise_operator} updated_bitmask)
    {comparison_operator} column_bitmask [...n]}
    sql_statement [...n]}}
```

其中各参数或保留字的含义请参见创建触发器一节。

【任务 9.13】修改触发器 TRI_student_update,加密触发器文本定义。

要实现这一任务,可以在查询编辑器中执行下列 T-SQL 语句:

```
USE myDB
GO
ALTER TRIGGER TRI_student_update
ON student
WITH encryption
FOR UPDATE
AS
--定义两个字符型变量
DECLARE @sNameOld char(20),@sNameNew char(20)
--从 inserted 表中取出修改后的用户姓名
```

```
SELECT @sNameNew=sName FROM inserted
--从 inserted 表中取出修改后的用户姓名
SELECT @sNameOld=sName FROM deleted
PRINT '原学生姓名 '+rtrim(@sNameOld)+' 被改成了 '+rtrim(@sNameNew)
```

9.9.3　使用 sp_rename 命令重命名触发器

可以使用存储过程 sp_rename 重命名触发器,其语法格式为:

sp_rename oldname,newname

参数说明和用例请参考重命名存储过程的说明,在此不再赘述。

9.9.4　暂时禁用或启用触发器

可以使用 T-SQL 语句中的 ALTER TABLE 命令实现启用或暂时禁用触发器,其语法格式如下:

```
ALTER TABLE 触发器表名称
{ENABLE|DISABLE} TRIGGER {ALL|触发器名称[,…n]}
```

参数说明:

{ENABLE|DISABLE} TRIGGER:指定启用或禁用 trigger_name。当一个触发器被禁用时,它对表的定义依然存在;然而,当在表上执行 INSERT、UPDATE 或 DELETE 语句时,触发器中的操作将不执行,除非重新启用该触发器。

ALL:不指定触发器名称的话,指定 ALL 则启用或暂时禁用触发器表中的所有触发器。

【任务 9.14】暂时禁止触发器 TRI_student_update 的使用。

要实现这一任务,可以在查询分析器中执行下列 T-SQL 语句:

```
USE myDB
GO
ALTER TABLE student
DISABLE TRIGGER TRI_student_update
```

9.10　查看触发器

9.10.1　使用 SQL Server Management Studio 查看触发器

(1)启动 SQL Server Management Studio,登录到指定的服务器上。

(2)在"对象资源管理器"窗格中选择"数据库"选项,定位到要查看触发器的数据表上,并找到"触发器"选项。

(3)单击"触发器"选项,在右边的"详细信息"窗格中,可以看到该数据表已经创建好的触发器信息。

(4)双击要查看的触发器名,SQL Server Management Studio 会自动弹出一个查询编辑器窗格,里面显示的即是该触发器的内容。

9.10.2　使用系统存储过程 sp_helptrigger 查看触发器信息

可以使用系统存储过程 sp_helptrigger 返回基本表中指定类型的触发器信息。

其语法格式如下：

```
sp_helptrigger [@tabname=]'table' [,[@triggertype=]'type']
```

参数说明：

[@tabname=]'table'：是当前数据库中表的名称，将返回该表的触发器信息。

[@triggertype=]'type'：是触发器的类型，将返回此类型触发器的信息。如果不指定触发器类型，将列出所有的触发器。

【任务 9.15】查看 myDB 数据库中 jiangcheng 表的触发器类型。

要实现这个任务，可以在查询分析器中执行下列 T-SQL 语句。

```
USE myDB
GO
EXEC sp_helptrigger 'jiangcheng'
EXEC sp_helptrigger 'jiangcheng','INSERT'
```

结果如图 9-23 所示。

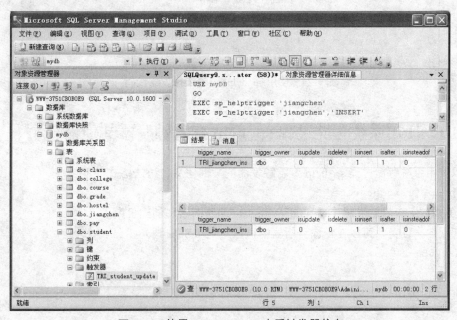

图 9-23　使用 sp_helptrigger 查看触发器信息

9.10.3　使用系统存储过程 sp_helptext 查看触发器代码

可以使用系统存储过程 sp_helptext 查看触发器的代码，其语法格式如下：

```
sp_helptext 'trigger_name'
```

需要注意的是，如果在创建触发器时对定义文本用 WITH ENCRYPTION 进行过加密处理，

那么用 sp_helptext 不能查看到文本信息。

【任务 9.16】查看触发器 TRI_student_update 的所有者和创建日期。

要实现这一任务，可以在查询分析器中执行下列 T-SQL 语句：

```
USE myDB
GO
EXEC sp_helptext 'TRI_student_update'
```

结果如图 9-24 所示。

图 9-24 使用 sp_helptext 查看触发器代码

9.10.4 使用系统存储过程 sp_help 查看触发器其他信息

可以使用系统存储过程 sp_help 查看触发器的其他信息，语法格式如下：

```
sp_help 'trigger_name'
```

【任务 9.17】查看触发器 TRI_student_update 的所有者和创建日期。

要实现这一任务，可以在查询分析器中执行下列 T-SQL 语句：

```
USE myDB
GO
EXEC sp_help 'TRI_student_update'
```

9.11 删除触发器

当不再需要某个触发器时，可将其删除。当触发器被删除时，它所基于的数据表和数据并不受影响。删除基本表则将自动删除其上定义的所有触发器。

9.11.1 使用 SQL Server Management Studio 删除触发器

（1）启动 SQL Server Management Studio，登录到指定的服务器上。

（2）在"对象资源管理器"窗格中选择"数据库"选项，定位到要查看触发器的数据表上，并找到"触发器"选项。

（3）单击"触发器"选项，在右边的"详细信息"窗格中，可以看到该数据表已经创建好的触发器信息。

（4）找到要删除的触发器，右键单击打开快捷菜单，选择"删除"选项，如图9-25所示。

图 9-25　删除触发器

（5）在打开的"删除对象"窗口中，可查看欲删除的存储过程的相关信息，单击【确定】按钮即可删除。

9.11.2　使用 DROP TRIGGER 语句删除触发器

从当前数据库中删除一个或多个触发器，可使用 DROP TRIGGER 命令，其语法格式如下：

```
DROP TRIGGER {trigger} [,...n]
```

参数说明：

trigger：是要删除的触发器名称。触发器名称必须符合标识符规则。

n：是表示可以指定多个触发器的占位符。

【任务 9.18】删除触发器 TRI_student_update。

解决【任务 9.18】中的任务，可以在查询编辑器中执行下列 T-SQL 语句。

```
USE myDB
GO
DROP TRIGGER TRI_student_update
```

结果如图 9-26 所示。

图 9-26　使用语句删除触发器

 # 9.12　本项目小结

本项目介绍了存储过程与触发器的概念、特点和作用，介绍了创建和管理存储过程与触发器的方法与技巧。

通过对本项目的学习，学生应认识到存储过程和触发器在维护数据库参照完整性、实现数据完整性等方面具有不可替代的作用，同时也增强了代码的重用性和共享性，提高了程序的可移植性。学生应了解存储过程和触发器的特点与作用，熟练掌握存储过程与触发器的创建、管理和调用的方法、技巧和注意事项。

 # 9.13　课后练习

一、填空题

1. EXECUTE 语句主要用于执行_____。另外，我们也可以预先将 T-SQL 语句放在_____中，然后使用 EXECUTE 语句来执行。

2. 在触发器中可以使用两个特殊的临时表，即_____表和 deleted 表，前者用来保存那些受 INSERT 和 UPDATE 语句影响的记录，后者用于保存那些受_____和_____语句影响的记录。

二、选择题

1. 假定在 Sale 数据库中创建一个名为 proc_sale 的存储过程，而且没有被加密，那么以下哪些方法可以查看存储过程的内容？（　　　）

A. EXEC sp_helptext proc_sales   B. EXEC sp_depends proc_sales

C. EXEC sp_help proc_sales   D. EXEC sp_stored_procedures proc_sales

E. 查询 syscomments 系统表   F. 查询 sysobjects 系统表

2. 在登记学生成绩时要保证列 Score 的值在 0 到 100 之间，下面的方法中哪种实现起来最简单？（　　）

A. 编写一个存储过程，管理插入和检查数值，不允许直接插入

B. 生成用户自定义类型 type_Score 和规则，将规则与数据类型 type_Score 相关联，然后设置列 Score 的数列类型为 type_Score

C. 编写一个触发器来检查 Score 的值，如果不在 0 和 100 之间，则撤销插入

D. 在 Score 列增加检查限制

三、简答题

1. 存储过程与存储在客户计算机的本地 T-SQL 语句相比，具有什么优点？

2. SQL Server 支持哪几类存储过程？

3. 什么是触发器，触发器分为哪几种类型？

四、程序设计题

1. 在 Sales 数据库中建立一个名为 proc_find 的存储过程：如果查询到指定的商品，则用 RETURN 语句返回 1，否则返回 0。

2. 在 Sales 数据库中建立一个名为 date_to_date_sales 的存储过程；该存储过程将返回在两个指定日期之间的所有销售记录。在 Sales 数据库中建立一个名为 date_to_date_sales 的存储过程，该存储过程将返回在两个指定日期之间的所有销售记录。

3. 创建触发器 tri_ReportGoods，当商品库存低于 5 件时发出库存量少请求进货的提示信息。

4. 创建触发器 tri_GoodsCount，当商品销售之后，相应的库存要有所变化。

💻 9.14 实验

实验目的：

（1）掌握用户存储过程的创建、修改、执行和删除操作。

（2）掌握触发器的创建、查看、修改和删除操作。

（3）掌握触发器的触发执行。

实验内容：

（1）分别创建存储过程能够对科目信息表（subject）进行插入记录和删除记录操作，并执行该存储过程。

（2）创建一个带有输入参数和输出参数的过程，要求当输入考生的姓名时，如果存在则返回考生的考试姓名、考试科目、所属部门、考试分数；否则给出相应的提示信息。

（3）删除第 1 步创建的存储过程。

（4）分别使用界面方式和命令方式查看第 2 步创建的存储过程信息。

（5）为在线考试系统中的考试成绩信息表（score）创建一个基于 update 和 delete 操作的复合型触发器，当修改了该表中的成绩信息或者删除了分数记录时，触发器被激活生效，显示相关的操作信息。

（6）创建一个 UPDATE 触发器，当更新用户信息表（user_info）中的"用户编号"时激活触

发器以级联更新考生信息表（testuser）和考试成绩信息表（score）中的"用户编号"字段信息，提示考生信息表（testuser）和考试成绩信息表（score）中的"用户编号"字段信息被更新。

（7）修改上一步创建的 UPDATE 触发器，当更新用户信息表（user_info）中的"用户编号"时激活触发器以级联更新考生信息表（testuser）和考试成绩信息表（score）中的"用户编号"字段信息。

（8）查看上一步创建的触发器的所有者和信息。

（9）删除第（5）步创建的触发器。

实验步骤：

（1）启动 SQL Server Management Studio。

（2）使用 CREATE PROCEDURE 命令创建存储过程。

（3）使用 DROP PROCEDURE 命令删除存储过程。

（4）使用系统存储过程查看用户存储过程信息。

（5）使用 CREATE TRIGGER 命令创建触发器。

（6）触发执行触发器。

（7）验证约束与触发器的不同作用期。

（8）使用系统存储过程查看创建的触发器信息。

（9）使用 DROP TRIGGER 命令删除触发器。

项目十

SQL Server 2008 的安全设置与管理

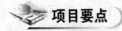 **项目要点**

（1）了解 SQL Server 2008 的身份验证模式。

（2）掌握用户、角色的设置方法。

（3）掌握访问权限的设置方法。

（4）了解如何确保数据库服务器的安全。

（5）了解数据库备份和还原的意义。

（6）掌握数据库备份的方法。

（7）掌握数据库还原的方法。

数据库管理系统必须具有严谨的安全机制和丰富的安全措施才能保证"三合法"，即合法的用户合法地使用合法的数据。也就是说，系统必须提供对用户合法性的校验才能保证只有合法的用户才能进入系统。对于用户在使用数据的过程中要通过对用户权限的审核，才能保证用户只使用自己拥有权限的数据库对象。而数据库系统要为用户提供正确的数据必须通过数据完整性的约束来实现。

本项目将首先介绍 SQL Server 2008 的安全访问机制，然后介绍 SQL Server 2008 系统中登录账户、用户、角色和权限的管理方法与操作技巧。最后还将介绍 SQL Server 2008 系统中实现数据安全的保障机制——数据备份与恢复，主要介绍数据库备份与恢复的策略和原则，实现数据库备份与恢复的方法和操作技巧。

10.1　任务的提出

一天，晓灵又来到了郝老师的办公室，向郝老师请教问题。

晓灵："郝老师，还有个问题得请教一下。就是在使用'晓灵学生管理系统'的过程中，我发现使用这个系统的用户有学校的领导、教师、行政人员和学生，采用什么办法才能让他们只能使用自己的数据。"

郝老师："我明白你的意思。也就是说，学生只能使用自己的数据。象个人家庭住址、联系电话等，而对学生的学习成绩，应该只能查询而不能修改。象学生的奖惩记录，教师只能查询而不能修改，只有相关工作人员才有权限修改那些数据。"

晓灵："太对了，我就是想说这些。那我应该如何解决这个问题呢？"

郝老师："解决这个问题的实质就是系统的安全问题和数据安全的问题。"

【**实例**】在"晓灵学生管理系统"中，实现学生只能查询自己的学习成绩而不能修改，教师和

学生都可以查询学生的奖惩记录而不能更新记录。

　　分析：要想解决这个问题，其实质就是对数据库管理系统的"三合法"的具体应用。在数据库管理系统中，第一，我们需要校验用户的合法性，通过对用户登录账户和登录密码的审核来判断其是不是合法用户；第二，在用户使用数据时，我们需要对用户的权限进行检查，看其是否拥有相应的权限；第三，我们通过使用各种约束机制对数据进行完整性检查，保证数据的合法性，对于数据的合法性还需要通过数据的稳定性来实现。数据的稳定性可以通过对数据进行备份和在发生问题时利用备份产生的副本进行恢复来保障。

　　综上所述，我们可以在"晓灵学生管理系统"中设置相应的登录账户、用户和对用户权限的管理。

　　解决办法：在"晓灵学生管理系统"中设置学生登录账户（STU）、教师登录账户（TEA）、领导（LEAD）和系统管理员（ADMIN）四个账户。设置学生用户（USER_STU）、教师用户（USER_TEA）和领导用户（USER_LEAD）三个用户。最后对这些用户的权限进行管理。

10.2　SQL Server 2008 的安全机制

　　SQL Server 2008 的安全包括服务器安全和数据安全两部分。服务器安全指的是什么人可以登录服务器、登录服务器后可以访问哪些数据库以及在数据库里可以访问什么内容。数据安全包括数据的完整性和数据库文件的安全性。

　　在设置 SQL Server 2008 的安全机制之前，我们需要了解三个术语：登录账户（login）、数据库用户（user）和账户（account）。登录账户是账户标识符，用来控制对任何 SQL Server 2008 系统的访问权限。SQL Server 2008 只有在首先验证了指定的登录账户有效后，才完成连接。数据库用户以登录名登录访问 SQL Server。

　　登录账户本身并不能让用户访问服务器中的数据库资源。要访问特定的数据库，必须使用数据库用户。用户是在特定的数据库内创建，并关联一个登录账户（当创建一个用户时，必须为它指定一个登录账户与之相关联）。用户定义的信息存放在服务器上的每个数据库 sysusers 表中，用户没有密码与之关联。通过授予用户权限来指定用户访问特定对象的权限。总之，数据库用户可以获得资源，而登录账户则不能。数据库用户仅仅是一个数据库对象，而账户则是特指在用户管理器中创建的 Windows 账户。

　　图 10-1 简单总结了登录账户和用户的关系。

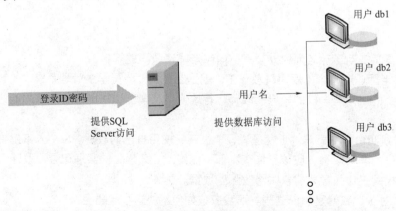

图 10-1　登录账户和用户之间的关系

在 SQL Server 中工作时，用户必须要经过两个安全性阶段：身份验证和授权（权限验证）。身份验证是使用登录账户登录系统，并且验证用户连接 SQL Server 实例的能力。如果身份验证成功，用户即可连接到 SQL Server 实例上。然后用户需要拥有访问服务器上数据库的权限，权限验证阶段则控制用户在 SQL Server 数据库中所允许进行的活动。

10.3　SQL Server 2008 的身份验证模式

通过上面的内容，我们了解到要登录 SQL Server 2008 访问数据，必须拥有一个 SQL Server 服务器允许登录的账号和密码，只有以该账号和密码通过 SQL Server 服务器验证后才能访问其中的数据。

SQL Server 2008 支持两种不同的身份验证模式：Windows 身份验证模式和 SQL Server 验证模式。这两种模式以如图 10-2 所示的步骤去处理登录 SQL Server。

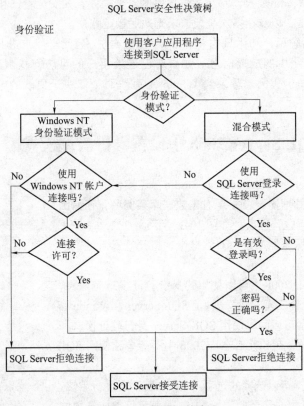

图 10-2　身份验证的步骤

10.3.1　Windows 身份验证模式

Windows 身份验证模式是指用户连接 SQL Server 数据库时，使用 Windows 操作系统中的账户名和密码进行验证。也就是说，在 SQL Server 中可以创建与 Windows 用户账号对应的登录账号。因为在登录 Windows 操作系统时，必须要输入账号和密码，采用这种方式验证身份，只要登录了 Windows 操作系统，登录 SQL Server 时就不需要再输入一次账号和密码了。但这并不意味着所有

能登录 Windows 操作系统的账号都能访问 SQL Server，必须要由数据库管理员在 SQL Server 中创建与 Windows 账号对应的 SQL Server 账号，然后用该 Windows 账号登录 Windows 操作系统，才能不用登录而直接访问 SQL Server。SQL Server 2008 默认本地 Windows 组可以不受限制地访问数据库。

10.3.2 SQL Server 身份验证模式

该验证模式是使用 SQL Server 中的账号和密码来登录数据库服务器，而这些账号和密码与 Windows 操作系统无关。使用 SQL Server 验证方式可以很方便地从网络上访问 SQL Server 服务器，即使网络上的客户机没有服务器操作系统的账户也可以登录并使用 SQL Server 数据库。

与 SQL Server 身份验证相比，Windows 身份验证有某些优点，主要是由于它与 Windows 系统安全系统的集成。Windows 操作系统提供更多的安全功能，如安全验证和密码加密、审核、密码过期，最短密码长度，以及在多次登录请求无效后锁定账户。

由于 Windows 系统用户和组只由 Windows 系统维护，因此当用户进行连接时，SQL Server 将读取有关该用户在组中的成员信息。如果对已连接用户的可访问权限进行更改，则当用户下次连接到 SQL Server 实例或登录到 Windows 系统时（取决于更改的类型），这些更改才会生效。

10.3.3 在 SQL Server 2008 中设置身份验证模式

（1）启动 SQL Server Management Studio，连接相关数据库实例。在"对象资源管理器"窗格里右击数据库实例名，在弹出的快捷菜单里选择"属性"选项，如图 10-3 所示。

（2）在弹出的"服务器属性"对话框中，打开"安全性"选项页，如图 10-4 所示。

（3）在 SQL Server 2008 中可以使用的身份验证模式有两种，一种是 Windows 身份验证模式，另一种是 SQL Server 和 Windows 身份验证模式，也就是可以同时使用 SQL Server 身份验证模式和 Windows 身份验证模式。在 SQL Server 2008 中不能单独使用 SQL Server 身份验证模式。

（4）"登录审核"可以选择的选项："无"表示不执行审核；"成功"表示只审核成功的登录尝试；"失败"表示只审核失败的登录尝试；"全部"表示审核成功的和失败的登录尝试。其作用是选择在 SQL Server 错误日志中记录的用户访问 SQL Server 的级别。

（5）"启动服务器代理账户"是决定服务登录的账户。

（6）修改完毕后单击【确定】按钮完成操作。

图 10-3　属性设置窗口

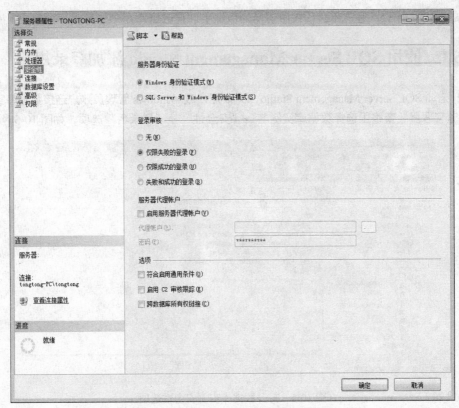

图 10-4　设置 SQL Server 身份验证方式

10.4　访问权限

在用户登录 SQL Server 服务器之后，并不代表该用户可以访问所有数据库资源。一个 SQL Server 服务器上可以有很多个数据库，每个数据库里可以有很多个数据表。因此，不可能让每一个能登录 SQL Server 服务器的账号都能控制所有的数据库，即使在同一个数据库中，也不一定每个账户都能访问所有数据表。

在 SQL Server 2008 中，权限可以分为两个方面：一个是对数据库服务器本身的控制权限，例如创建、修改、删除数据库，管理磁盘文件，添加、删除链接服务器等；另一个是对数据库数据的控制权限，例如可以访问数据库中的哪些数据表、哪些视图、哪些存储过程，或者是对数据表可以执行哪些操作，是插入，还是更新，或是查询等。在 SQL Server 2008 里，可以把访问权限设置给用户或角色。

10.5　登录用户设置

SQL Server 中的账户包含两种：登录账户，数据库用户账户。

● 登录账户：是面对整个 SQL Server 管理系统的，某位用户必须使用特定的登录账户才能连接到 SQL Server ，但连接上并不说明就有访问数据库的权力。

● 数据库用户：账户针对 SQL Server 管理系统中的某个数据库而言，当某位用户用合法登录

239

账户连接到 SQL Server 后，还必须在所访问的数据中创建数据库用户账户。

10.5.1　使用 SQL Server Management Studio 添加登录用户

（1）启动 SQL Server Management Studio，以 sa 账户或 Windows 管理员账户连接数据库实例。在"对象资源管理器"窗格里选择数据库实例名→"安全性"→"登录名"选项，如图 10-5 所示。

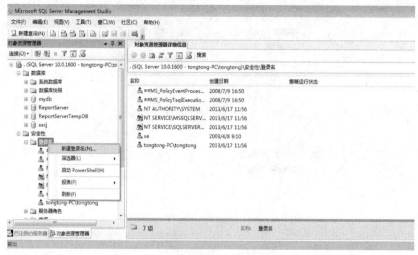

图 10-5　打开数据库实例安全性选项

（2）右击"登录名"选项，在弹出的快捷菜单里选择"新建登录名"选项，弹出图 10-6 所示的对话框。在该对话框中可以添加一个能登录 SQL Server 服务器的用户名。如前所说，数据库身份验证有两种模式，一种是 Windows 身份验证模式，一种是 SQL Server 身份验证模式。在此可以添加两种验证模式的用户。

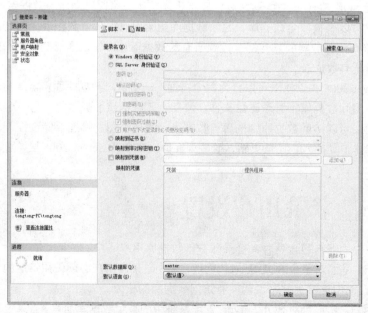

图 10-6　新建登录账户对话框

● 如选择【Windows 身份验证】按钮，那么在"登录名"文本框里可以输入要用来登录 SQL Server 服务器的 Windows 账户名，该账号应该是可以登录 Windows 操作系统的账号。

● 如选择【SQL Server 身份验证】按钮，那么在"登录名"文本框里可以输入要用来登录 SQL Server 服务器的新用户名。此时会要求输入该用户的密码。如选择"强制实施密码策略"选项，则会要求一定要输入密码，否则可以将该用户设置为空密码，不过为了系统安全，不建议使用空密码。如果选择了"强制密码过期"选项，则会对该登录账号强制实施密码过期策略。如果选择了【用户在下次登录时必须更改密码】选项，则首次使用登录名时，SQL Server 会提示用户输入新密码。

（3）在"默认数据库"下拉列表框里可以为该登录账号选择默认的数据库。

（4）在"默认语言"下拉列表框里可以为登录账户选择默认的语言。

10.5.2　使用系统存储过程添加登录用户

10.5.2.1　添加 Windows 类型登录用户

可以使用存储过程 sp_grantlogin 将 Windows 用户或组账户以 Windows 身份验证的方式连接到 SQL Server 实例。

其语法格式为：

`sp_grantlogin [@loginame=]'login'`

参数说明：[@loginame=]'login'：是要添加的 Windows 用户或组的名称。Windows 组和用户必须用 Windows 域名限定，格式为"域\用户"，例如"zhenaj\student"。

【任务 10.1】使用 T-SQL 语句创建一个 Windows 类型的登录用户。

`EXECUTE sp_grantlogin 'tongtong-pc\student'`

该语句执行结果如图 10-7 所示。

图 10-7　创建 Windows 类型登录账户

10.5.2.2　添加 SQL Server 类型登录用户

如果用户没有 Windows 操作系统账户，但又要访问 SQL server 服务器，则只能为其建立 SQL

Server 登录账户。

可以使用存储过程 sp_addlogin 将用户以 SQL Server 身份验证的方式连接到 SQL Server 实例。

其语法格式如下：

```
sp_addlogin [@loginame=]'login'
    [,[@passwd=]'password']
    [,[@defdb=]'database']
    [,[@deflanguage=]'language']
    [,[@sid=]sid]
    [,[@encryptopt=]'encryption_option']
```

参数说明：

[@loginame=]'login'：登录的名称。

[@passwd=]'password'：登录密码。

[@defdb=]'database'：登录的默认数据库（登录后登录所连接到的数据库）。

[@deflanguage=]'language'：用户登录到 SQL Server 时系统指派的默认语言。

[@sid=]sid：安全标识号（SID）。

[@encryptopt=]'encryption_option'：指定当密码存储在系统表中时，密码是否要加密。

【任务 10.2】使用 T-SQL 语句创建 SQL Server 登录账号。

```
EXECUTE sp_addlogin 'STU','123456','myDB'
```

该语句执行的结果如图 10-8 所示。

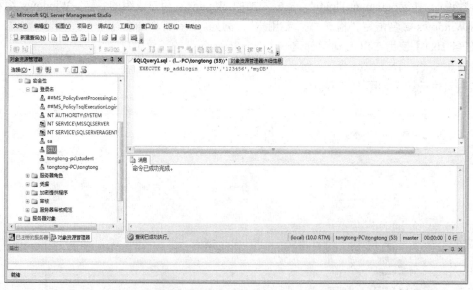

图 10-8 通过存储过程添加 SQL Server 身份验证的登录账户

10.5.3 修改登录账户的属性

对于创建好的登录账户，可修改的属性有：

● 默认数据库。

● 默认语言。

● 登录账户是 SQL Server 账户的口令。

>> 注意：登录账户是 Windows 操作系统账户的口令，要使用 Windows 操作系统的用户管理器修改。

修改的过程与创建的过程非常相似，请参照 10.5.1 节内容自行修改。

10.5.4　删除登录账户

10.5.4.1　使用 SQL Server Management Studio 删除登录账户

（1）启动 SQL Server Management Studio，以 sa 账户或 Windows 管理员账户连接数据库实例。在"对象资源管理器"窗格里选择数据库实例名→"安全性"→"登录名"选项。

（2）右击欲删除的登录名，在弹出的快捷菜单里选择"删除"命令，在打开的"删除对象"窗口中单击【确定】按钮，完成删除，如图 10-9 所示。

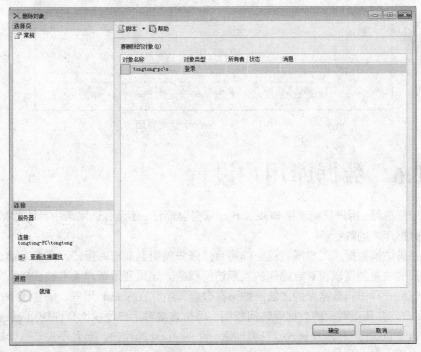

图 10-9　删除登录用户

10.5.4.2　使用存储过程删除登录账户

可以使用存储过程 sp_droplogin 删除 SQL Server 登录，以阻止使用该登录名访问 SQL Server 实例。其语法格式如下：

```
sp_droplogin [@loginame=]'login'
```

【任务 10.3】删除一个使用 SQL server 身份验证的登录账户"stu"。

完成这一任务的 T-SQL 语句为：

```
EXECUTE sp_droplogin 'stu'
EXECUTE sp_revokelogin 'zhenaj\student'
```

10.5.5 使用用户登录

创建完新登录名之后，就可以使用该账户登录到数据库实例中。

打开 SQL Server Management Studio，在图 10-10 所示的"连接到服务器"对话框里输入刚才创建的登录名和密码，单击【确定】按钮。

图 10-10 SQL Server 登录界面

10.6 数据库用户设置

创建登录账户后，用户只能连接 SQL Server 服务器而已，还没有访问某个具体数据库的权限，还不能操纵数据库中的数据。

用户要拥有访问数据库的权限，还必须将登录账户映射到数据库用户。用户是通过登录账户与数据库用户的映射关系取得对数据库的实际访问权的。如果登录账户没有被映射到一个数据库用户上时，也有一种访问数据库的方法。如果在数据库中存在 guest 用户，则登录账户将自动映射到 guest 用户，并获得对应的数据库访问权限。但是直接对用户授权比允许使用 guest 用户的方法更好。要想使 guest 用户账户有效，只需创建一个叫 guest 的用户，而且不需要一个映射的登录账户。

10.6.1 创建数据库用户

10.6.1.1 使用 SQL Server Management Studio 创建数据库用户

【任务 10.4】将前面创建的 SQL Server 身份验证登录账户"stu"添加到 myDB 数据库中。

（1）启动 SQL Server Management Studio，以 sa 账户或 Windows 管理员账户连接数据库实例。在"对象资源管理器"窗格里选择数据库实例名→"myDB"数据库→"安全性"→"用户"选项，如图 10-11 所示。

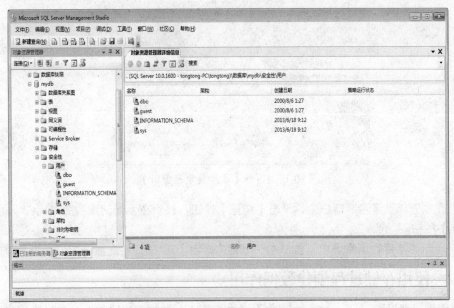

图 10-11　打开数据库用户设置窗口

（2）右击"用户"选项，在弹出的快捷菜单里选择"新建用户"选项，弹出图 10-12 所示的对话框。

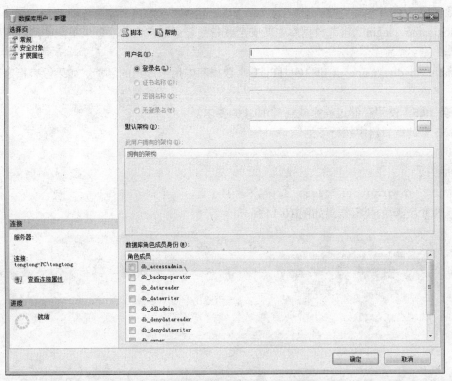

图 10-12　打开"新建用户"对话框

（3）在用户名输入框中输入一个新名称，单击"登录名"右边的【浏览】按钮，打开"选择登录名"窗口，如图 10-13 所示。

图 10-13　打开【选择登录名窗口】

（4）在"选择登录名"窗口中，单击【浏览】按钮，找到在上面创建的登录用户"stu"并单击【确定】按钮。

（5）回到"新建数据库用户"窗口中，单击【确定】按钮，完成数据库新用户的添加。

10.6.1.2　使用存储过程创建数据库用户

可以使用存储过程 sp_grantdbaccess 为登录账户在当前数据库中添加一个数据库用户账户（安全账户），并使其能够被授予在当前数据库中执行活动的权限。

其语法格式为：

sp_grantdbaccess [@loginame=]'login'[,[@name_in_db=]'name_in_db' [OUTPUT]]

参数说明：

[@loginame=]'login'：当前数据库中新安全账户的登录账户名称。登录不能使用数据库中已有的账户作为别名。

[@name_in_db=]'name_in_db' [OUTPUT]：数据库中用户账户的名称。如果没有指定，则使用登录账户名称。

【任务 10.5】使用存储过程完成任务 10.4 的要求。

可以在查询编辑器中执行下列语句：

```
USE myDB
GO
EXECUTE sp_grantdbaccess 'stu','stu'
```

上述 SQL 语句的执行结果如图 10-14 所示。

图 10-14　使用存储过程创建数据库用户

10.6.2　修改数据库用户

修改数据库用户主要是修改为此用户所设置的用户权限，也就是修改该用户所属的数据库角色。

10.6.2.1　使用 SQL Server Management Studio 修改数据库用户

（1）启动 SQL Server Management Studio，以 sa 账户或 windows 管理员账户连接数据库实例。在"对象资源管理器"窗格里选择数据库实例名→"myDB"数据库→"安全性"→"用户"选项。

（2）右击欲修改的数据库用户名，选择"属性"选项，打开如图 10-15 所示的"数据库用户"窗口，根据需要对其进行修改即可。

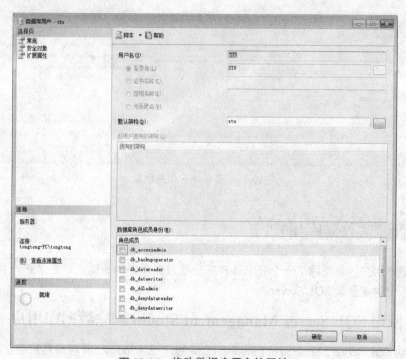

图 10-15　修改数据库用户的属性

10.6.2.2　使用存储过程修改数据库用户

通过 T-SQL 语句修改用户账户所属角色时，要用到以下两个系统存储过程：

● sp_addrolemember 将数据库用户添加到一个数据库角色。

● sp_droprolemember 从一个数据库角色中删除一个用户账户。

它们的语法格式如下：

```
sp_addrolemember [@rolename=]'role',[@membername=]'security_account'
sp_droprolemember [@rolename=]'role',[@membername=]'security_account'
```

参数说明：

[@rolename=]'role'：当前数据库中 SQL Server 角色的名称。

[@membername=]'security_account'：添加到角色的数据库用户账户。

【任务 10.6】将 "stu" 添加到数据库 myDB 的 db_accessadmin 角色中。

可以在查询分析器中执行下列 SQL 语句：

```
use myDB
EXECUTE sp_addrolemember 'db_accessadmin','stu'
EXECUTE sp_helpuser 'stu' --查看用户 Stu 的相关信息
```

执行结果如图 10-16 所示。

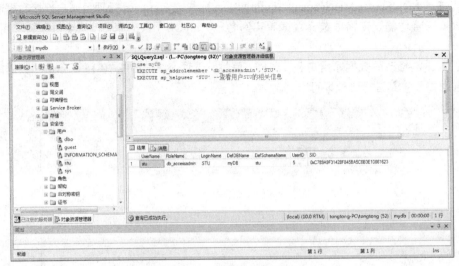

图 10-16　查看用户相关信息

10.6.3　删除数据库用户

删除数据库用户，就删除了一个登录账户在当前数据库中的映射，此登录账户将失去访问数据库的权限，但仍能登录 SQL Server。

10.6.3.1　使用 SQL Server Management Studio 删除数据库用户

（1）启动 SQL Server Management Studio，以 sa 账户或 Windows 管理员账户连接数据库实例。在"对象资源管理器"窗格里选择数据库实例名→"myDB"数据库→"安全性"→"用户"选项。

（2）右击欲删除的数据库用户名，选择"删除"选项，打开"删除对象"窗口，在该窗口中单击【确定】按钮即可。

10.6.3.2　使用存储过程删除数据库用户

可以使用存储过程 sp_revokedbaccess 从当前数据库中删除数据库用户账户。其语法格式如下：

```
sp_revokedbaccess [@name_in_db=]'name'
```

参数说明：

[@name_in_db=]'name'：是要删除的账户名称。账户名必须存在于当前数据库中。

【任务 10.7】从当前数据库 myDB 中删除用户账户 stu。

```
EXECUTE sp_revokedbaccess 'stu'
```

10.7　角色管理

管理用户是一件令人头痛的事，最大的麻烦在于要确保用户能够访问到他们所需要的数据，但又不能获得超出他们权限范围的数据。并且随着用户越来越多，管理成本日益增加，如何降低数据库用户管理的复杂程度就亟待解决了。为了解决这一难题，SQL Server 引入了"角色（ROLE）"的概念。角色在权限管理方面是一个强有力的工具，从某种意义上说它相当于 Windows 中的组。

在 SQL Server 2008 中，角色分为三种：

- 服务器角色：是服务器级的一个对象，只能包含登录。分配了一定的服务器操作权限。
- 数据库角色：是数据库级的一个对象，只能包含数据库用户而不能包含登录。分配了一定的数据库操作权限。
- 应用程序角色：是一个数据库主体，使应用程序能够用自身的、类似用户的特权来运行。使用应用程序角色可以只允许通过特定应用程序连接的用户访问特定数据。应用程序角色在默认情况下不包含任何成员，并且是非活动的。应用程序可以用存储过程 sp_setapprole 来激活应用程序角色。

需要注意的是，除了系统定义的固定角色，用户还可以自己定义数据库角色，但不能定义服务器角色。

10.7.1　服务器角色

在安装完 SQL Server 2008 后，系统自动创建了 8 个固定的服务器角色，如图 10-17 所示。它们提供了服务器一级的管理权限集。

注意：SQL Server 不允许自定义服务器角色。

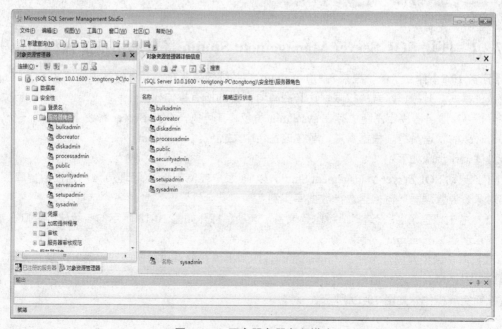

图 10-17　固定服务器角色描述

这 8 个服务器角色的功能如表 10-1 所示。

表 10-1　服务器角色功能表

角色名称	功　能　描　述
Bulkadmin	属于该角色的成员可以执行 Bulk Insert 语句。该语句是以用户指定的格式将数据文件加载到数据表或视图中
Dbcreator	属于该角色的成员可以创建、更改和还原任何数据库
Diskadmin	属于该角色的成员可以管理磁盘文件
Processadmin	属于该角色的成员可以终止在数据库引擎实例中运行的进程
Securityadmin	属于该角色的成员可以管理登录名及其属性
Setupadmin	属于该角色的成员可以添加和删除链接服务器，并可以执行某个系统存储过程
Serveradmin	属于该角色的成员可以更改服务器范围的配置选项和关闭服务器
Sysadmin	属于该角色的成员可以在数据库引擎中执行任何活动，是以上所有角色的并集。默认情况下，Windows BUILTIN\Administrator 组的所有成员和 sa 账户都是该角色的成员

10.7.2　服务器角色的应用

10.7.2.1　使用 SQL Server Management Studio 将登录用户加入到角色中

【任务 10.8】建立了一个登录名为 myadmin 的系统登录账户，其身份认证模式为 SQL Server 身份认证模式。升级该账号的权限，让其拥有对系统的所有操作权。

分析：在服务器固定角色中存在 sysadmin 角色，其可执行 SQL Server 系统中的任何任务，是 SQL Server 的管理员组。根据需求，可在该角色中添加成员 myadmin。

具体操作步骤如下：

（1）启动 SQL Server Management Studio，以 sa 账户或 Windows 管理员账户连接数据库实例。在"对象资源管理器"窗格里选择数据库实例名→"安全性"→"登录名"选项。

（2）右击"登录名"，选择"新建登录名"选项，打开如图 10-18 所示的"新建"窗口，根据题目要求创建"myadmin"登录账户。

（3）右击新创建的登录账户"myadmin"，在弹出的快捷菜单里选择"属性"选项，弹出"登录属性"对话框，在该对话框中打开"服务器角色"选项页。勾选"sysadmin"角色，单击【确定】按钮完成操作，如图 10-19 所示。

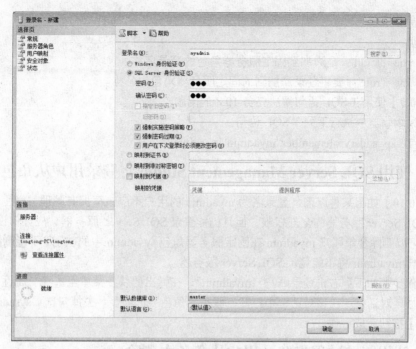

图 10-18　创建新登录账户

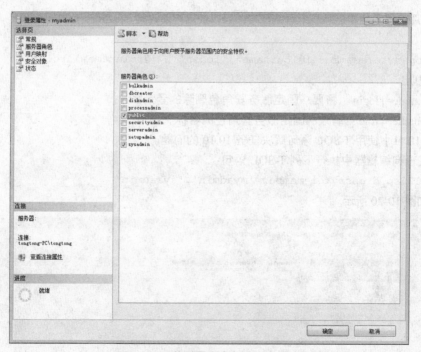

图 10-19　将登录用户加入到角色中

10.7.2.2　使用存储过程将登录用户加入到角色中

可以使用存储过程 sp_addsrvrolemember 将一个已存在的登录账户成为固定服务器角色的成员。其语法格式如下：

```
sp_addsrvrolemember [@loginame=]'login',[@rolename=]'role'
```

参数说明：

[@loginame=]'login'：是添加到固定服务器角色的登录名称。

[@rolename=]'role'：要将登录添加到的固定服务器角色的名称。

【任务 10.9】使用 T-SQL 语句解决任务 10.8 的问题。

可在查询编辑器中执行下列 T-SQL 语句：

EXECUTE sp_addsrvrolemember 'myadmin','sysadmin'

10.7.2.3 使用 SQL Server Management Studio 将登录用户从角色中删除

【任务 10.10】如因某种原因，登录名为 myadmin 的用户不应该再拥有管理"学生管理系统"所使用的 SQL Server 服务器的全部权限，但其仍能登录 SQL Server 服务器，应如何设置？

分析：可以删除登录账户 myadmin 在固定服务器角色 sysadmin 中的映射，不能删除其登录账户，因为这样 myadmin 将不能登录 SQL Server 服务器。

具体操作步骤如下：右击登录账户"myadmin"，在弹出的快捷菜单里选择"属性"选项，弹出"登录属性"对话框。在该对话框中打开"服务器角色"选项页。去掉勾选"sysadmin"角色，单击【确定】按钮完成操作。

10.7.2.4 使用存储过程将登录用户从角色中删除

从固定服务器角色中删除一个登录账户，可以使用存储过程 sp_dropsrvrolemember。其语法格式如下：

```
sp_dropsrvrolemember [@loginame=]'login' , [@rolename=]'role'
```

参数说明：

[@loginame=]'login'：将要从固定服务器角色删除的登录账户。

[@rolename=]'role'：有效的固定服务器角色的名称。

【任务 10.11】使用 T-SQL 语句解决任务 10.10 的问题。

可以在查询编辑器中执行下列 T-SQL 语句：

EXECUTE sp_dropsrvrolemember 'myadmin','sysadmin'

结果如图 10-20 所示。

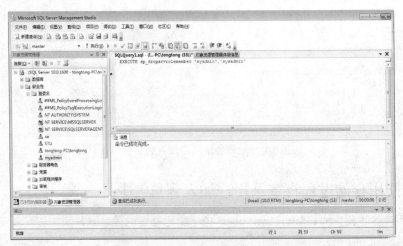

图 10-20　将登录用户从角色中删除

10.7.3　数据库角色

数据库角色由 SQL Server 在数据库级别定义，存在于每个数据库中。

数据库角色分为固定数据库角色和自定义数据库角色两类。在安装完 SQL Server 后，系统也为每个数据库自动创建了 9 个固定的数据库角色，如表 10-2 所示。它们提供了数据库一级的管理权限集。

表 10-2　固定数据库角色

角色名称	功　能　描　述
db_owner	属于该角色的成员可以执行数据库中所有配置和维护活动
db_accessadmin	属于该角色的成员可以为 Windows 登录账户、Windows 组和 SQL Server 登录账户添加或删除访问权限
db_securityadmin	属于该角色的成员可以修改角色成员身份和管理权限
db_ddladmin	属于该角色的成员可以在数据库中运行任何数据定义语言命令
db_backupoperator	属于该角色的成员可以备份该数据库
db_datareader	属于该角色的成员可以读取所有用户表中的数据
db_datawriter	属于该角色的成员可以在所有用户表中添加、更改或删除数据
db_denydatareader	属于该角色的成员不能读取数据库内用户表中的任何数据
db_denydatawriter	属于该角色的成员不能在数据库内添加、更改或删除任何用户表中的任何数据

10.7.4　数据库角色的应用

在 SQL Server 2008 中可用角色来管理用户权限。根据工作职能定义角色，然后给每个角色指派适当的权限。借助于这些角色来管理各个用户的权限，只需要在角色之间移动用户即可。

10.7.4.1　使用 SQL Server Management Studio 将数据库用户加入到数据库角色中

【任务 10.12】将上面的"myadmin"登录用户添加到"myDB"数据库用户中，如果他要对数据库 myDB 拥有任意操作权限，应如何设置？

分析：数据库固定角色中存在 db_owner，该角色的权限跨越所有其他固定数据库角色，只要把数据库用户"myadmin"添加到该角色中即可满足要求。

具体操作步骤如下：

（1）启动 SQL Server Management Studio，以 sa 账户或 Windows 管理员账户连接数据库实例。在"对象资源管理器"窗格里选择数据库实例名→"数据库"→"myDB"数据库→"安全性"→"用户"选项。

（2）右击"用户"，选择"新建用户"选项，打开"新建"窗口，根据题目要求添加"myadmin"

账户。在"数据库角色成员身份"选项中勾选"db_owner"角色，单击【确定】按钮完成操作，如图 10-21 所示。

图 10-21　将数据库用户添加到数据库角色中

10.7.4.2　使用存储过程将数据库用户加入到数据库角色中

将当前数据库中已有数据库用户账户添加到数据库角色，可以使用存储过程 sp_addrolemember。其语法格式如下：

```
sp_addrolemember [@rolename=]'role' , [@membername=]'security_account'
```

参数说明：

[@rolename=]'role'：当前数据库中 SQL Server 角色的名称。

[@membername=]'security_account'：添加到角色的数据库用户账户。

【任务 10.13】使用 T-SQL 语句解决任务 10.12 的问题。

可以在查询编辑器中执行下列 T-SQL 语句：

```
EXECUTE sp_addrolemember 'db_owner','myadmin'
```

10.7.4.3　使用 SQL Server Management Studio 将数据库用户从数据库角色中删除

【任务 10.14】"myadmin"账户因工作原因不应该再拥有对数据库 myDB 的全部操作权限，应如何设置？

分析：在数据库 myDB 中，只要删除固定数据库角色 db_owner 内的成员"myadmin"即可。

具体操作步骤如下：右击数据库账户"myadmin"，在弹出的快捷菜单里选择"属性"选项，弹出"数据库用户属性"对话框。在该对话框"数据库角色成员身份"选项中去掉勾选"db_owner"角色，单击【确定】按钮完成操作。

10.7.4.4　使用存储过程将数据库用户从数据库角色中删除

可以使用存储过程 sp_droprolemember 从当前数据库角色中删除数据库用户账户。其语法格式如下：

```
sp_droprolemember [@rolename=]'role' , [@membername=]'security_account'
```

参数说明：

'role'：即将删除成员的角色名称。

'security_account'：正在从角色中删除的数据库用户账户的名称。

【任务 10.15】使用 T-SQL 语句解决任务 10.14 的问题。

可以在查询编辑器中执行下列 T-SQL 语句：

```
EXECUTE sp_droprolemember 'db_owner','myadmin'
```

10.7.5　自定义数据库角色

10.7.5.1　使用 SQL Server Management Studio 创建自定义数据库角色

【任务 10.16】如果"学生管理系统"的系统管理人员登录 SQL Server 服务器时需要对数据库 myDB 有一些特殊的访问要求，如何进行权限设置？

分析：为避免大量重复劳动，对这类人员进行权限设置可以通过设置用户自定义角色来实现。规定该角色的权限，然后将需要该权限的人员加入其中即可。

具体操作步骤如下：

（1）启动 SQL Server Management Studio，以 sa 账户或 Windows 管理员账户连接数据库实例。在"对象资源管理器"窗格里选择数据库实例名→"数据库"→"myDB"数据库→"安全性"→"角色"→"数据库角色"选项。

（2）右击"数据库角色"，选择"新建数据库角色"选项，打开"新建"窗口，如图 10-22 所示。在该对话框的"角色名称"里输入新角色名称，在"所有者"里输入新角色的所有者，也可以选择新角色的所有者。

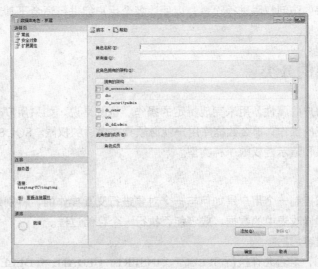

图 10-22　新建自定义数据库角色

10.7.5.2　使用存储过程创建自定义数据库角色

在当前数据库创建新的角色，可以使用存储过程 sp_addrole。其语法格式如下：

```
sp_addrole [@rolename=]'role' [,[@ownername=]'owner']
```

参数说明：

[@rolename=]'role'：新角色的名称。

[@ownername=]'owner'：新角色的所有者，其值必须是当前数据库中的某个用户或角色。

【任务 10.17】使用 T-SQL 语句解决任务 10.16 中的问题。

可以在查询编辑器中执行下列 T-SQL 语句：

```
EXECUTE sp_addrole 'db_def_admin'
```

10.7.5.3　删除自定义数据库角色

在 SQL Server Management Studio 中删除自定义数据库角色的方法与创建的方法十分类似，请大家自行操作。

也可以使用存储过程 sp_droprole 从当前数据库删除角色，其语法格式如下：

```
sp_droprole [@rolename=]'role'
```

参数说明：

[@rolename=]'role'：将要从当前数据库中删除的角色的名称。

【任务 10.18】删除自定义数据库角色 db_def_admin。

可以在查询编辑器中执行下列 T-SQL 语句：

```
USE myDB
GO
EXECUTE sp_droprole 'db_def_admin'
```

 # 10.8　权限管理

将一个登录账户映射为数据库中的用户账户，并将该用户账户添加到某种数据库角色中，其实都是为了对数据库的访问权限进行设置，以便让各个用户能进行适合于其工作职能的操作，保证用户合法地使用数据。

10.8.1　权限的分类

权限是数据库用户的属性，用来完成特定的操作。也就是说，如果用户想要访问数据库，并在数据库中执行相应的操作，那么数据库用户就必须具有合适的权限。SQL Server 2008 的权限有对象权限、语句权限和暗示性权限 3 种类型。

1. 对象权限

对象权限是用来控制一个用户是如何与一个对象进行交互操作的，特别是这个用户能否进行查询、插入、删除和修改表中的数据，或者能否执行一个存储过程。

对象权限具体内容包括：

● 对于表和视图，是否允许执行 SELECT、INSERT、UPDATE 和 DELETE 语句；

- 对于表和视图的字段，是否可以执行 SELECT 和 UPDATE 语句；
- 对于用户自定义函数，是否可以执行 SELECT 语句；
- 对于存储过程和函数，是否可以执行 EXECUTE 语句。

2. 语句权限

语句权限适用于创建和删除对象、备份和恢复数据库。若用户想要在数据库中创建表，则应向该用户授予 CREATE TABLE 语句权限。语句权限适用于语句自身，而不适用于数据库中定义的特定对象。相当于数据定义语言的语句权限，这种权限专指是否允许执行下列语句：CREATE TABLE、CREATE DEFAULT、CREATE PROCEDURE、CREATE RULE、CREATE VIEW、BACKUP DATABASE 和 BACKUP LOG。

3. 暗示性权限

暗示性权限控制那些只能由预定义系统角色的成员或数据库对象所有者执行的活动。例如，sysadmin 固定服务器角色成员自动继承在 SQL Server 安装中进行操作或查看的全部权限。数据库对象所有者还有暗示性权限，可以对所拥有的对象执行一切活动。例如，拥有表的用户可以查看、添加或删除数据、更改表定义，或控制允许其他用户对表进行操作的权限。

10.8.2　权限管理的内容

权限可由数据所有者和角色进行管理，其内容主要包括以下三方面：

1. 授予权限

允许某个用户或角色对一个对象执行某种操作或某种语句。

2. 禁止权限

禁止某个用户或角色访问某个对象，即使该用户或角色被授予这种权限，或者由于继承而获得这种权限，仍不允许执行相应操作。

3. 废除权限

可以废除以前授予或禁止的权限。废除类似于禁止，因为二者都是在同一级别上删除已授予的权限。但是，废除权限是删除已授予的权限，并不妨碍用户、组或角色以及更高级别继承已授予的权限。因此，如果废除用户查看表的权限，不一定能防止用户查看表，因为已将查看该表的权限授予了用户所属的角色。三种权限冲突时，禁止权限起作用。

10.8.3　管理数据库用户的权限

【任务 10.19】"stu" 是数据库 myDB 的数据库用户，myDB 中有学生成绩表 grade，如果要求 stu 只能查看 grade 中的数据，不能做任何更改和删除，应如何设置？

分析：要实现上述目的，可对 SQL server 中的 myDB 数据库用户 stu 进行必要的数据库访问权限设置。

10.8.3.1　使用 SQL Server Management Studio 设置数据库用户权限

具体操作步骤如下：

（1）启动 SQL Server Management Studio，以 sa 账户或 Windows 管理员账户连接数据库实例。在"对象资源管理器"窗格里选择数据库实例名→"数据库"→"myDB"数据库→"表"→"dbo.grade"选项。

（2）右击"dbo.grade"，选择"属性"选项，打开"表属性"窗口，选择"权限"选项页，如图 10-23 所示。

图 10-23　设置数据库用户的权限

（3）在"用户或角色"设置区，单击【搜索】按钮添加"stu"用户，在"stu 的权限"设置区设置该用户的权限，设置完成后单击【确定】按钮，如图 10-24 所示。

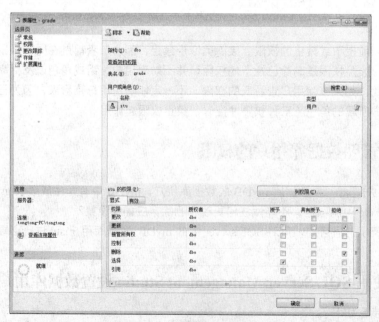

图 10-24　设置数据库用户权限

10.8.3.2　使用 T–SQL 语句设置数据库用户权限

在 SQL Server 中分别使用 GRANT、REVOKE 和 DENY 语句来授予权限、禁止权限和废除权限。其中 GRANT 和 REVOKE 语句的语法格式分别如下：

```
GRANT <permission> on <object> TO <user>
REVOKE <permission> on <object> TO <user>
```

参数说明：

<permission>：可以是相应对象的任何有效权限的组合。可以使用关键字 all 来代替权限组合表示所有权限。

<object>：被授权的对象。这个对象可以是一个表、视图、表或视图中的一组列或一个存储过程。

<user>：被授权的一个或多个用户或组。

对于禁止权限 DENY 语句，其语句权限的语法格式为：

```
DENY {ALL|statement[,...n]} TO security_account [,...n]
```

其对象的语法格式为：

```
DENY
    {ALL [PRIVILEGES]|permission [,...n]}
    {  [( column [,...n])]ON {table|view}
       |ON {table|view} [(column[,...n])]
       |ON {stored_procedure|extended_procedure}
       |ON {user_defined_function}}
TO security_account [,...n]
[CASCADE]
```

参数说明：

➤ ALL：表示授予所有可用的权限。对于语句权限，只有 sysadmin 角色成员可以使用 ALL。对于对象权限，sysadmin 和 db_owner 角色成员和数据库对象所有者都可以使用 ALL。

➤ Statement：是被授予权限的语句。语句列表可以包括：CREATE DATABASE、CREATE DEFAULT、CREATE FUNCTION、CREATE PROCEDURE、CREATE RULE、CREATE TABLE、CREATE VIEW、BACKUP DATABASE 和 BACKUP LOG。

➤ n：一个占位符，表示此项可在逗号分隔的列表中重复。

➤ TO：指定安全账户列表。

➤ security_account：是权限将应用的安全账户。

➤ PRIVILEGES：是可以包含在符合 SQL-92 标准的语句中的可选关键字。

➤ Permission：是被拒绝的对象权限。在表或视图上拒绝权限时，权限列表可以包括一个或多个这些语句：SELECT、INSERT、DELETE 或 UPDATE。在表上拒绝的对象权限还可以包括 REFERENCES，在存储过程或扩展存储过程上拒绝的对象权限可以包括 EXECUTE。在列上拒绝权限时，权限列表可以包括 SELECT 或 UPDATE。

➤ column：是当前数据库内要被拒绝权限的列名。

➤ table：是当前数据库内要被拒绝权限的表名。

➤ view：是当前数据库内要被拒绝权限的视图名称。

➤ stored_procedure：是当前数据库内要被拒绝权限的存储过程名称。

➤ extended_procedure：是要被拒绝权限的扩展存储过程名称。

➤ user_defined_function：是拒绝权限的用户定义函数名。

➤ CASCADE：指定拒绝来自 security_account 的权限时，也将拒绝由 security_account 授权的任何其他安全账户。拒绝可授予的权限时使用 CASCADE。如果没有指定 CASCADE，将给指定的用户授予 WITH GRANT OPTION 权限并返回错误。

【任务 10.20】使用 T-SQL 语句实现任务 10.19 中的要求。

可以在查询分析器中执行如下 T-SQL 语句：

```
USE myDB
GO
GRANT SELECT ON dbo.grade TO stu
DENY INSERT,UPDATE,DELETE ON dbo.grade  TO stu
```

 # 10.9　数据库的备份

我们通过对登录账户和用户权限的管理，以及对数据进行完整性的约束，实现了数据库的"三合法"的特征，即合法的用户合法地使用合法的数据。在实践中我们不难发现，如果仅靠上述措施对数据进行安全管理是不够的，这是因为：在数据库应用系统运行期间可能会发生各种各样的故障或问题，譬如磁盘故障、电源故障、软件错误、机房火灾、设备被盗或恶意破坏等。在发生故障时，数据库中的数据极有可能被破坏。

为了防止数据出现灾难性的事故，就要冗余备份数据。在数据库遭到破坏之后，可以尽快地将数据恢复到破坏前的状态，并尽可能地减少因灾难而造成的损失，保证数据的安全。因此说数据库的备份和恢复也是保证数据安全的两项重要工作。

10.9.1　备份的基本概念

所谓备份就是数据管理员定期地将整个数据库复制到磁带或另一个磁盘上保存起来的过程。这些设备的数据文本被称为后备副本。当数据库遭到破坏的时候就可以利用后备副本把数据库恢复。这时数据库只能恢复到备份时的状态，自备份点以后的所有更新事务都必须重新运行才能恢复到发生故障时的状态。备份就是这样一项重要的系统管理工作，是系统管理员的日常工作。当然，备份需要一定的许可。备份的内容不但包括用户的数据库内容，而且还包括系统数据库的内容。执行备份的时候，允许其他用户继续对数据库进行操作。备份有许多方法，在实际应用中应根据不同的策略或目的选择最合适的备份方法。

但是，只有数据库备份是远远不够的，数据库恢复也是不能缺少的一项工作。所谓恢复就是在数据库遭到破坏以后，由拥有权限的用户装载最近备份的数据库和应用事务日志来重建数据库到失败点的过程。

数据库备份是一项重要的日常性质的工作，是为了以后能够顺利地将破坏了的数据库安全恢复的基础性工作。在一定意义上说，没有数据库的备份，就没有数据库的恢复。对数据库进行备份和恢复的工作主要由数据库管理员来完成。实际上对于数据库管理员来说，其日常比较重要、比较频繁的工作就是对数据库进行备份和恢复。

10.9.2　备份的类型和策略

备份可以分为静态备份和动态备份。静态备份是指在备份期间不允许对数据库进行任何修改或存取活动。而动态备份是指备份工作可以和用户事务并发执行。静态备份策略简单，但是需要等待用户事务结束以后才能进行备份。动态备份虽可以并发执行，但需要注意的是在备份过程中不允许执行以下操作：

- 创建或删除数据库文件；
- 创建索引；
- 执行非日志操作；
- 缩小数据库或数据库文件的大小。

如果以上操作正在进行当中而执行备份操作的话，备份操作将会被终止。若在备份过程中打算执行上述操作的话，则操作失败而备份继续进行。

动态备份虽然可以克服静态备份的缺点，但是在动态备份结束后所生成的后备副本上的数据并不能保证正确有效。这是因为在备份期间允许事务并发执行，在备份数据后的下一时刻，某一事务对已备份的数据又进行了修改。在备份结束以后，后备副本上的该数据已经是过时的数据了。为了解决这一问题就必须把备份期间各事务对数据库的修改活动记录下来，建立日志文件。这样利用后备副本加上日志文件就可以把数据库恢复到某一时刻的正确状态。

1. 数据库备份的类型

在 SQL Server 2008 中有四种备份类型，分别是：

- 完全备份；
- 差异备份；
- 事务日志备份；
- 文件和文件组备份。

上述四种备份方式各有差异，下面就分别介绍。

（1）完全备份。完全备份是指所有的数据库对象、数据和事务日志都将被备份，也称数据库备份。在备份结束后，后备副本中包含了以下内容：

➤ 数据库的结构和文件结构；

➤ 数据库的数据；

➤ 部分事务日志。这些日志记录从备份开始到备份结束期间的数据库活动。也就是说，如果在备份期间，用户对数据进行了某些修改，那么备份中存放的数据是修改前的老数据，只在这些事务中记录着这些修改操作。

数据库的完全备份所使用的存储空间相对较大，完成备份操作需要的时间也相对较长，所以数据库的后备副本的创建频率通常比差异数据库备份或事务日志备份低。完全备份适合于备份的数据库较小或数据库只有少量修改的情况。

使用完全备份可以将数据库恢复到备份结束的时刻，但自创建备份后所做的修改都将丢失。若要还原创建数据库备份后所发生的事务，必须使用事务日志备份或差异备份。

（2）差异备份。差异备份也可以称为增量备份。差异备份只复制最近一次数据库完全备份后发生更改的数据。差异备份比完全备份小而且备份速度快，通过增加差异备份的备份次数，可以降低丢失数据的危险，将数据库恢复至进行最后一次差异备份的时刻。差异备份无法提供到失败

点的无数据损失的备份。

使用差异备份可以将数据库恢复到差异数据库备份完成时的那一点。在下列情况下，通常可以考虑使用差异数据库备份：

✓ 自上次数据库的完全备份后数据库中只有相对较少的数据发生了更改。如果多次修改相同的数据，则差异数据库备份尤其有效。

✓ 使用的是简单恢复模型，希望进行更频繁的数据备份以降低数据丢失的风险，但不希望进行频繁的完整数据库备份。

✓ 使用的是完全恢复模型或大容量日志记录恢复模型，希望花费最少的时间在恢复数据库时前滚事务日志备份。

（3）事务日志备份。

事务日志备份是指对数据库发生的事务进行备份，包括从上次进行事务日志备份、差异备份和数据库完全备份之后所有已经完成的事务。

由于事务日志文件仅对数据库事务日志进行备份，因此其需要的空间和备份的时间都比完全备份少得多，这是它的优点所在。也正是基于此，在备份时常采用这样的策略，即每天进行一次完全备份，而每隔一个小时或数小时进行事务日志备份。这样利用事务日志备份，我们就可以将数据库恢复到任意一个创建事务日志备份的时刻。

但创建事务日志备份相对比较复杂，因为在使用事务日志对数据库进行恢复操作时，还必须有一个完全备份的后备副本，而且事务日志备份恢复时必须按照一定的顺序进行。例如在 9 月 8 日进行了完全备份，在 9 月 9 日至 9 月 15 日期间每天都进行了一次事务日志备份。在 9 月 16 日数据库发生故障需要进行恢复，则首先需要利用 9 月 8 日生成的后备副本对数据库进行恢复，然后再按照顺序利用 9 月 9 日至 9 月 15 日之间生成的事务日志备份进行恢复。

（4）文件和文件组备份。

文件或文件组备份是指对数据库文件或文件夹进行备份，但其不像完整的数据库备份那样同时也进行事务日志备份。使用该备份方法可提高数据库恢复的速度，因为其仅对遭到破坏的文件或文件组进行恢复。

但是在使用文件或文件组进行恢复时，仍要求有一个自上次备份以来的事务日志备份来保证数据库的一致性。所以在完成文件或文件组备份后，应再进行事务日志备份，否则备份在文件或文件组备份中的所有数据库变化将无效。如果需要恢复的数据库部分涉及多个文件或文件组，则应把这些文件或文件组都进行恢复。

2. 数据库备份的策略

在 SQL Server 中，应该指定专人负责数据库的备份工作。只有下列角色的成员才可以备份数据库：固定服务器角色 sysadmin；固定数据库角色 db_owner；固定数据库角色 db_backupoperator。另外，还可以创建另外的用户定义的角色，并且授权这些角色执行备份数据库的许可。

在备份的时候，应该确定备份的内容、执行数据备份的时间和需要使用的备份设备。备份的目的是当系统发生硬件或软件故障时能够将系统恢复到发生故障之前的状态。因此，有必要将系统的全部信息都备份下来。一般来说，应该备份两方面的内容，一方面是备份记录系统信息的系统数据库，另一方面是备份记录用户数据的用户数据库。

系统数据库记录了有关 SQL Server 系统和全部用户数据库的信息。需要备份的系统数据库主要是指 master、msdb 和 model 数据库。系统数据库 master 有关于 SQL Server 系统和全部用户数据库的信息，例如用户账号、可配置的环境变量和系统错误信息。有关 SQL Server Agent 服务的信息记录在系统数据库 msdb 中，例如调度信息和工作历史。系统数据库 model 为新的用户数据库提供了样板。

用户数据库是存储用户数据的存储空间。用户的所有重要数据都存储在用户的数据库中，因此充分保证用户数据库的安全是备份的主要工作。从某种意义上可以这样说，系统数据库信息可以丢失，而用户数据库的信息必须保证安全。

选用何种备份方案将对备份和恢复产生直接的影响，而且也决定了数据库在遭到破坏前后的一致性水平。所以在做出该决策时，需要注意以下问题：

● 如果只进行完全备份，那么无法恢复自最近一次完全备份以来数据库中发生的所有事务。这种方案简单，而且在进行数据库恢复时操作也很方便。

● 如果在进行数据库备份时也进行事务日志备份，那么可以将数据库恢复到失败点。那些在失败前未提交的事务将无法恢复。但如果在数据库出现故障后立即对当前处于活动的事务进行备份，则未提交的事务也可以恢复。

● 对于备份成本的选择。备份频率的增加和备份数据的增大都会提高备份的成本。

10.9.3　设置备份设备

在进行备份以前首先必须创建备份设备，备份设备是用来存储数据库、事务日志或文件和文件组备份的介质。在 SQL Server 2008 系统中，支持 3 种类型的备份设备：磁盘、磁带和命名管道，它们分别用 "disk" "tape" 和 "pipe" 来表示。SQL Server 只支持将数据库备份到本地磁带机，而不是网络上的远程磁带机。当使用磁盘时 SQL Server 则允许将本地主机磁盘和远程主机上的硬盘作为备份设备，备份设备在硬盘中是以文件的方式存储的。在备份数据库前必须创建备份设备，当建立一个备份设备时，要给该设备分配一个逻辑备份名称和一个物理备份名称。

磁盘备份设备：磁盘备份设备一般是指其他磁盘存储介质，它的物理名称是备份设备存储在本地或网络上的物理名称，如 "D:\\myDB_bak.BAK"。而逻辑名称存储在 SQL Server 的系统表 sysdevices 中，使用逻辑名称的好处是比物理名称简单好记，如 myDB_bak070908。

磁带备份设备：磁带备份设备以其备份经济成本低而著称，但由于技术的发展，磁带作为备份设备的优点已不复存在了。虽然磁带备份设备与磁盘备份设备的使用方式一样，但磁带备份设备只能定义在本地计算机上，并且不能支持远程备份操作。

命名管道备份设备：命名管道备份设备为使用第三方的备份软件和设备提供了一个灵活和强大的手段。

10.9.3.1　使用 SQL Server Management Studio 创建备份设备

【任务 10.21】使用 SQL Server Management Studio 创建备份设备 myDatabase_bak。

具体操作步骤如下：

（1）启动 SQL Server Management Studio，在"对象资源管理器"窗格里选择数据库实例名→"服务器对象"→"备份设备"选项。

（2）右击"备份设备"，选择"新建备份设备"选项，打开"备份设备"窗口，如图 10-25 所示。在"设备名称"里输入备份设备的名称，在"文件"里输入备份设备的路径文件名。由此可见，SQL Server 2008 中的备份设备事实上只是一个文件而已。

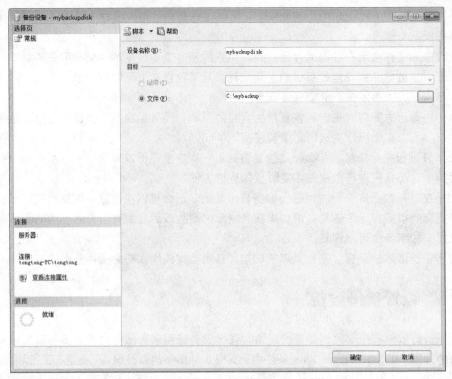

图 10-25　创建备份设备

（3）单击【确定】按钮，完成设备的创建。

10.9.3.2　使用 T-SQL 语句创建备份设备

在 SQL Server 中，可以使用 sp_addumpdevice 来创建备份设备。其语法格式如下：

```
sp_addumpdevice [@devtype=]'device_type',
    [@logicalname=]'logical_name',
    [@physicalname=]'physical_name'
    [,{[@cntrltype=]controller_type
        |[@devstatus=]'device_status'}]
```

参数说明如下：

[@devtype=]'device_type'：备份设备的类型，可以是 disk、pipe 和 tape。

[@logicalname=]'logical_name'：备份设备的逻辑名称。

[@physicalname=]'physical_name'：备份设备的物理名称。物理名称必须遵照操作系统文件名称的规则或者网络设备的通用命名规则，并且必须包括完整的路径。

当创建远程网络位置上的备份设备时，请确保在其下启动 SQL Server 的名称对远程的计算机有适当的写入能力。

如果要添加磁带设备，那么该参数必须是 Windows 指派给本地磁带设备的物理名称，例如 \\.\TAPE0（对于计算机中的第一个磁带设备）。磁带设备必须连接到服务器计算机上，不能远程使用。如果名称包含非字母数字的字符，请用引号将其引起来。

[@cntrltype=]controller_type：当创建备份设备时，该参数并不是必需的。为脚本提供该参数比较合适，然而 SQL Server 会将其忽略。

[@devstatus=]'device_status'：指明是读取（noskip）ANSI 磁带标签，还是忽略（skip）它。

【任务 10.22】使用存储过程在当前的数据库服务器上添加一个逻辑名为"myDB_bak"的磁盘备份设备，其物理名称为"C:\myDB_bak.BAK"。

命令语句：

```
EXEC sp_addumpdevice 'disk','myDB_bak','C:\myDB_bak.BAK'
```

上述 T-SQL 语句的执行结果如图 10-26 所示。

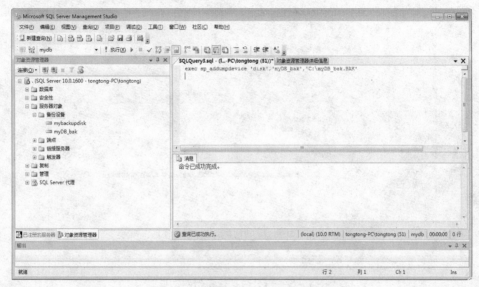

图 10-26　使用存储过程创建备份设备

10.9.3.3　删除备份设备

使用 SQL Server Management Studio 删除备份设备的方法与创建的方法非常类似，请大家自行完成。

使用存储过程 sp_dropdevice 可以删除备份设备。其语法格式如下：

```
sp_dropdevice[@logicalname=]'device'[,[@delfile=]'delfile']
```

参数说明：

[@logicalname=]'device'：备份设备的逻辑名称。

[@delfile=]'delfile'：指出是否应该删除物理备份设备文件。delfile 的数据类型为 varchar(7)。如果将其指定为 DELFILE，那么就会删除物理备份设备磁盘文件。

【任务 10.23】使用存储过程删除一个备份设备。

在查询编辑器中执行如下 T-SQL 语句。

```
EXEC sp_dropdevice 'myDB_bak'
```

10.9.4　使用 SQL Server Management Studio 备份数据库

【任务 10.24】请将 myDB 数据库进行备份。

具体操作步骤如下：

（1）启动 SQL Server Management Studio，在"对象资源管理器"窗格里选择"数据库实例"→

"数据库" → "myDB" 选项。

（2）右击 myDB 数据库，在弹出的菜单中选择"任务" → "备份"，弹出如图 10-27 所示的"备份数据库"对话框。

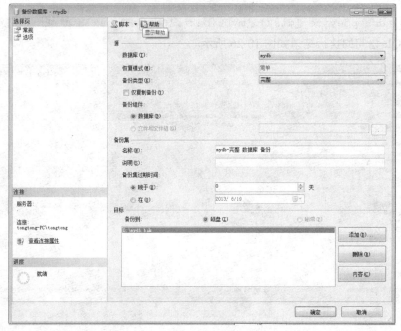

图 10-27 打开数据库备份对话框

（3）在图 10-27 所示的对话框中可以完成以下操作：

➤ 选择要备份的数据库：在"数据库"下拉列表框里可以选择要备份的数据库名。

➤ 选择备份类型：备份类型包括"完整备份""差异备份""事务日志备份"以及"文件和文件组备份"四种。在"备份类型"下拉列表框里可以选择"完整""差异""事务日志"三种备份类型。如果要进行文件和文件组备份，则选中【文件和文件组】单选按钮，此时会弹出图 10-28所示的"选择文件和文件组"对话框，在该对话框里可以选择要备份的文件和文件组，选择完毕后单击【确定】返回图 10-27 所示的对话框。

图 10-28 "选择文件和文件组"对话框

➤ 设置备份集的信息：在"备份集"栏中可以设置备份集的信息，其中"名称"用于设置备份集的名字，"说明"用于输入对备份集的说明内容，在"备份集过期时间"区域可以设置本次备份在几天后过期或在哪一天过期。备份集过期后会被新的备份文件覆盖。

➤ 备份数据库。SQL Server 2008 可以将数据库备份到磁盘或磁带上，由于本例中所使用的计算机没有安装磁带机，因此【磁带】单选按钮是灰色的。将数据库备份到磁盘也有两种方式，一种是文件方式，另一种是备份设备方式。单击【添加】按钮弹出图 10-29 所示的"选择备份目标"对话框，在该对话框里可以选择将数据库备份到文件还是备份设备上。在本例中选择前面创建的备份设备，选择完毕单击【确定】按钮，返回图 10-27 所示的对话框。

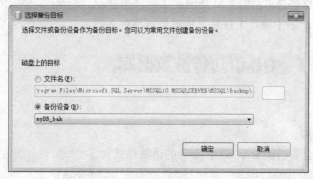

图 10-29　"选择备份目标"对话框

（4）在图 10-27 所示的对话框中单击"选项"选项页，出现如图 10-30 所示界面，可以完成以下操作：

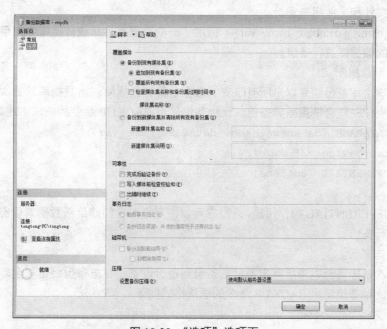

图 10-30　"选项"选项页

➤ 是否覆盖媒体：选择【追加到现有备份集】单选按钮，则不覆盖现有备份集，而将数据库备份追加到备份集里，同一个备份集可以有多个数据库备份信息。如果选择【覆盖所有现有备份集】单选按钮，则将覆盖现有备份集，以前保存在该备份集里的信息都将无法重新读取。

➤ 是否检查媒体集名称和备份集过期时间：如果需要，可以选择"检查媒体集名称和备份集过期时间"复选框来要求备份操作验证备份集的名称和过期时间。

➤ 是否使用新的媒体集：选择【备份到新媒体集并清除所有现有媒体集】单选按钮可以清除以前的备份集，并使用新的媒体集备份数据库。

➤ 设置数据库备份可靠性：选择"完成后验证备份"复选框将会验证备份集是否完整及所有卷是否都可读；选择"写入媒体前检查校验和"复选框将会在写入备份媒体前验证校验和，如果选中此项，可能会增大工作负荷，并降低备份操作的备份吞吐量。

➤ 是否截断事务日志：如果"备份类型"选择为"事务日志"类型，那么此区域将可以设置。在该区域中，可以将事务日志截断，释放出更多的日志空间。

（5）设置完毕后单击【确定】按钮，完成数据库的备份。

10.9.5 使用 T–SQL 语句备份数据库

1. 语法格式

● 完全备份数据库。

对数据库进行完全备份的 BACKUP 命令的语法格式如下：

```
BACKUP DATABASE {database_name|@database_name_var}
TO <backup_device> [,...n][WITH options]
```

参数说明：

DATABASE：指定一个完整的数据库备份。假如指定了一个文件和文件组的列表，那么仅有这些被指定的文件和文件组被备份。

{database_name|@database_name_var}：指定了一个数据库，从该数据库中对事务日志、部分数据库或完整的数据库进行备份。

● 差异备份数据库。

从最近一次全库备份结束以来所有改变的数据备份到数据库。当数据库从上次备份以来，数据发生很少的变化时适合使用差异备份。此种备份使用 BACKUP 命令的语法格式如下：

```
BACKUP DATABASE {database_name|@database_name_var}
TO <backup_device > [,...n]
WITH DIFFERENTIAL [options]
```

参数说明：

关键字 **DIFFERENTIAL** 的作用是，通过它可以指定只对在创建最新数据库备份后数据中发生变化的部分进行备份。

● 事务日志备份。

从最近一次日志备份以来所有事务日志备份到备份设备。日志备份经常与全库备份和差异备份结合使用。此种备份使用 BACKUP 命令的语法格式如下：

```
BACKUP LOG {database_name|@database_name_var}
{TO <backup_device> [,...n]
 [WITH options [[,]NO_TRUNCATE]
 [[,]{NORECOVERY|STANDBY=undo_file_name}]
}
```

参数说明：

LOG：指定只备份事务日志。该日志是从上一次成功执行了的 LOG 备份到当前日志的末尾。一旦备份日志，可能会截断复制或活动事务不再需要的空间。

NO_TRUNCATE：允许在数据库损坏时备份日志。

NORECOVERY：只与 BACKUP LOG 一起使用。备份日志尾部并使数据库处于正在还原的状态。当将故障转移到辅助数据库或在 RESTORE 操作前保存日志尾部时，NORECOVERY 很有用。

STANDBY=undo_file_name：只与 BACKUP LOG 一起使用。备份日志尾部并使数据库处于只读或备用模式。撤销文件名指定了容纳回滚更改的存储，如果随后应用 RESTORE LOG 操作，则必须撤销这些回滚更改。

● 文件与文件组备份。

当一个数据库很大时，对整个数据库进行备份可能花费很多时间，此时可采用文件和文件组备份。此种备份使用 BACKUP 命令的语法格式如下：

```
BACKUP DATABASE {database_name|@database_name_var}
    <file_or_filegroup> [,...n]
TO <backup_device> [,...n]
[WITH options]
```

其中语句< file_or_filegroup >的形式为：

```
<file_or_filegroup>::=
    {FILE={logical_file_name|@logical_file_name_var}
    |FILEGROUP={logical_filegroup_name|@logical_filegroup_name_var}}
```

参数说明：

<file_or_filegroup>：指定包含在数据库备份中的文件或文件组的逻辑名。可以指定多个文件或文件组。

FILE={logical_file_name|@logical_file_name_var}：给一个或多个包含在数据库备份中的文件命名。

FILEGROUP={logical_filegroup_name|@logical_filegroup_name_var}：给一个或多个包含在数据库备份中的文件组命名。

n：是一个占位符，表示可以指定多个文件和文件组。对文件或文件组的最大个数没有限制。

2. 备份设备与备份参数

在上述 4 种备份的 BACKUP 语句中,语句 backup_device 和语句 WITH options 都有如下形式：

● 语句 backup_device。

语句 backup_device 指定备份操作时要使用的逻辑或物理备份设备，其形式如下：

```
{{logical_backup_device_name|@logical_backup_device_name_var}
|{DISK|TAPE}={'physical_backup_device_name'|@physical_backup_device_name_var}}
```

参数说明：

{logical_backup_device_name}|{@logical_backup_device_name_var}：是备份设备的逻辑名称，数据库将备份到该设备中，其名称必须遵守标识符规则。如果将其作为变量（@logical_backup_device_name_var）提供，则可将该备份设备名称指定为字符串常量（@logical_backup_device_name_var=logical backup device name）或字符串数据类型（ntext 或 text 数据类型除外）的变量。

{DISK|TAPE}={'physical_backup_device_name'|@physical_backup_device_name_var}：允许在指定的磁盘或磁带设备上创建备份。在执行 BACKUP 语句之前不必存在指定的物理设备。如果存在物理设备且 BACKUP 语句中没有指定 INIT 选项，则备份将追加到该设备。

当指定 TO DISK 或 TO TAPE 时，请输入完整路径和文件名。

如果使用的是具有统一命名规则（UNC）名称的网络服务器或已重新定向的驱动器号，则请指定磁盘的设备类型。

当指定多个文件时，可以混合逻辑文件名（或变量）和物理文件名（或变量）。但是所有的设备都必须为同一类型（磁盘、磁带或管道）。

● 语句 WITH options。

语句 WITH options 是为备份操作提供相应的参数。在此与磁带相关的参数不做介绍，如有兴趣，请参考《SQL Server 联机丛书》。

```
[BLOCKSIZE={blocksize|@blocksize_variable}]

    [[,]DESCRIPTION={'text'|@text_variable}]

    [[,]DIFFERENTIAL]

    [[,]EXPIREDATE={date|@date_var}|RETAINDAYS={days|@days_var}]

    [[,]PASSWORD={password|@password_variable}]

    [[,]FORMAT|NOFORMAT]

    [[,]{INIT|NOINIT}]

    [[,]MEDIADESCRIPTION={'text'|@text_variable}]

    [[,]MEDIANAME={media_name|@media_name_variable}]

    [[,]MEDIAPASSWORD={mediapassword|@mediapassword_variable}]

    [[,]NAME={backup_set_name|@backup_set_name_var}]

    [[,]{NOSKIP|SKIP}]

    [[,]RESTART]

    [[,]STATS [=percentage]]
```

参数说明：

BLOCKSIZE={blocksize|@blocksize_variable}：用字节数来指定物理块的大小。在 Windows NT 系统上，默认设置是设备的默认块大小。一般情况下，当 SQL Server 选择适合于设备的块大小时不需要此参数。在基于 Windows 2000 的计算机上，默认设置是 65 536（ 64 KB，是 SQL Server 支持的最大大小 ）。对于磁盘，BACKUP 自动决定磁盘设备合适的块大小。

DESCRIPTION={'text'|@text_variable}：指定描述备份集的自由格式文本。该字符串最长可以有 255 个字符。

EXPIREDATE={date|@date_var}：指定备份集到期和允许被重写的日期。

RETAINDAYS={days|@days_var}：指定必须经过多少天才可以重写该备份媒体集。

PASSWORD={password|@password_variable}：为备份集设置密码。 PASSWORD 是一个字符串。如果为备份集定义了密码，必须提供这个密码才能对该备份集执行任何还原操作。

FORMAT：指定应将媒体头写入用于此备份操作的所有卷。任何现有的媒体头都被重写。FORMAT 选项使整个媒体内容无效，并且忽略任何现有的内容。

NOFORMAT：指定媒体头不应写入所有用于该备份操作的卷中，并且不要重写该备份设备，除非指定了 INIT。

INIT：指定应重写所有备份集，但是保留媒体头。如果指定了 INIT，将重写那个设备上的所有现有的备份集数据。

当遇到以下几种情况之一时，不重写备份媒体：

✓ 媒体上的备份设置没有全部过期。

✓ 如果 BACKUP 语句给出了备份集名，该备份集名与备份媒体上的名称不匹配。

NOINIT：表示备份集将追加到指定的磁盘或磁带设备上，以保留现有的备份集。NOINIT 是默认设置。

MEDIADESCRIPTION={'text'|@text_variable}：指明媒体集的自由格式文本描述，最多为 255 个字符。

MEDIANAME={media_name|@media_name_variable}：为整个备份媒体集指明媒体名，最多为 128 个字符。

MEDIAPASSWORD={mediapassword|@mediapassword_variable}：为媒体集设置密码。MEDIAPASSWORD 是一个字符串。如果为媒体集定义了密码，则在该媒体集上创建备份集时必须提供此密码。

NAME={backup_set_name|@backup_set_var}：指定备份集的名称。名称最长可达 128 个字符。

NOSKIP：指示 BACKUP 语句在可以重写媒体上的所有备份集之前先检查它们的过期日期。

SKIP：禁用备份集过期和名称检查，这些检查一般由 BACKUP 语句执行以防重写备份集。

RESTART：指定 SQL Server 重新启动一个被中断的备份操作。因为 RESTART 选项在备份操作被中断处重新启动该操作，所以它节省了时间。若要重新启动一个特定的备份操作，请重复整个 BACKUP 语句并且加入 RESTART 选项。不一定非要使用 RESTART 选项，但是它可以节省时间。

STATS [=percentage]：每当另一个 percentage 结束时显示一条消息，它被用于测量进度。如果省略 percentage，SQL Server 将每完成 10 个百分点显示一条消息。

【任务 10.25】使用 BACKUP 命令将数据库 myDB 整个备份到备份设备 myDB_bak。

```
USE myDB
GO
BACKUP DATABASE myDB TO myDB_bak WITH NAME='myDB080416'
```

上述 T-SQL 语句的执行结果如图 10-31 所示。

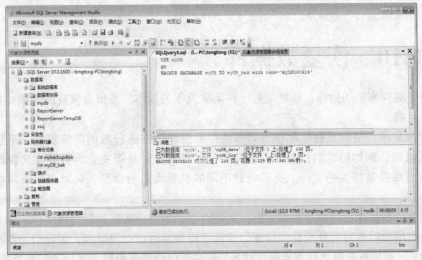

图 10-31　使用存储过程完全备份数据库 myDB

【任务 10.26】在任务 10.25 的基础上，使用存储过程进行差异备份。

```
BACKUP DATABASE myDB TO myDB_bak
WITH DIFFERENTIAL,NAME='myDB 差异备份',NOINIT
```

上述 T-SQL 语句的执行结果如图 10-32 所示。

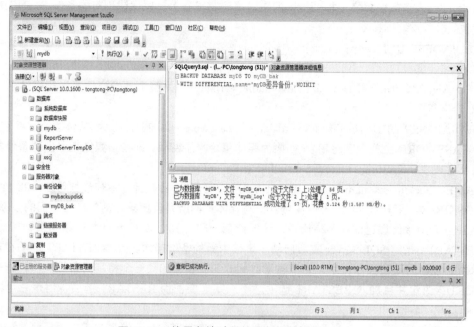

图 10-32　使用存储过程差异备份数据库 myDB

【任务 10.27】对数据库 myDB 进行事务日志备份。

```
BACKUP LOG myDB TO myDB_bak WITH NOINIT
```

【任务 10.28】将数据库 myDB 的 cnc_nk_data 文件备份到本地磁盘设备 myfileback。

```
USE myDB
EXEC sp_addumpdevice 'disk','myfilebackup',
'D:\DataBaseBak\mymyfilebackup.BAK'
BACKUP DATABASE myDB FILE='cnc_nk_data' TO myfilebackup
```

10.10　恢复数据库

备份是一种灾害预防操作，恢复则是一种消除灾害的操作。备份是恢复的基础，恢复是为了实现备份的目的。

数据库恢复就是指加载数据库备份到系统中的进程。在进行数据库恢复时，系统首先进行一些安全性检查，例如指定的数据库是否存在、数据库文件是否变化、数据库文件是否兼容，然后指定数据库及其相关的文件。之后针对不同的数据库备份类型，可以采取不同的数据库恢复方法。

当使用完全数据库备份恢复数据库时，系统将自动地重建原来的数据库文件，并且把这些文件放在备份数据库时这些文件所在的位置。这种进程是系统自动提供的，因此用户在执行数据库恢复工作时，不需要重新建立数据库模式结构。而在使用增量备份数据文件进行数据库的恢复时，只是在备份时间点的基础上进行数据的恢复,所以当前系统中必须存在备份时间点之前的数据库,且需要处于稳定状态。

10.10.1　数据库恢复的策略

在 SQL Server 2008 中可以为每一个数据库选择一个恢复模型。SQL Server 2008 支持的恢复模型有三种,分别是:

✓ 简单恢复模型:允许将数据库恢复到最新的备份。

✓ 完全恢复模型:允许将数据库恢复到故障点状态。

✓ 大容量日志记录恢复模型:允许大容量日志记录操作。

(1)简单恢复。

所谓简单恢复模型就是指进行数据库恢复时仅使用了数据库备份或差异备份,而不涉及事务日志备份。简单恢复模型可使数据库恢复到上一次备份的状态,但由于不使用事务日志备份进行恢复,因此无法将数据库恢复到失败点状态。当选择简单恢复模型时常使用的备份策略是:首先进行数据库备份,然后进行差异备份。

(2)完全恢复。

完全恢复模型使用数据库备份和事务日志备份提供对媒体故障的完全防范。如果一个或多个数据文件损坏,则媒体恢复可以还原所有已提交的事务。正在进行的事务将回滚。

完全恢复提供将数据库恢复到故障点或特定即时点的能力。为保证这种恢复程度,包括大容量操作(如 SELECT INTO、CREATE INDEX 和大容量装载数据)在内的所有操作都将完整地记入日志。

当选择完全恢复模型时常使用的备份策略是:首先进行数据库完全备份,然后进行差异备份,最后进行事务日志备份。

如果数据库的当前事务日志文件可用而且没有损坏,则可以将数据库还原到故障点发生时的状态。若要将数据库还原到故障点,则需按以下步骤进行:

第一,备份当前活动事务日志。

第二,还原最新的数据库备份但不恢复数据库。

第三,如果有差异备份,则还原最新的那个备份。

第四,按照创建时的相同顺序,还原自数据库备份或差异备份后创建的每个事务日志备份,但不恢复数据库。

第五,应用最新的日志备份并恢复数据库。

(3)大容量日志记录恢复。

大容量日志记录恢复和完全恢复很相似,而且很多使用完全恢复模型的用户有时将使用大容量日志记录模型。

大容量日志记录恢复模型提供对媒体故障的防范,并对某些大规模或大容量复制操作提供最佳性能和最少的日志使用空间。在大容量日志记录恢复模型中,这些大容量复制操作的数据丢失程度要比完全恢复模型严重。虽然在完全恢复模型下记录大容量复制操作的完整日志,但在大容量日志记录恢复模型下,只记录这些操作的最小日志,而且无法逐个控制这些操作。在大容量日志记录恢复模型中,数据文件损坏可能导致必须手工重做工作。

另外,当日志备份包含大容量更改时,大容量日志记录恢复模型只允许数据库恢复到事务日志备份的结尾处。不支持时点恢复。

10.10.2 使用 SQL Server Management Studio 恢复数据库

【任务 10.29】在前文中，已经对 myDB 数据库进行了备份。那么我们可以在 myDB 中添加一些新的内容（比如添加表或视图，或对某个基本表的数据进行更新操作等），然后利用备份文件"myDB_bak.BAK"进行恢复，查看数据库的恢复效果。

具体操作步骤如下：

（1）启动 SQL Server Management Studio，右击要还原的数据库，在弹出的快捷菜单里选择"任务"→"还原"→"数据库"选项，弹出图 10-33 所示的"还原数据库"对话框。在该对话框中可以设置：

➤ "目标数据库"下拉列表框：选择要还原的数据库。

➤ "目标时间点"选项：如果备份文件或备份设备里的备份集很多，可以选择"目标时间点"选项，只要有事务日志备份支持，可以还原到某个时间的数据库状态。

➤ "还原的源"区域：指定用于还原的备份集的源和位置。

➤ "选择用于还原的备份集"列表框：这里列出了所有可用的备份集。

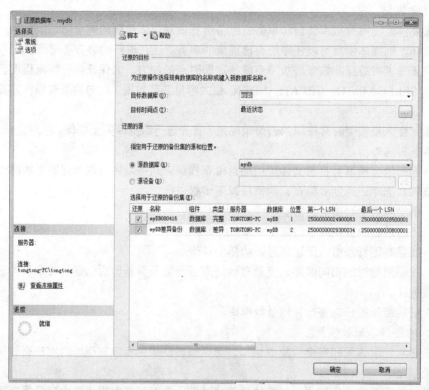

图 10-33 "还原数据库"对话框

（2）根据还原要求，设置好相关参数之后，单击【确定】按钮即可完成数据库的还原操作。

（3）也可以在图 10-33 中打开"选项"选项页，如图 10-34 所示，在该对话框中可以进行如下设置。

➤ "覆盖现有数据库"：选中此项会覆盖现有数据库及相关文件。

➤ "还原每个备份之前进行提示"：选中此项在还原每个备份设备前都会要求确认一次。

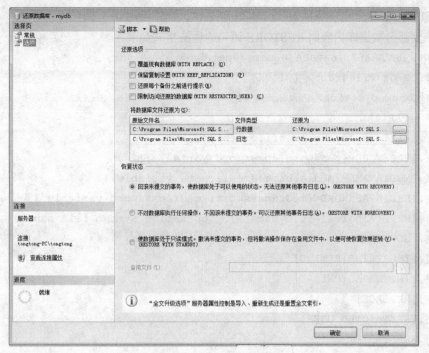

图 10-34　"选项"选项页

10.10.3　使用 T-SQL 语句恢复数据库

1. 语法格式

● 还原完全备份。

用户恢复整个数据库的 RESTORE 语句的语法格式如下:

```
RESTORE DATABASE {database_name|@database_name_var}
[FROM <backup_device>[,...n]]
[WITH
    [RESTRICTED_USER]
    [[,]FILE={file_number|@file_number}]
    [[,]PASSWORD={password|@password_variable}]
    [[,]MEDIANAME={media_name|@media_name_variable}]
    [[,]MEDIAPASSWORD={mediapassword|@mediapassword_variable}]
    [[,]MOVE 'logical_file_name' TO 'operating_system_file_name'][,...n]
    [[,]KEEP_REPLICATION]
    [[,]{NORECOVERY|RECOVERY|STANDBY=undo_file_name}]
    [[,]{NOREWIND|REWIND}]
    [[,]{NOUNLOAD|UNLOAD}]
    [[,]REPLACE]
    [[,]RESTART]
    [[,]STATS [=percentage]]]
```

- 还原差异备份。

用户恢复部分数据库内容的 RESTORE 语句的语法格式如下：

```
RESTORE DATABASE {database_name|@database_name_var}
    <file_or_filegroup> [,...n]
[FROM <backup_device> [,...n]]
[WITH {PARTIAL}
    [[,]FILE={file_number|@file_number}]
    [[,]PASSWORD={password|@password_variable}]
    [[,]MEDIANAME={media_name|@media_name_variable}]
    [[,]MEDIAPASSWORD={mediapassword|@mediapassword_variable}]
    [[,]MOVE 'logical_file_name' TO 'operating_system_file_name'][,...n]
    [[,]NORECOVERY]
    [[,]{NOREWIND|REWIND}]
    [[,]{NOUNLOAD|UNLOAD}]
    [[,]REPLACE]
    [[,]RESTRICTED_USER]
    [[,]RESTART]
    [[,]STATS [=percentage]]]
```

- 还原文件和文件组备份。

用户恢复特定文件或文件组的 RESTORE 语句的语法格式如下：

```
RESTORE DATABASE {database_name|@database_name_var}
    <file_or_filegroup> [,...n]
[FROM <backup_device> [,...n]]
[WITH [RESTRICTED_USER]
    [[,]FILE={file_number|@file_number}]
    [[,]PASSWORD={password|@password_variable}]
    [[,]MEDIANAME={media_name|@media_name_variable}]
    [[,]MEDIAPASSWORD={mediapassword|@mediapassword_variable}]
    [[,]MOVE 'logical_file_name' TO 'operating_system_file_name'][,...n]
    [[,]NORECOVERY]
    [[,]{NOREWIND|REWIND}]
    [[,]{NOUNLOAD|UNLOAD}]
    [[,]REPLACE]
    [[,]RESTART]
    [[,]STATS [=percentage]]]
```

- 还原事务日志备份。

用户恢复事务日志的 RESTORE 语句的语法格式如下：

```
RESTORE LOG {database_name|@database_name_var}
[FROM <backup_device> [,...n]]
[WITH [RESTRICTED_USER]
    [[,]FILE={file_number|@file_number}]
```

```
[[,]PASSWORD={password|@password_variable}]
[[,]MOVE 'logical_file_name' TO 'operating_system_file_name'][,...n]
[[,]MEDIANAME={media_name|@media_name_variable}]
[[,]MEDIAPASSWORD={mediapassword|@mediapassword_variable}]
[[,]KEEP_REPLICATION]
[[,]{NORECOVERY|RECOVERY|STANDBY=undo_file_name}]
[[,]{NOREWIND|REWIND}]
[[,]{NOUNLOAD|UNLOAD}]
[[,]RESTART]
[[,]STATS[=percentage]]
[[,]STOPAT={date_time|@date_time_var}
  |[,]STOPATMARK='mark_name' [AFTER datetime]
  |[,]STOPBEFOREMARK='mark_name' [AFTER datetime]]]
```

2. 主要参数

下面解释 RESTORE 语句中的一些主要参数：

DATABASE：指定从备份还原整个数据库。如果指定了文件和文件组列表，则只还原那些文件和文件组。

{database_name|@database_name_var}：是将日志或整个数据库还原到的数据库。

FROM：指定从中还原备份的备份设备。如果没有指定 FROM 子句，则不会发生备份还原，而是恢复数据库。

<backup_device>：指定还原操作要使用的逻辑或物理备份设备。可以是下列一种或多种形式：

✓ {'logical_backup_device_name'|@logical_backup_device_name_var}：是由 sp_addumpdevice 创建的备份设备（数据库将从该备份设备还原）的逻辑名称。

✓ {DISK|TAPE}='physical_backup_device_name'| @physical_backup_device_name_var：允许从命名磁盘或磁带设备还原备份。

n：是表示可以指定多个备份设备和逻辑备份设备的占位符。备份设备或逻辑备份设备最多可以为 64 个。

RESTRICTED_USER：限制只有 db_owner、dbcreator 或 sysadmin 角色的成员才能访问新近还原的数据库。在 SQL Server 2000 中，RESTRICTED_USER 替换了选项 DBO_ONLY。

FILE={file_number|@file_number}：标识要还原的备份集。

PASSWORD={password|@password_variable}：提供备份集的密码。

MEDIANAME={media_name|@media_name_variable}：指定媒体名称。

MEDIAPASSWORD={mediapassword|@mediapassword_variable}：提供媒体集的密码。

MOVE 'logical_file_name' TO 'operating_system_file_name'：指定应将给定的 logical_file_name 移到 operating_system_file_name。默认情况下，logical_file_name 将还原到其原始位置。

n：占位符，表示可通过指定多个 MOVE 语句移动多个逻辑文件。

NORECOVERY：指示还原操作不回滚任何未提交的事务。

RECOVERY：指示还原操作回滚任何未提交的事务。在恢复进程后即可随时使用数据库。

STANDBY=undo_file_name：指定撤销文件名以便可以取消恢复效果。

STANDBY：允许将数据库设定为在事务日志还原期间只能读取，并且可用于备用服务器情形，或用于需要在日志还原操作之间检查数据库的特殊恢复情形。如果指定的撤销文件名不存在，SQL Server 将创建该文件。如果该文件已存在，则 SQL Server 将重写它。

KEEP_REPLICATION：指示还原操作在将发布的数据库还原到创建它的服务器以外的服务器上时保留复制设置。

REPLACE 指定即使存在另一个具有相同名称的数据库，SQL Server 也应该创建指定的数据库及其相关文件。在这种情况下将删除现有的数据库。如果没有指定 REPLACE 选项，则将进行安全检查以防止意外重写其他数据库。

RESTART：指定 SQL Server 应重新启动被中断的还原操作。RESTART 从中断点重新启动还原操作。

STATS [=percentage]：每当另一个 percentage 结束时显示一条消息，并用于测量进度。

PARTIAL：指定部分还原操作。

<file_or_filegroup>：指定包括在数据库还原中的逻辑文件或文件组的名称。可以指定多个文件或文件组。

FILE={logical_file_name|@logical_file_name_var}：命名一个或更多包括在数据库还原中的文件。

FILEGROUP={logical_filegroup_name|@logical_filegroup_name_var}：命名一个或更多包括在数据库还原中的文件组。

n：是一个占位符，表示可以指定多个文件和文件组。

LOG：指定对该数据库应用事务日志备份。必须按有序顺序应用事务日志。SQL Server 检查已备份的事务日志，以确保按正确的序列将事务装载到正确的数据库。

STOPAT={date_time|@date_time_var}：指定将数据库还原到其在指定的日期和时间时的状态。如果对 STOPAT 使用变量，则该变量必须是 varchar、char、smalldatetime 或 datetime 数据类型。只有在指定的日期和时间前写入的事务日志记录才能应用于数据库。

STOPATMARK='mark_name' [AFTER datetime]：指定恢复到指定的标记，包括包含该标记的事务。如果省略 AFTER datetime，恢复操作将在含有指定名称的第一个标记处停止。如果指定 AFTER datetime，恢复操作将在含有在 datetime 时或 datetime 时之后的指定名称的第一个标记处停止。

STOPBEFOREMARK='mark_name' [AFTER datetime]：指定恢复到指定的标记，但不包括包含该标记的事务。如果省略 AFTER datetime，恢复操作将在含有指定名称的第一个标记处停止。如果指定 AFTER datetime，恢复操作将在含有在 datetime 时或 datetime 时之后的指定名称的第一个标记处停止。

【任务 10.30】使用存储过程恢复整个数据库 myDB。

```
RESTORE DATABASE myDB FROM myDB_bak
```

💻 10.11 本项目小结

本项目主要介绍了 SQL Server 的安全访问机制，介绍了 SQL Server 系统中登录账户、用户、角色和权限的管理方法与操作技巧。最后还介绍了数据库备份与恢复的策略和原则，实现数据库备份与恢复的方法和操作技巧。

通过本项目的学习，学生应了解 SQL Server 系统中的安全控制机制，理解数据库中"三合法"的内容与意义；熟练掌握登录账户、用户、角色、权限的创建、管理和删除的方法与操作技巧；

熟练掌握在 SQL Server 系统中实现数据库备份与恢复的方法和操作技巧；具备根据数据的重要程度和应用系统的实际情况制订备份策略、备份计划和备份原则的能力，具备作为一名数据库管理员所要求的各种素质和操作技能。

 **10.12　课后练习**

1. SQL Server 2008 的身份验证包括_____和_____两种验证模式。

2. SQL Server 账户包含两种：_____、_____。

3. 使用存储过程添加一个 SQL Server 登录账户，登录名称为 "liming"，密码是 "123456"，默认数据库为 "myDB"，默认语言为 "Simplified Chinese"，请写出 T-SQL 语句。

4. 使用存储过程删除一个 SQL Server 登录账户，登录名称为 "liming"，请写出 T-SQL 语句。

5. 使用存储过程创建 SQL Server 身份验证的登录账户 "liming"，为其添加一个 pubs 数据库用户账户的方法。

6. 在 SQL Server 2008 中，角色有两类：_____、_____。

7. 请问系统存储过程 sp-addrolemember 和 sp-droprolemember 的作用是什么？

8. 在 SQL Server 2008 中，对角色 "public" "db-datareader" 的 "db-addladmin" 权限做简要描述。

9. SQL Serve 权限包括哪 3 种类型？

10. 权限可由数据所有者和角色进行管理，内容包括如下三方面：_____、_____、_____。

11. 数据备份有几种类型分别应用于不同的场合，这种类型分别是通过_____、_____、_____和_____实现的。

12. 备份整个 Sales 数据库到 "D：\数据库备份\"，备份名称为 "sales 备.Bak"，请写出备份 T-SQL 语句。

13. 在一个包含既从 UNIX 又从 Windows NT 连接过来的用户的环境中，使用哪种类型的验证模式好？为什么？

14. 在什么时候你应当给一个登录账号直接分配许可权限？

15. 在什么时候应当避免使用 sa 登录？

16. 如果给某一个用户授予了更新表的许可，但对一个该用户为其成员的角色拒绝了许可，相应安全账号仍能保留更新此表的许可吗？

17. 对于当前数据库中的对象，可以不在当前数据库中对用户账户拒绝权限吗？为什么？

18. 可不可以只向当前数据库中的用户账户授予当前数据库中的对象的权限？如果用户需要另一个数据库中的对象的权限，如何设置？

10.13　实验

实验目的：
（1）掌握 SQL Server 的身份验证模式。
（2）掌握创建登录账户、数据库用户的方法。
（3）掌握使用角色实现数据库安全性管理的方法。
（4）掌握权限的分配。

（5）掌握分别使用界面方式和命令方式备份和恢复数据库的方法。

实验内容：

（1）分别设置两种身份验证模式：Windows 身份验证模式和混合验证模式，体会有什么不同。

（2）在服务器上创建登录账户 jessica，它使用 SQL Server 身份验证，不赋予该账户任何固定服务器角色，能否访问 Exam 数据库和 Northwind 数据库？为什么？

（3）将 jessica 用户加入到 Exam 数据库的用户中。

（4）利用 sa 登录授予 jessica 账户仅能访问 Exam 数据库下的题库信息表（exam_DB），对其表仅具有查询权限。

（5）利用 jessica 账号登录，在 Exam 和 Northwind 数据库中分别执行查询表看能否成功。

（6）分别使用界面方式和命令方式对 Exam 数据库进行一次完全数据备份。备份设备为 exam_bf。

（7）删除 exam 数据库，然后利用上一步骤作的备份进行恢复数据库。

实验步骤：

（1）启动 SQL Server Management Studio。

（2）使用 SQL Server Management Studio 设置两种身份验证模式。

（3）分别用 SQL Server Management Studio 和 T-SQL 语句创建登录账户和数据库用户。

（4）分别用 SQL Server Management Studio 和 T-SQL 语句为用户授予权限。

（5）写出 T-SQL 查询语句对数据进行查询，观察结果。

（6）分别使用 SQL Server Management Studio 和 T-SQL 语句进行数据库的备份和恢复操作。

项目十一

图书管理系统数据库的分析与设计

　　图书馆图书资料和使用用户繁多，数据繁多，数据处理工作量大，容易出错，容易丢失，且不易检索。传统的图书馆里由于信息较多且管理工作复杂，一般借阅情况是记录在借书证上，图书的数目和内容记录在文件中，图书馆的工作人员和管理员也只是当时比较清楚书的情况，时间一长，如再要进行查询，就得在众多的资料中翻阅、查找，非常费时、费力。对很长时间以前的图书进行更改就更加困难了。所以这种管理方法已经不适合当今的需要，当今必须借助先进的计算机信息技术对图书进行管理。设计一个图书管理系统主要使图书管理工作规范化、系统化、程序化，避免图书管理的随意性，提高信息处理的效率和准确性，能够及时、准确、有效地查询、借阅和更新图书情况。

💻 11.1　系统功能设计

　　根据图书馆借阅场景中为方便图书管理人员工作的需求，"图书借阅管理系统"可以分为对图书的管理、对会员的管理、对借阅过程的管理和对系统的维护等几方面。

　　（1）图书管理：主要包括对图书基本信息、图书存放位置、图书进出库情况等数据的记录、统计和查询，以方便图书管理人员的工作。

　　（2）会员管理：主要包括新增会员、会员资料查询和会员的借书、续借、还书和超期情况的查询等。

　　（3）借阅过程管理：主要包括对图书每日借阅情况的记录、统计和查询，根据不同等级会员借书册数的限制和不同图书限借天数的限制等对图书借阅进行管理。

　　（4）系统维护：主要包括系统数据维护（如会员信息数据和图书信息数据）和系统数据备份及还原。

　　以实现上述需求为目标，经过全面分析，我们可以初步将整个系统划分为"数据管理""借阅管理""数据查询""每日统计"和"系统维护"五个子模块，通过分别实现各个子模块的功能来实现整个系统的整体功能。

　　各模块功能如下：

　　（1）数据管理：包括对图书和会员基本信息数据的管理，这两块又可细分为基本信息管理和等级限制设置。本模块主要实现记录浏览、记录增加、记录修改、记录删除和记录打印等功能。

　　（2）借阅管理：本模块是整个系统的最核心部分，图书借阅管理系统的核心功能基本全部在该模块体现——"借书""续借""还书""罚款缴纳"。该模块对会员借阅图书的全过程进行管理。

（3）数据查询：包括图书查询、会员查询、借阅超期查询、借阅记录查询。通过该模块能够实现对图书信息、会员信息、超过借阅期限而未归还的图书、每本图书及每个读者的历史借阅情况等的查询。

（4）每日统计：包括统计当天借出的图书、续借的图书、归还的图书、到期该归还的图书和新入库的图书等。

（5）系统维护：包括对系统数据库中全部数据信息的维护和系统数据的备份及还原。

将上述模块设计图示化后我们便可以得到如图 11-1 所示的系统功能模块图。

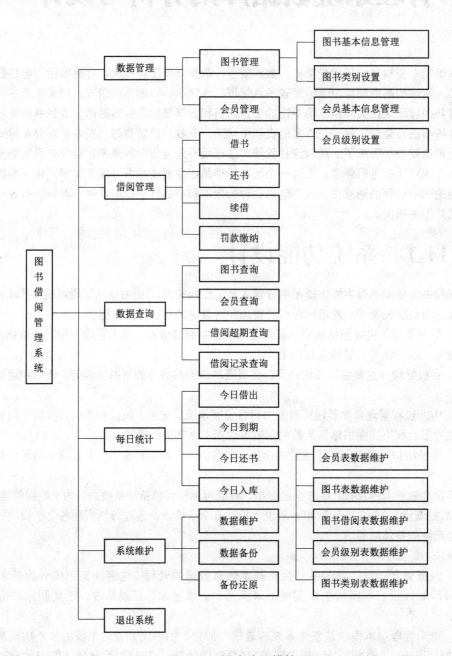

图 11-1　系统功能模块图

11.2　数据库设计与实现

11.2.1　数据库的需求分析

根据图书管理信息系统的需求，针对图书管理工作流程以及所处理数据信息，可以设计成以下数据结构：

读者基本信息表：存放读者信息，数据项包括读者编号、读者姓名、读者性别、联系电话、所在系、开始日期、结束日期、违章记录、累计借书、备注等。

图书信息表：存放图书信息，数据项包括图书编号、书名、作者、出版社、出版日期、简介等。

管理员基本信息表：存放系统管理员基本情况，数据项包括管理员工作号、管理员姓名、性别、联系电话、家庭住址、备注等。

11.2.2　数据库的概要模型设计

根据数据库的需求分析及系统功能要求，对数据库中存在的实体进行分析确定实体关系，画出 E-R 关系模型。

该系统所涉及的实体有读者、图书、管理员。其属性已在需求分析中列出。

实体间有如下联系：

读者与图书之间是借阅关系，关系类型为 m:n。

管理员与图书之间是管理图书关系，关系类型为 m:n。

管理员与读者之间的是管理学生关系，关系类型为 m:n。

（1）借阅关系。

属性：管理员工作号，读者编号，图书编号，是否续借，借书日期，还书日期，备注。

主键：管理员工作号，读者学号，图书编号。

（2）管理员_图书关系。

属性：管理员工作号，图书编号，添加时间，是否在库。

主键：管理员工作号，图书编号。

（3）管理员_读者关系。

属性：管理员工作号，读者编号，确认借还。

主键：管理员工作号，读者编号。

根据以上分析，按照 E-R 图的规定，画出 E-R 关系模型，如图 11-2 所示。

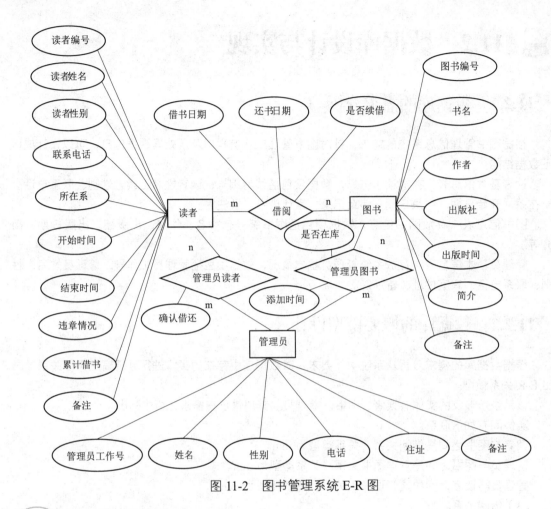

图 11-2　图书管理系统 E-R 图

11.2.3　数据字典的设计

针对图 11-2，根据数据库所在系统硬件的具体情况和 SQL Server 2008 关系数据库系统的特点，进行了数据库物理模式的设计，设计结果如表 11-1 ~ 表 11-6 所示。

表 11-1　图书信息表

字段名称	数据类型	是否可为空	说明
图书编号	varchar（20）	否	主键
书名	varchar（50）	否	
作者	varchar（12）	否	
出版社	varchar（50）	是	
出版日期	samlldatetime	是	
简介	varchar（200）	是	
备注	varchar（200）	是	

表 11-2　读者信息表

字段名称	数据类型	是否可为空	说明
读者编号	char（10）	否	主键
读者姓名	varchar（8）	否	
读者性别	char（2）	否	
联系电话	varchar（12）	是	
所在系	varchar（12）	否	
开始时间	samlldatetime	是	
结束时间	samlldatatime	是	
违章情况	varchar（2）	是	
累计借书	int	是	
备注	varchar（100）	是	

表 11-3　管理员信息表

字段名称	数据类型	是否可为空	说明
管理员工作号	char（7）	否	主键
姓名	varchar（8）	否	
性别	char（2）	否	
电话	varchar（12）	是	
住址	varchar（20）	是	
备注	varchar（100）	是	

表 11-4　借阅表

字段名称	数据类型	是否可为空	说明
管理员工作号	char（7）	否	
图书编号	varchar（20）	否	
读者编号	char（10）	否	组合关键字
借书日期	samlldatetime	否	
还书日期	samlldatetime	否	
是否续借	bit	否	
备注	varchar（100）	是	

表 11-5　管理员_书籍表

字段名称	数据类型	是否可为空	说明
管理员工作号	char（7）	否	组合关键字
图书编号	varchar（20）	否	
添加时间	samlldatetime	是	
是否在库	bit	是	

表 11-6　管理员_读者表

字段名称	数据类型	是否可为空	说明
管理员工作号	char（7）	否	组合关键字
读者编号	char（10）	否	
借还确认	bit	否	

11.2.4　数据表的实现

根据上面数据表的逻辑设计,可执行下面的步骤来创建数据表.也可用相应的 T-SQL 语句执行来实现数据库。

1. 用 SQL Server Management Studio 实现

（1）在服务器上安装 SQL Server 2008。

（2）打开 SQL Server Management Studio，单击"对象资源管理器"→"数据库"→"新建数据库"（Library）。

（3）展开 Library 数据库，单击"表"，按照设计分别创建所需数据表。

2. 用 T–SQL 语句来实现

在查询编辑器中分别输入以下代码来执行。

（1）建立图书（book）信息表。

```
CREATE TABLE book
(图书编号  varchar(20) NOT NULL PRIMARY KEY,
书名  varchar(50) NOT NULL,
作者  varchar(12) NOT NULL,
出版社  varchar(50),
出版日期  samlldatetime,
简介  varchar(200),
备注  varchar(200))
```

（2）建立读者（reader）信息表。

```
CREATE TABLE reader
(读者编号  char(10) NOT NULL PRIMARY KEY,
读者姓名  varchar(8) NOT NULL,
```

读者性别　char(2) NOT NULL,

联系电话　varchar(12),

所在系　　varchar(20) NOT NULL,

开始时间　samlldatetime,

结束时间　samlldatetime,

违章情况　varchar(2),

累计借书　int,

备注　varchar(100))

（3）建立管理员(admin）信息表。

CREATE TABLE admin

(管理员工作号　char(7) NOT NULL PRIMARY KEY,

姓名　varchar(8) NOT NULL,

性别　char(2) NOT NULL,

电话　varchar(12),

家庭住址　varchar(50),

备注　varchar(100))

（4）建立借阅（borrow）表。

CREATE TABLE borrow

(管理员工作号　char(7) NOT NULL,

图书编号　varchar(20) NOT NULL,

读者编号　char(10) NOT Null,

借书日期　samlldatetime NOT NULL,

还书日期　smalldatetime NOT NULL,

是否续借　bit NOT NULL,

备注　varchar(100))

（5）建立管理员_书籍（admin_book）表。

CREATE TABLE admin_book

(管理员工作号　char(7) NOT NULL,

图书编号　varchar(20) NOT NULL,

添加时间　smalldatetime,

是否在库　bit)

（6）建立管理员_读者（admin_reader）表。

CREATE TABLE admin_reader

(管理员工作号　char(7) NOT NULL,

读者编号　char(10) NOT NULL,

借还确认　bit NOT NULL)

11.2.5　视图设计

为了便于浏览经常查询的信息，提高查询效率，我们可以考虑建立视图，它不但可以提供一定的数据库安全性，而且可以节省系统资源。

（1）读者表视图（view_reader）。
```
CREATE VIEW view_reader
AS
SELECT *
FROM reader
```
（2）图书表视图（view_book）。
```
CREATE VIEW view_book
AS
SELECT *
FROM book
```
（3）管理员表视图（view_admin）。
```
CREATE VIEW view_admin
AS
SELECT *
FROM admin
```

11.2.6 索引的设计

　　根据系统功能要求，图书管理系统需要经常进行检索操作，查询一些图书、借阅信息，所以为了提高数据检索速度，提高系统性能，可以建立相关索引。创建索引有三种方法：第一种是使用 T-SQL 语句，第二种是使用 SQL Server Management Studio 界面方式，第三种是使用索引管理器。本系统根据检索需要建立了六个索引，下面仅列出相应的 T-SQL 语句。
```
CREATE UNIQUE INDEX in_book ON book(图书编号)
CREATE UNIQUE INDEX in_reader ON reader(读者编号)
CREATE UNIQUE INDEX in_admin ON admin(管理员工作号)
CREATE UNIQUE INDEX in_borrow ON borrow(管理员工作号,读者编号,图书编号)
CREATE UNIQUE INDEX in_admin_book ON admin_ book(管理员工作号,图书编号,读者编号)
CREATE UNIQUE INDEX in_admin_reader ON admin_reader (管理员工作号,读者编号)
```

11.2.7 触发器的设计

　　触发器是一种特殊的存储过程，可以实现数据完整性。它在指定的表中的数据发生变化时自动生效，唤醒调用触发器应使用 INSERT、UPDATE、DELETE 语句。本系统需要设计一个时间触发器和一个更新触发器。

1. 时间触发器

　　该触发器设计的目的是为了检验借阅书籍的时间，因为一般图书馆周日都会休息，所以借阅时间肯定不是周日，即周日是不能借书的。创建时间触发器（tri_timer）的代码如下：
```
CREATE TRIGGER tri_timer
ON borrow
FOR update,insert,delete
```

```
AS
    WHILE (SELECT datename(weekday,getdate()))='星期日'
BEGIN
PRINT '时间错误'
END
```

2. 更新触发器

该触发器设计的目的是为了完成续借功能归还时间的修改，续借操作肯定要延长读者归还图书的时间，所以说当进行续借操作时要让数据库自动完成时间的修改。创建更新触发器（tri_delay）的代码如下：

```
CREATE TRIGGER tri_delay
    ON borrow
FOR UPDATE
AS
    IF  UPDATE(是否续借)
    BEGIN
    UPDATE borrow
        SET 还书日期=还书日期+30
        WHERE 管理员工作号=#管理员工作号
    END
```

11.3　数据库功能实现

11.3.1　添加数据功能实现

（1）添加系统管理员信息：当图书馆新来一名管理员时，需要将其个人信息添加到系统数据库中。实现的 T-SQL 代码如下：

```
INSERT INTO admin(管理员工作号,姓名,性别,电话,家庭住址,备注)
VALUES('2006001','李兰','女', '23051000','天津市','图书馆员 ')
```

（2）插入读者：当有新来的读者，在第一次借书之前需要进行注册登记，将读者信息输入数据库。实现的 T-SQL 代码如下：

```
INSERT INTO reader(读者编号,读者姓名,读者性别,联系电话,所在系,开始日期,结束日期,违章
情况,累计借书,备注)
VALUES('200701011222','张阳','男','23055000','自动化系','2007-01-05', '2007-03-05','0',5,'
学生')
```

（3）插入图书：当有新图书入库时，系统管理员要把新图书的信息输入到系统数据库中。实现的 T-SQL 代码如下：

```
INSERT INTO book (图书编号,书名,作者,出版社,出版日期,简介,备注)
VALUES('ISBN 7-111-13984-4','关系数据库与 SQL SERVER 2000','龚小勇','机械工业出
版社','2004-07','数据库教程','高职高专系列教材 ')
```

其他插入操作与以上介绍的相类似，这里不再介绍。

11.3.2 借阅、续借、归还的功能实现

假设读者想借书名为《数据库原理及应用》一书，读者一般会经历借阅图书，续借图书和归还图书等过程，下面举例通过事务来完成这些操作过程。

（1）借阅操作：过程是当读者检索到他想借阅的图书后，后台数据库会把要借阅的图书信息添加到借阅（borrow）表中，然后会将管理员_书籍表（admin_book）将"是否在库"的字段信息改为0（即不在库中），并且还要对读者（reader）表中累计借书的数量进行累加。实现的 T-SQL 代码如下：

```
IF((SELECT 书名 FROM book WHERE 图书编号='ISBN 7-111-999')='数据库原理及应用')
    BEGIN
        INSERT INTO borrow(管理员工作号,读者编号,图书编号,是否续借,借书日期,还书日期)
        VALUES('2006001','20070101222','ISBN7-111-999','0','2007-01-05',
        '2007-03-05')
        UPDATE admin_book
        SET 是否在库='0'
        WHERE 图书编号='ISBN 7-111-999'
        UPDATE reader
        SET 累计借书=累计借书+1
        WHERE 读者编号='20070101222'
        INSERT INTO admin_reader(管理员工作号,读者编号,借还确认,图书编号)
        VALUES('2006001','20070101222','0','ISBN 7-111-999')
        PRINT '借阅成功!'
    END
ELSE
    PRINT '借阅失败!'
```

（2）续借操作：过程是先查询借阅表（borrow）中读者要续借的这本书的"是否续借"情况，如果还没有续借过，那么可以续借，那么就需要修改借阅表（borrow）中的"是否续借"字段的值，将其修改为"1"，表示已经续借了。实现的 T-SQL 代码如下：

```
IF((SELECT 是否续借 FROM borrow
    WHERE 管理员工作号='2006001' AND 读者编号='20070101222' AND 图书编号='ISBN
        7-111-999')='0')
BEGIN
UPDATE borrow
SET 是否续借='1'
WHERE 管理员工作号='2006001' AND 读者编号='20070101222' AND 图书编号='ISBN
        7-111-999'
PRINT '续借成功!'
END
ELSE
```

```
         print '续借失败!'
```

（3）还书操作：过程是先查询管理员_读者表中（admin_reader）的"借还确认"的情况，如果该列的值为 0（表示还没有归还），那么可以进行归还操作，则然后要修改管理员_图书表（admin_book）中"是否在库"字段的值，将其设为"1"（表示已经归还到库中）。实现 T-SQL 代码如下：

```
IF((SELECT 借还确认 FROM admin_reader
  WHERE 管理员工作号='2006001' AND 读者编号='20070101222' AND 图书编号='ISBN
       7-111-999')='0')
BEGIN
UPDATE admin_book
SET 是否在库='1'
WHERE 图书编号='7302030091'
PRINT '还书成功!'
END
  ELSE
  PRINT '还书失败!'
```

 ## 11.4　本项目小结

　　本项目介绍了一个图书管理系统的数据库设计部分。从数据库应用程序角度介绍了如何分析用户需求、如何设计数据库。系统功能设计为整个系统构建了框架，数据库设计理顺了系统的思路，各个功能模块实现了各个细节部分。该数据库实例采用了视图、索引、触发器，事务或自定义函数来实现对数据库快速、高效、简捷的访问，这样优化了程序代码，增强了程序的可读性和可维护性。

参 考 文 献

［1］龚小勇，段利文，林婧，等. 关系数据库与 SQL Server 2005［M］. 北京：机械工业出版社，2010.

［2］王立. 数据库原理与应用［M］. 北京：中国水利水电出版社，2009.

［3］（美）Robert Vieria. SQL Server 2008 编程入门经典［M］. 马煜，等译. 3 版. 北京：清华大学出版社，2010.

［4］刘智勇，刘径舟，等. SQL Server 2008 宝典［M］. 北京：电子工业出版社，2010.

［5］明日科技. SQL Server 从入门到精通［M］. 北京：清华大学出版社，2012.

［6］郭郑州，陈军红，等. SQL Server 2008 完全学习手册［M］. 北京：清华大学出版社，2011.

［7］（美）Mike Hotek. SQL Server 2008 从入门到精通［M］. 潘玉琪，译. 北京：清华大学出版社，2011.